아인슈타인의 세 얼굴

디아스포라(DIASPORA)는 독자 여러분의 책에 관한 아이디어와 원고 투고를 기다리고 있습니다. 디아스포라는 전파과학사의 임프린트로 종교(기독교), 경제·경영서, 일반 문학 등 다양한 장르의 국내 저자와 해외 번역서를 준비하고 있습니다. 출간을 고민하고 계신 분들은 이메일 chonpa2@hanmail.net로 간단한 개요와 취지, 연락처 등을 적어 보내주세요.

# 아인슈타인의 세 얼굴
상대성이론에서 양자까지, 과학을 뒤흔든 여정

**초판1쇄 발행** 1976년 04월 25일
**개정1쇄 발행** 2025년 10월 21일

**지 은 이**   J. 번스타인
**옮 긴 이**   장회익
**발 행 인**   손동민
**디 자 인**   이지혜

**펴낸 곳**   전파과학사
**출판등록**   1956. 7. 23. 제 10-89호
**주     소**   서울시 서대문구 증가로18, 204호
**전     화**   02-333-8877(8855)
**팩     스**   02-334-8092
**이 메 일**   chonpa2@hanmail.net
**공식 블로그**   http://blog.naver.com/siencia

ISBN   979-11-94832-29-4 (03400)

- 이 책은 저작권법에 따라 보호받는 저작물이므로 무단전재와 무단복제를 금지하며, 이 책 내용의 전부 또는 일부를 이용하려면 반드시 저작권자와 전파과학사의 서면동의를 받아야 합니다.
- 파본은 구입처에서 교환해 드립니다.

# 아인슈타인의 세 얼굴

상대성이론에서 양자까지, 과학을 뒤흔든 여정

J. 번스타인 지음 | 장회익 옮김

"도무지 무슨 뜻인지 모르겠어." 앨리스는 말했다.

"물론 모를 거야." 해터는 경멸이나 하듯이 머리를 끄덕이며 말했다.

"너는 아직 시간하고 말도 한번 해 본 일이 없겠지!"

"아마 없을 거야." 앨리스는 조심스럽게 대답했다. "그렇지만 내가 음악 연습을 할 때는 시간을 때려 주고 싶어."

"아하, 그랬었군!" 해터는 말했다. "그놈은 얻어맞을 녀석이 아니야. 그런데 이것 봐. 만약 이놈을 잘 사귀어 놓기만 하면 이놈은 시계에 대해서 네가 원하는 것이면 무엇이든지 해 줄 수 있단 말이야. 가령, 지금이 아침 아홉 시, 레슨이 시작되는 시간이라고 해. 이 녀석한테 살짝 한마디만 던져 주면 눈 깜짝하는 사이에 시계가 삥 돌아서 한 시 반! 점심 시간이란 말이야!"('아, 정말로 그렇다면 좋겠다.' 마치 해어는 속으로 중얼거렸다.)

- 루이스 캐롤

《앨리스의 환상 세계 여행(Lewis Carroll, *Alice's Adventures in Wonderland*)》, 1865

나로서는 지금 살아 있는 어떤 사람으로서 속도의 함수인 시간을 생각할 수 있다고 진실로 주장한다든가 또는 그의 "현재"가 다른 어떤 사람의 "미래", 혹은 또 다른 어떤 사람의 "과거"일 것이라고 확신하며 주장할 수 있는 사람이 있다고는 믿지 않습니다.

- W. F. 매기
미국과학진흥협회 회장 취임사, 1911


그러므로 적도에 놓인 시계는 똑같은 조건 아래 극지에 놓인 똑같이 생긴 시계에 비하여 매우 작은 양만큼 더디게 간다는 결론에 도달한다.

- 알베르트 아인슈타인
《움직이는 물체에 대한 전기역학》, 1905

## 서문 및 감사의 말

"현대인의 생활에서 과학과 기술의 역할을 개탄하는 소리가 요즘 점점 높아지고 있는 반면, 알베르트 아인슈타인의 생애와 인간성에 대한 관심이—새로운 서적들의 출판을 하나의 증거로 삼는다면—다시금 크게 일어나고 있다. 이러한 관심이 현대 사상에 대한 아인슈타인의 공헌을 이해하는 데까지 미치게 되는 한 이것은 희망적인 징조로 보인다. 역사가들이 17세기 후반부를 뉴턴의 시대라고 생각하듯이 후세의 사람들은 20세기 전반부를 아인슈타인의 시대라고 부르게 될 것 같다. 뉴턴은 그의 사상이 대략 100년 동안의 시일에 걸쳐 그의 후계자들의 지적 생활의 모든 국면—예술에서 철학, 정치학에 이르기까지—으로 어떻게 침투하여 들어갔는가를 분명히 밝힐 수 있을 만큼 충분한 시간이 지나갔다. 그러나 아인슈타인은 그가 1955년에 서거한 이후 아직도 4반세기가 다 지나가지 않았다. 그렇기에 그의 업적이 불러일으킬 충격의 전모를 지금 판단하려는 것은 시기상조라 하겠고 오직 이것이 어떠하리라고 하는 직감인 판단만을 해 볼 수 있을 뿐이다. 여기서 부딪치는 아이러니는 자기들의 생애와 지적 식견을 자기도 모르게 아인슈타인에게 영향받고 있는 극소수의 사람들만이 아인슈타인의 업적을 이해하고 있다는 점이다.

이 책과 같은 짧은 연구서 또는 대중을 위해 쓴 어떠한 작품 속에서 현대 과학과 현대 사상에 기여한 아인슈타인의 공헌 전체를 밝혀 본다는 것은 불가능하다. 단지 그 공헌의 윤곽이나 그 인품의 체취만이라도 전달되기를 희망하는 것이다. 이리하여 독자들로 하여금 좀 더 깊이 알아보려는 탐구심을 자아내고 또한 이러한 탐구를 위하여 자신들의 생애를 바치고 있는 전문적인 과학자들과 최소한 동질감이라도 느끼게 되기를 바라는 것이다. 이러한 생각에서 나는 이 책을 다소 이례적인 방법으로 구성하였다. 아인슈타인의 생애와 업적을 연대순으로 따르지 않고 업적에서의 세 가지 기본적 테마를 중심으로 이 책을 배열하였다. 이 세 가지 테마는 특수 상대성 이론, 일반 상대성 이론 및 중력, 그리고 양자론이다. 이 세 가지 기본적인 부분 사이사이에서 독자들이 일관된 그의 전기를 찾아볼 수 있을 것으로 희망한다. 나는 특히 독자들이 이러한 구성을 통하여 아인슈타인이 이룩한 업적에 더욱더 깊이 접근하며, 그의 창조 활동에 대하여 더욱더 깊이 이해하게 되기를 바란다.

나는 이 책을 저술하면서 여러 사람의 도움을 받았다. 누구보다도 1966년에 82세로 세상을 떠난 필립 프랭크(Philipp Frank) 교수의 도움을 크게 입었다. 독자들이 보게 되겠지만 이 책에는 그의 저서 《아인슈타인 : 그의 생애와 시대(Einstein : His Life and Times)》를 참조한 곳이 여러 군데 있으며 또 내가 그를 종종 만났던 1950년대에 그가 나에게 들려준 적지 않은 일화들도 인용되었다. 내가 매우 섭섭하게 여기는 것은 이 책을 쓰는 동안 나에게 떠오른 여러 의문들을 그때 그에게 좀 더 자세히 물어보지 못했다는 안타까움이다. 여기에 부가해서 나는 동료 물리학 교수들인 앤더슨(J. L. Anderson), 베그(M. A. B. Beg), 찬드라세카르(S. Chandrasekhar), 다이슨(F. J. Dyson), 파인버그(G. Feinberg), 홀턴(G. Holton), 클라인(M. J. Klein), 밀러(A. Miller), 파이스(A. Pais), 싱(V. Singh), 테일러(J. C. Taylor) 제씨들께 이 원고의 부분들을 읽고 비평해 준 점과 부가적인 재료를 제공하고 격려를 보내 준 데 감사한다. 나는 또한 헬렌 듀카스(Helen Dukas) 양에게 원고를 읽어 준 것과 프린스턴(Princeton)에 있는 아인슈타인의 집을 방문하게 해 준 데 감사하며 바이킹 출판사(The Viking Press)의 엘리자베스 시프턴(Elisabeth Sifton) 여사에게 편집에 대한 유익한 조언을 해 준 데 감사한다.

제레미 번스타인

## 차례

- 서문 및 감사의 말    006

### 1부 · 상대성 이론

1장   서두·아인슈타인과 벨기에 왕비    013
2장   유년기    029
3장   고전 물리학    045
4장   마이컬슨-몰리 실험에 관한 여담    081
5장   아인슈타인과 시간의 상대성    089

### 2부 · 상대론, 중력 및 우주론

6장   서두·젊은 시절의 아인슈타인    107
7장   로런츠와 푸앵카레    123
8장   $E=mc^2$    139
9장   4차원 공간-시간    159

| 10장 마하의 원리 | 171 |
| 11장 제1차 세계 대전과 빛의 굴절 | 199 |
| 12장 기하와 우주론 | 213 |

## 3부 · 양자론

| 13장 서두·아인슈타인과 뉴턴 | 233 |
| 14장 브라운 운동 | 251 |
| 15장 양자 | 271 |
| 16장 중년기 | 293 |
| 17장 신의 주사위 | 305 |
| 18장 우라늄과 벨기에 왕비 | 315 |

- 참고 문헌   329
- 〈부록〉 4차원 공간-시간과 특수 상대성 이론(장회익)   334
- 역자의 말   372

# 1부

## 상대성 이론

# 1장

## 서두 · 아인슈타인과 벨기에 왕비

알베르트 아인슈타인(Albert Einstein, 1879~1955)은 벨기에의 왕과 왕비였던 알베르트(Albert Leopold Clement Meinrad, 1975~1934, 在位 1909~1934)와 엘리자베스(Elizabeth) 두 사람과 1927년에 친교를 갖기 시작하여 아인슈타인이 세상을 떠난 1955년까지 계속하였다. 이들의 우의는 브뤼셀(Brussels)에서 열렸던 솔베이 학회(Solvay Congress)로 이루어진 것이다. 탄산나트륨의 새로운 제법(製法)을 만들어 재산을 모은 벨기에의 한 공업 화학자 에르네스트 솔베이(Ernest Solvay, 1838~1922)는 취미로 물리학에 상당한 흥미가 있었는데, 1911년에는 자기의 경비로 전 유럽의 저명한 물리학자들을 한 자리에 초대하여 자기 관심사에 대한 그들의 의견을 들어 보았으면 하는 생각을 가지게 되었다. 그는 그의 친구이며 당시 베를린(Berlin) 대학의 교수였던 저명한 물리화학자 발터 네른스트(Walter Hermann Nernst, 1864~1930)에게 이 모임을 주선하도록 부탁하였다. 네른스트는 1911년 첫 번째 솔베이 학회 소집

초청장을 내게 될 무렵 이 모임의 규모를 넓혀 여기에서 물리학의 중심적인 문제들을 논의하도록 하는 데 성공하였다. 1911년의 이 모임에는 아인슈타인은 물론 로런츠(Hendrik Antoon Lorentz, 1853~1928), 막스 플랭크(Max Planck, 1858~1947), 퀴리 부인(Marie Curie, 1867~1934), 어니스트 러더퍼드(Ernest Rutherford, 1871~1937) 등이 참석하여 대성공을 이루었고 이것이 그 후 주기적으로 모이는 기관으로 발전하여 현재까지 계속되고 있다.

이 모임에서 아인슈타인은 벨기에의 왕 부처(夫妻)와 사귈 기회를 가졌는데 그는 마치 이들의 성(姓)이 왕(王) 씨인 듯이 "왕네들"(the Kings)이라고 불렀고, 1930년의 솔베이 학회를 할 무렵에 이르러서는 무척이나 가까워져서 한가한 여유가 있으면 가볍게 들러서 만나곤 하였다. 그가 그의 두 번째 부인인 엘자(Elsa)에게 보낸 편지를 보면 이러하다.

나는 전화통으로 가서 왕네들에게 전화를 하려고 하였는데, 그쪽 전화선이 어떻게 바쁜지 무척 힘들었어. 3시에 왕네들을 찾아갔더니 참 반가워하더군. 이 사람들은 보기 드물게 순수하고 친절한 사람들이야. 처음에는 한 시간가량 이야기했지. 그리고 나자 한 영국 여자 음악가가 방문해서 우리는 4중주와 3중주를 연주했어(한 전속 여자 연주가가 또 있었고). 이렇게 몇 시간 즐겁게 보내고 이들이 가 버리자 나는 혼자 왕네들과 저녁 식사를 하게 되었는데—순 채식으로 시중드는 사람도 없었어. 푹 삶은 달걀에 시금치, 그리고 감자,

이게 전부야(내가 그렇게 머무르리라고 생각 못 했겠지). 나는 참 즐겁게 보냈는데 그들도 같은 느낌이었을 거야. 물론.*

1933년 봄에는 아인슈타인이 르 코크 쉬르 메르(Le coq sur mer)라는 벨기에 해변에 피신하게 되었다. [그는 그 전 겨울에 캘리포니아 공과대학(California Institute of Technology)에서 강의하였는데, 1933년 1월에 히틀러(Adolf Hitler, 1889~1945)가 정권을 잡은 후 베를린에 있는 그의 집으로 돌아갈 수 없었던 것이다] 베를린 근처에 있는 그의 여름 별장은 게슈타포(Gestapo)에 의하여 봉쇄당했고 그의 재산은 "공산주의 반란"을 지원하는 데 쓰일 우려가 있다는 구실 아래 압수당했다. 그의 상대성 이론에 관한 논문 몇몇은 국립 오페라 하우스 앞 광장에서 공개적으로 불태워졌고 아인슈타인은 그가 1913년에 선임되었던 프로이센 과학 아카데미(Prussian Academy of Science) 회원직에서 제명되었다. 사실상 이때 아인슈타인을 암살하려는 음모가 있다는 소문이 나돌았다. 벨기에 정부에서는 이를 우려하여 그에게 호위들을 배치하였다. 르코크 주민들에게는 아인슈타인의 주거지가 어디라는 것을 아무에게도 알리지 못하도록 엄한 명령이 내려져 있었으나, 필립 프랭크—프라하(Prague) 대학에서 아인슈타인의 자리를 물려받았던 물리학자—는 런던(London)에서 돌아오던 길에 아인슈타인이 벨기에에 있다는 이야기를

---

* Otto Nathan and Heinz Nordan, eds, *Einstein on Peace*, P. 661.

듣고 르 코크 주변에서 이리저리 물어 아인슈타인을 끝내 찾아내고 말았다. 프랑크 교수가 후에 기록한 바에 의하면 "아인슈타인 자신은 그를 보호하기 위한 경찰의 조처가 실패한 것을 보고 마음껏 웃었다."라고 하였다.*

1933년 늦은 여름에 아인슈타인은 벨기에를 떠나 10월 17일 미국에 도착하였다. 그 후 그는 영영 다시 유럽에 발을 디디지 않게 된다. 그는 당시 프린스턴에 새로 창설된 고등학술 연구소(Institute for Advanced Study)에서 직책을 맡기로 하였는데, 사실상 그는 이 연구소의 첫 번째 교수였다. 이 연구소는 첫 번째 소장이었던 에이브러햄 플렉스너(Abraham Flexner)의 창의에 따라 설립되었는데, 그는 젊은 학자들이 소수의 저명한 일류급 대가들과 비공식적인 접촉을 가질 수 있는 기관을 창설하고자 했던 것이다. 이 연구소에서는 고정된 강의 스케줄도 없었고 아무런 학위도 수여하지 않았다(플렉스너는 또한 영구 직책을 가진 연구자들이 되도록 경제적인 염려를 하지 않아야 한다는 점을 배려하였다. 아인슈타인은 연 3,000달러면 합당한 봉급으로 생각했었는데 플렉스너는 그의 봉급을 연 16,000달러로 책정하였다). 플렉스너는 초기의 연구원들을 수학과 수리물리학 계통 사람들로 구성하였다. 그 이유는 지원해야 할 비용이 적게 든다는 점—기껏해야 조그만 도서관 하나 있으면 되니까—과 또 이

---

* Phillipp Frank, Einstein : *His Life and Times*, P. 241.

것들이 기본적인 학문이라는 점 외에도 이 분야에서는 누가 정말로 뛰어난 인물인가 하는 데에 거의 누구나 의견이 일치할 수 있었기 때문이었다. 이 연구소가 창설된 1930년은 우연히도 히틀러가 득세하던 시기와 일치하였다. 따라서 플렉스너는 아인슈타인 외에도 헤르만 바일(Hermann Weyl, 1885~1955), 존 폰 노이만(John Ludwig von Neumann, 1903~1957)과 같은 유럽에서 가장 뛰어난 수학자들을 어렵지 않게 채용할 수 있었다. 미국의 수학자로서는 오스왈드 베블론(Oswald Veblen, 1880~1960)이 채용되었다.

1933년 아인슈타인은 프린스턴 연구소의, 지금은 풀 홀(Fuld Hall)이라 불리는 건물―1940년 이래로 그의 연구실은 이 건물 안에 있었다―에서 1km 남짓한 곳에 셋집을 얻어 살다가 1935년에는 머서가(Mercer Street) 112번지에 있는 아담한 하얀 목조 건물을 샀는데, 이 집에서 그는 생애를 마칠 때까지 살면서 연구하였다. [이 집은 지금 아인슈타인의 양녀인 마고 아인슈타인(Margot Einstein)의 소유로 되어 있는데 1928년 이래 아인슈타인의 비서로 일했던 헬렌 듀카스(Helen Dukas)가 함께 살고 있다. 마고의 어머니이며 아인슈타인의 두 번째 아내였던 엘자 아인슈타인은 1936년에 타계하였다] 이 집의 2층에는 아인슈타인이 혼자 들어가 연구에 몰두할 수 있는 작은 독립 구조가 만들어져 있다. 듀카스 양의 말에 의하면, 이 독립 구조 부분에는 화초들이 약간 더 늘었을 뿐 아직도 그의 생전 상태가 거의 그대로 보존되어 있다고 한다. 침실로 직접 통하게 되어 있는 그의 서재에는 등이 딱딱한 의자 몇 개와 그가 연구할 때 쓰던 책상이 있다. 정원 쪽으로 밖이 잘 내다보이는 창문이 있고 벽에는 서가가 붙어 있는데 이 중에는 그가 모은 레코드들도 꽂혀 있다. 아인슈타인은 아무 책이나 닥치는 대로 읽는 편은 아니었다. 문학에서 그의 독서 취향은 주로 도스토예프스키(Mikhailovich Dostoevsky, 1821~1881), 톨스토이(Lev Nikolaevich Tolstoy, 1828~1910) 같은 러시아 작가들 쪽으로 치중되어 있었다. 그는 간디(Mohandas Karamchand Gandhi, 1869~1948)를 몹시 숭배하였고, 헤로도토스(Herdotus, B.C. 5세기경)의 역사책이나 프레이저(Sir James George Frazer, 1854~1941)의 《황금 나뭇가지(Golden Bough)》 같은 작품과 간디의 자서전을 그의 가족에게 큰 소리로 낭독하곤 하였다. 그의 서재에 있는 각종 언어로 된 책들 대부분은 그가 읽어 주기를 희망하여 사람들이 기증해 온 것들이다. 그는 자신에 대하여 쓴 책들은 거의 읽지 않았다. 벽에는 몇 개의 사진과 식각 판화가 걸려 있다. 간디의 초상화, 그리고 어머니와 단 하나인 누이동생 마야(Maja)의 사진이 그것이다. 그의 누이동생은 1939년에 이탈리아에서 프린스턴으로 건너와 그와 함께 살다가 1951년에 세상을 떠났다. 아인슈타인은 유럽에서 올 때 그가 가장 존경했던 세 물리학자들의 식각 판화를 가져왔는데 이들은 마이클 패러데이(Michael Faraday, 1771~1867), 제임스 클럭 맥스웰(James Clerk Maxwell, 1831~1879) 그리고 아이작 뉴턴(Isaac Newton, 1642~1727)이다.

패러데이와 맥스웰의 판화는 아직도 그 자리에 걸려 있으나 뉴턴의 초상이 있던 곳에는 약간 추상적인 현대 미술품이 대신 걸려 있다. 이러한 실내 장식, 그리고 지극히 단순한 실내 구조는 매우 평온하고도 한적한 분위기를 자아낸다. "선생님께서는 불필요한 장식을 싫어하셨어요."라고 듀카스 양은 말했다.

아인슈타인이 프린스턴으로 오게 된 1933년에 그의 나이는 쉰넷이었다. 그는 계속하여 물리학 연구에 깊이 몰두하였지만 현대 물리학을 창조해 냈다고 할 만한 그의 위대한 업적은 이미 과거의 일이었다고 할 수 있다. 나이가 들어 감에 따라 개인적인 생활에나, 추구하던 물리학의 탐구 과정에서 그는 더욱 고독해지고 있었다. 단지 외형적인 생활 방식은 해가 거듭되어도 거의 아무런 변화가 보이지 않았다. 10월부터 다음 해 4월까지로 되어 있는 학기 중에는 연구소에 있는 그의 연구실로 매일 출근하여 몇 시간씩을 보냈으며, 이러한 습관은 그가 형식상으로 퇴직한 1945년 이후에도 계속되었다. 그는 자동차를 가져 본 일이 없었고—머서 가(街) 112번지에는 집으로 들어오는 차도조차 없다—나이가 일흔이 넘었을 때도 일기 여하에 관계없이 연구소로의 출퇴근 중 적어도 어느 한쪽만은 꼭 걸어 다녔다(걷지 않을 때는 연구소 버스를 이용하였다). 여름 동안 그는 보통 바다로 나가 돛단배 타는 취미에 몰두하였다. 그의 주변에 젊은 연구 보조원들이 여러 명 있기는 하였지만 연구소와 대학에서 물리학자들과 접촉하는 일이나 프린스턴 주민들과 사교적으로 접하는 일은 매우 제한되어 있었다. 이렇게 된 것은 주로 아인슈타인의 취향 때문이다. 그는 어느 기관에나 나라 또는 개인에, 심지어 그의 가족에게까지도 완전히 소속되지 않는 성품이었다. 그는 특정된 몇몇 사람들과 무척 즐겁게 사귀었고, 여러 종류의 사람들과 폭넓고 지속적으로 교신하였으면서도, 그의 사고나 그의 존재 자체가 남모를 그 어떤 곳에 가 있는 듯한 느낌을 항상 풍기고 있었다. 그는 이러한 점을 완전히 의식하고 있었다. 그는 고독을 절대적으로 필요로 하면서도 이것이 초래하는 외로움에 시달려야 하는 역설적 상황을 깊이 느끼곤 했다. 그는 자신의 명성을 분명하게 의식하고 있었다. 그러나 자신에게 느껴지는 이러한 명성을 그는 원하지도 않았거니와 이해하지도 못했다. 1952년 9월에 그가 한 친구에게 보낸 글을 보면 "나는 고독에 잠기고 싶다고 언제나 느껴 왔는데 이것이 나이 들수록 점점 심해지는 것 같네. 이렇게도 널리 세상에 알려져 있으면서, 또 이렇게 외롭다는 것은 이상한 일이 아닌가? 내가 경험하고 있는 이런 종류의 명성이란 자신 속에 방어벽만 쌓게 할 뿐 결국 자신을 고립시키고 만다는 사실을 알았네."[*]
라고 기술되어 있다.

프린스턴에서 살던 22년간 아인슈타인은 벨기에의 왕비 엘리자베스와 지속적으로 교신했다. 이러한 편지들—이들 중 몇몇은 아인슈타인이 쓴 것 가운데 가장 아름다운 글들이다—을 통하여 아인슈타인의 생애 후반의 사회적, 인간적 관심사의 대부분을 추적해 볼 수 있다. 이 편지들은 아인슈타인이 1933년 프린스턴에 도착한 한 달 후에 시작되

---

[*] *Einstein on Peace*, P. 567

어 1955년 그의 사망 한 달 전에 끝나고 있다.

여기에 그 중 몇몇을 소개해 본다.

1933년 11월 20일

친애하는 왕비께:

저는 벌써 편지를 부쳤어야 했고 또 그렇게 했을 것입니다—만일 당신께서 왕비가 아니었더라면. 그런데 왜 이 사실이 장애물이어야 하는지 저는 잘 이해하지 못합니다. 아마 이러한 부분은 심리학자들이 따져 볼 영역에 속하겠지요. 우리는 대개 자신의 내부보다도 외부를 보고자 하는 것 같습니다. 이는 내부를 들여다보아야 그저 텅 빈 어두운 구멍이나 있을 뿐이라 알기 때문 아닐까요.

제가 벨기에를 떠난 후 직간접적으로 여러 가지 친절을 받았습니다. 되도록 여러 현명한 조언을 진정으로 받아들이고 있는데 이들은 저에게 정치적, 사회적인 일들에 대하여 침묵을 지키라고 합니다. 이것은 제 신변을 위해서라기보다도 떠들어 대는 것이 아무런 이로움도 줄 것 같지 않기 때문입니다. 프린스턴이란 곳은 참 재미있는 조그만 곳입니다. 자기 나름대로는 모두 잘났다고 하는 사람들이 떵떵거리며 살아가는 진기하고 의식에 맨 마을이지요. 그러나 저는 몇 가지 사회적인 관습을 무시함으로써 자신의 연구에 몰두하며 다른 곳에 정신을 뺏기지 않을 분위기를 만들어 나가고 있습니다.

여기서 소위 "사회"를 구성하고 있다는 사람들은 유럽에서 이에 해당하는 사람들보다도 더 자유롭지 못하고 있습니다. 그러면서도 이 사람들은 자기들이 제약받고 있다고 느끼지 못하는 것 같은데, 이것은 아마 이 사람들이 어려서부터 개성을 발전시키기 어려운 생활에 젖어 있었기 때문인 듯합니다. 유럽의 문명이 그리스 문명이 무너지듯이 무너지게 된다면 지성의 몰락도 그리스 시대 못지않게 심각할 것입니다. 제가 참으로 비극적인 아이러니라고 생각하는 것은 유럽 문명에 유일한 매력과 가치를 부여하는 바로 그 본질—즉 개인과 여러 민족이 자기주장을 할 수 있다는 것—자체가 또한 불화와 타락을 초래하게 될지도 모른다는 것입니다.*

1934년 2월 17일 알베르 왕은 등산 사고로 목숨을 잃고 그의 아들 레오폴드 3세(Leopold III. 1901~1983, 재위 1934~1951)가 왕위를 이어받았다. 아인슈타인은 이제 왕의 어머니가 된 왕비가 예술 활동으로 위안받고 있다는 말을 듣고 1935년 2월 26일에 다음과 같은 글을 보냈다.

유럽에 있는 제 친구들은 저보고 "커다란 돌부처"(der grosse Schweiger : 엘리자베스에게 보낸 아인슈타인의 모든 편지—사실상 아인슈타인의 모든 글—는 독일어로 되어 있다)라고 부릅니다. 제가 말을 너

---

* *Ibid.*, p.245.

무도 하지 않았기 때문에 얻은 별명이지요. 유럽에서 일어나고 있는 우울하고 사악한 사건들이 저를 완전히 마비시켜 이제 인간적인 말들이 제 펜촉에서는 흘러나오지 못하게 되어 버린 것입니다. 그래서 저는 아예 별 가망도 없어 보이는 과학 탐구에 몸이 묶여 매이고 있습니다—더구나 이제 노인으로서 이곳 사회마저 정이 붙지 않으니 더욱 그렇게 되는군요.

그리고 그는 왕비의 예술 활동에 언급하여 계속한다.

그와 같은 일이 주는 효과가 무엇인지는 제 과학 탐구 경험으로 미루어 알 것 같습니다. 마치 애써 등산하면서도 정상에 도달하지 못하는 때에 느껴지는 것과 같이 긴장과 피로가 서로 교대하여 닥쳐오는 것입니다. 인간적인 요소를 초월하는 일에 깊이 전념하게 되면 운명의 파란곡절을 잊을 수 있습니다. 그러나 이러한 힘든 일을 해 보면 우리의 능력이 얼마나 부족한 것인가 하는 것을 거듭거듭 느끼게 됩니다. 때때로 저는 과거의 행복했던 나날들을 그립게 회상하면서 유럽을 방문하고 싶은 충동을 느끼곤 합니다. 그러나 너무도 여러 가지 일들이 항상 겹쳐 있어서 이 희망을 수행해 낼 용기가 솟아나지 않습니다.*

---

* *Ibid.*, p. 257.

1939년에 이르러서는 유럽의 운명과, 더욱이 그의 동족 유대인들의 운명이 아인슈타인의 어깨 위에 무겁게 걸려 있어서 그는 더 이상 연구라는 이름의 내부적인 은둔 상태에만 묻혀 살 수 없게 되었다. 그는 온 평생 평화주의자였지만 1930년대에는 부득이 다음과 같은 결론에 도달하지 않을 수 없었다. 즉 히틀러에 대항하는 유일한 길은 무력적인 저항이며 고립주의적인 전통을 가진 미국도 불가피하게 전쟁에 개입해야 하고, 그러기 위해서는 이에 대해 준비해야 한다는 것이다. 그는 1938년 4월 5일 뉴욕에서 개최된 한 평화 회의에 다음과 같은 글을 보냈다.

　평화주의자들을 포함한 많은 미국인들은 다음과 같이 생각하고 말합니다. 유럽이야 망할 테면 망하게 두어라. 그것은 결국 망할 만해서 망하는 것이니까. 우리는 물러서서 관여하지 않겠다고. 내 생각으로는 이러한 태도가 미국인답지 않을 뿐 아니라 또한 몹시 근시안적이라고 보입니다. 정의가 냉소적인 경멸을 받는 가운데 위대한 문화를 가진 작은 나라들이 무참히 짓밟히고 있는 것을 한가롭게 지켜만 본다는 것은 큰 나라다운 태도가 못 됩니다. 이러한 태도는 자신의 이해관계로 보더라도 조금 면밀하게 살펴보면 근시안적임을 곧 알 수 있습니다. 야만성과 비인간적 잔학성이 승리하게 된다면 미국 자신도 결국 이것에 대항하여 싸우지 않을 수 없는 사태에 처하게 될 것이고, 이렇게 되면 지금 사람들 대부분이 상상하는 것보다 훨씬 더 불리한 상황에서 싸워야 한다는 것입니다.*

1939년 1월 9일 아인슈타인은 독일에 있는 그의 나이 많은 사촌이 벨기에로 이주할 허가를 받도록 왕비 엘리자베스에게 도움을 청하고 다음과 같이 덧붙였다.

> 정말 너무도 상황이 험악하여 즐거운 기분으로 글을 쓸 수 없습니다. 우리가 차마 눈 뜨고 보기 어려운 도덕적 몰락과 이것이 가져다주는 수난이 너무나 가혹하여 잠시라도 잊어버리고 지낼 수가 없습니다. 아무리 깊이 자기 연구에 몰두한다고 해도 불가피한 비극의 상념이 떠나지를 않는군요.
> 그런데도 때때로 인간적인 제한성과 미흡함을 가졌다는 생각에서 탈피할 수 있게 되는 순간들이 있습니다. 이런 때에는 한 조그만 행성 위 어느 한 지점에 서서 냉엄하면서도 심오하게 움직이는 영원성의 아름다움, 즉 대자연의 무궁함을 직시하고 있다는 상상을 해봅니다. 삶과 죽음은 하나로 융합되는 것이고 진화라든가 숙명이라든가 하는 것은 없습니다. 오직 존재만이 있을 뿐입니다.
> 제가 하는 일은 지난해에 상당히 성과를 거두었습니다. 저는 하나의 희망적인 단서를 발견하여 같이 일하는 몇몇 젊은 학자들과 함

---

* *Ibid.*, p. 279.

께 고생스러우면서도 끈기 있게 추적해 나가고 있습니다. 이것이 결국 진리로 이끌어 줄 것인지 또는 오류로 낙착되어 버릴 것인지는 내 짧은 여생 동안 확정지을 수 없을지도 모르겠습니다. 그러나 저는 삶이 의미 있다고 생각될 정도로 자극적인 경험을 하며 살게 되는 제 운명을 참으로 감사하게 여깁니다.*

그다음 해 여름에 아인슈타인은 롱 아일랜드(Long Island)의 페코닉(Peconic) 근처에 있는 나소 포인트(Nassau Point)로 가서 돛단배 항해를 즐기고 인근 주민들과 함께 실내악을 연주하며 보냈다. 1939년 8월 12일 그가 엘리자베스에게 보낸 글을 보면 이러하다.

신문들과 그리고 무수히 보내오는 서신들이 아니라면 제가 인간의 못남과 잔인함이 지상을 풍미하는 시대에 살고 있다는 것을 느끼지 못할 것 같습니다. 아마 언젠가는 고독이 인간을 교육하는 스승이라는 사실이 인정될 날이 올 것입니다. 동양 사람들은 이미 오래 전부터 이것을 알고 있었지요. 고독을 체험한 개인은 쉽사리 대중적인 사조에 의해 희생물이 되지는 않습니다.**

---

* *Ibid.*, p. 282.
** *Ibid.*, p. 285.

그리고 아인슈타인이 프랭클린 루스벨트(Franklin Delano Roosevelt, 1882~1945)에게 보낸 편지—핵분열의 발견이 초래할 결과에 관하여 경고한 편지—에 서명한 곳도 바로 이 여름, 이 롱 아일랜드 해변이었다. 그가 루스벨트 대통령에게 보낸 편지는 엘리자베스에게 보낸 편지보다 꼭 열흘 앞선 8월 2일에 쓴 것인데, 이 편지는 정말 여러 가지 면에서 원자핵 시대(Nuclear Age)의 개막을 정식으로 선포한 글이라고 할 수 있다.

아무리 상상력이 풍부한 소설가라 하더라도 1879년 3월 14일 독일의 소도시 울름(Ulm)에서의 아인슈타인 탄생에서 미국 롱 아일랜드 해변의 나소 포인트까지, 그리고 여기서 루스벨트에게 보내진 편지로 이어지는 이 예사롭지 않은 사건들보다 더 비범한 상황은 아마 상상해 내지 못할 것이다. 더욱이 이 편지를 쓰게 된 그 인간성이야말로 누구도 상상으로는 그려 내기 어려운 것이다. 울름에서 롱 아일랜드에 이르는 발자취를 하나하나 추적하다 보면 20세기 물리학의 거의 전부가 만들어지던 과정을 되살피는 결과가 되고 만다. 왜냐하면 이러한 과정 하나하나는 거의 예외 없이 아인슈타인이 인도하는 손길에 힘입었기 때문이다.

# 2장

# 유년기

아인슈타인의 선조 중에 어떤 특별한 과학적인 또는 학문적인 업적을 남긴 사람들은 없다. 아인슈타인 자신이 모계 혹은 부계로 추적할 수 있었던 한도 내에서 본 그의 조상들은 대부분 독일의 전형적인 상인들이었거나 기술자들이었고, 조금 범위를 넓히면 유럽의 전형적인 유대인이었다. 아인슈타인의 아버지인 헤르만(Hermann Einstein)은 좀 낙천적이었으며 별로 성공하지 못한 사업가였다. 아인슈타인이 한 살 되던 해 그의 아버지는 가족을 데리고 울름에서 뮌헨(Munich, München)으로 이사하였는데, 그곳에서 그는 "2세대 주택"(double-house)을 얻어 동생과 살면서 함께 사업을 시작하였다. 동생 즉 아인슈타인의 삼촌 야콥(Jakob Einstein)은 공업 교육을 약간 받았기 때문에 전기 기구를 제작하는 사업의 기술적인 일을 담당하였다. 아인슈타인은 어머니 파울리네(Pauline Einstein)를 통하여 일찍이 고전 음악에 취미를 갖게 되었다. 그의 어머니는 피아노를 연주하였고 아인슈타인은 여섯 살 때부터 바이올린 교습을 받기 시작하였다. 어린 아인슈타인에게서는 어떤 특별한 조숙한 기미는 보이지 않았다. 그는 운동이나 장난을 싫어하였고 늘 환상에 잠긴 듯이 보였으며 말도 좀 순조롭게 하지 못하는 편이었다(그의 부모들은 그가 세 살 때까지 말하지 못해 비정상이 아닌지 우려했었다). 그의 유모는 그에게 심심한 도련님(Pater Langweil)이라는 별명까지 붙였다. 아인슈타인 가족이 뮌헨으로 이사한 지 1년 만에 아인슈타인의 유일한 친형제인 누이동생 마야가 출생하였다.

고독하고 내향적인 유년기를 보내서인지 아인슈타인은 늘 그의 유년기에 대하여 유별나게도 생생한 기억을 가지고 있었다. 자연 현상의 외형적인 무질서와 대조를 이루는 신비스러운 질서에 대한 그의 지각—자연은 매우 단순하고 우아한 답을 주는 수학 문제와 같다고 하는 발견—은 사실상 그의 유년기에 형성되었다. 그는 40대 초반에 이르렀을 때 베를린의 문학 평론가 알렉산더 모츠코프스키(Alexander Moszkowski, 1851~1934)와의 대화(그들은 뉴턴의 종교 신앙에 대하여 토의하고 있었다)에서 다음과 같은 말을 했다.

자연의 진정한 탐구자는 일종의 종교적 경건을 느끼게 된다. 이것은 그의 지각들을 연결해 주는 지극히 정교한 실마리들을 최초로 생각해 낸 것이 바로 그 자신이라고는 도저히 생각할 수 없기 때문이다. 아직 알려지지 않은 지식을 습득할 때 탐구자가 느끼는 것은 마치 어른들이 하는 훌륭한 일을 파악하게 된 어린아이가 경험하는 느낌과 비슷하다.*

신이 인간의 운명에 관여하는가 하는 점에 대해서는 불가지론자(不可知論者)의 입장으로 일관하였지만, 아인슈타인은 온 생애를 통하여 "신"에 대한 언급을 지속적으로, 그리고 친근하게 하여 왔다. 그는 때때로 "신"을 "큰어른"(the Old One)이라고 부르기도 하였다. 그가 의미하는 "신"은 합리적인 연관성이라든지 우주의 운행을 지배하는 자연법칙을 의미한다. 즉 그의 "신"이란 그와 같은 법칙들이 존재하는 것으로 보인다는 사실과 또한 최소한 어느 정도까지는 그 법칙들이 인간에 의하여 파악될 수 있다는 사실과 관련되어 있다. 1940년에 과학, 철학 그리고 종교에 관한 어느 회합을 위하여 준비한 글에서 아인슈타인은 그의 느낌을 다음과 같이 말했다.

현대에 종교의 영역과 과학의 영역 사이에 일어나는 갈등의 주된 원인은 인격신이라는 개념에 기인한다. 과학의 목적은 시간과 공간 내에서 사물들 간 개념적 관련성을 결정해 주는 일반적인 법칙을 마련하려는 것이다. 이것은 어디까지나 희망적인 계획일 뿐이며, 이것이 원리적으로나마 성취되리라는 믿음은 오직 이것이 부분적으로 성공해 왔다고 하는 것에 근거를 둔다. 그러나 이 부분적인 성공

---

* Alexander Moszkowski, *Conversation with Einstein*, p. 46.

을 감히 부정하고 이것이 단지 인간의 자기기만일 뿐이라고 주장할 사람은 거의 없다.

인간이 모든 자연 현상의 정돈된 규칙성을 더욱 주의 깊게 지각할수록 그는 이 정돈된 규칙성 이외에 어떤 다른 자연법칙도 존재하지 않으리라는 확신을 더욱 굳게 갖게 된다. 그에게는 인간의 규칙이나 신의 규칙조차도 자연 현상의 독립적인 원인으로서 존재할 수 없는 것으로 보인다. 물론 자연 현상을 간섭하는 것으로 보는 인격신의 개념이 실제로 과학 때문에 부정될 수는 없다. 왜냐하면 이와 같은 개념은 아직 과학적 지식이 확립되지 않은 영역으로 항상 도피해 버리기 때문이다.

현존하는 세계에 나타나는 규칙성이 합리적이라는 믿음과 또한 이것이 이성으로 파악될 수 있다는 믿음은 종교의 영역에 속하는 것이다. 진정한 과학자로서 그와 같은 심오한 믿음을 갖지 않았다고 하는 경우는 나로서 생각할 수 없다. 이러한 상황을 형상으로 나타내어 표현해 보자면 종교 없는 과학은 절름발이며 과학 없는 종교는 장님이라고밖에 할 수 없다.*

아인슈타인이 과학에 관해서 유년 시절에 받은 감명으로서 가장 생생하게 간직하고 있던 것은 자침의 움직임에 관한 자신의 발견—어떤

---

* Phieppe Frank, *Einstein His Life and Time*, p. 285에 인용되어 있다.

신비한 인력에 의하여 자침이 항상 어느 특정한 방향만을 가리킨다는 사실―과 좀 더 후에 발견한 유클리드 기하학(Euclidean geometry)의 피타고라스 정리(Pythagorean theorem)이다. 이 두 가지의 깨달음은 과학적 현상이 지닌 상보적 성격을 거의 완벽하게 보여 주는 사례라고 볼 수 있다. 자침이 움직인다는 사실은 자칫 어떤 마력의 존재를 실증하는 분명한 사실로서 받아들일 수도 있다. 이와 같은 현상이 설명을 요한다는 사실, 다시 말해서 이러한 현상이 일반적인 물리 법칙으로 기술되어야 한다는 사실을 상상만이라도 하게 되기까지는 오랜 역사를 통한 과학적 경험이 필요했다. 이에 반하여 유클리드 기하학의 원리들은 얼핏 자명한 것으로 보인다. 그리고 이 원리들이 또한 자침의 운동과 같은 경험적인 현상에 부합된다고 하는 것을 알아내기까지는 이에 못지않게 오랜 역사를 통한 과학적 경험이 필요하다. 아인슈타인은 자침이 그의 마음속에 일으켜 준 이 "놀라움"의 느낌을 그의 전 생애 동안 기회 있을 때마다 언급하곤 하였다. 그가 67살이 되었을 때 그는 과학적 관념의 이러한 기원을 다음과 같이 설명하였다.

> 내가 이러한 성격의 놀라움을 경험한 것은 4~5세 되던 어린 시절 나의 부친께서 나에게 자침을 보여 주셨던 때였다. 이 자침이 그처럼 일정한 방법으로만 움직인다는 사실은 무의식적 개념들의 세계(직접적인 감각과 관련된)에 속한 일상적 사물의 성격들과는 전혀 일치되지 않는 것이었다. 내가 아직도 기억하는 바로는―적어도 내

가 기억하고 있다고 믿는 바로는—이 경험은 나에게 깊고 지워지지 않는 감명을 주었다. 깊이 감추어진 어떤 것이 사물 뒤에 숨어 있다고 생각했다. 사람이 유아 시절부터 익히 보아 온 사물들은 이와 같은 종류의 반응을 일으켜 주지 않는다. 사람은 물건이 쓰러지는 것을 보고 놀라지 않는다. 바람 또는 비를 보거나 달을 보고도 놀라지 않으며, 달이 떨어지지 않는다는 사실을 보고도 놀라지 않을 뿐 아니라 살아 있는 것과 살아 있지 않은 것의 차이를 보고도 놀라지 않는다.*

아인슈타인은 그의 초급학교 시절과 뮌헨에 있는 루이트폴드 김나지움(Luitpold Gymnasium, 연한 9년의 대학 예비 교육 기관: 역자주) 시절에 약간의 정식 종교 교육을 받았다. 그가 다니던 가톨릭 소학교에서 유일한 유대인 학생이었던 그는 다른 학생들과 마찬가지로 가톨릭 교육을 받았을 뿐만 아니라 사실상 그것을 즐겨하였다. 그는 반유대주의 감정을 느끼지 않았고 또한 유대교 의식에 특별히 얽매이지도 않았다. 그의 가족은 완전히 비종교적이었으나 가난한 유대인들을 초대하여 음식을 같이 함으로써 고대로부터의 안식일 풍습을 그들 나름대로 지켜 왔다. 아인슈타인 가족의 경우에는 매주 목요일 점심에 러시아에서 온 가난

---

* Paul Arthur Schilpp, ed., *Albert Einstein : Philosopher-Scientist*, p. 9. Library of Living Philosophers라는 연속물 가운데 한 권인 이 책은 아인슈타인의 옛 친구들과 그의 오랜 동료들에 쓰인 에세이들을 모은 것이다. 위의 인용문은 이 책 속에 있는 아인슈타인의 서론에서 나온 것인데 그는 이 글을 자신의 약전이라 하며 종종 인용하였다.

한 유대인 학생과 식사를 함께하였다. 이 학생이 바로 막스 탈마이(Max Talmey)인데 그는 어린 아인슈타인에게 대중 과학에 관한 몇몇 책들을 소개하였고 아인슈타인은 이 책들을 깊이 탐독하였다.* 후에 탈마이는 The Relativity Theory Simplified and the Formative Period of Its Inventor라는 책을 썼다.

뮌헨의 김나지움 시절에 아인슈타인은 당시 유대인 학생들의 관습대로 구약 성서의 특수 교육을 받았다. 얼마 동안 그는 성서에 관해 상당히 보수주의적인 견해를 가졌었고 그의 가족도 이점을 좋아했다. 그러나 얼마 안 가서 이것이 그의 과학 공부와 갈등을 일으키게 되었다. 그는 그의 "약전"(略傳, obituary)에서 다음과 같이 적었다.

> 대중 과학 서적들을 읽어 나가는 동안 나는 성서에 나오는 이야기들의 많은 부분이 사실일 수 없다는 확신을 곧 가지게 되었다. 그 결과 나는 열광적인 자유사상가가 되었고 국가는 고의로 젊은이들을 기만하고 있다는 인상을 느끼게 되었다. 이것은 나에게 충격적인 감명이 되었다. 모든 종류의 권위에 대한 회의가 이 경험으로부터 자라게 되었고 어떤 특정된 사회적 환경 속에 자리 잡은 어떠한 신념에 대해서도 회의적인 태도를 가지게 되었다—후일에 내가 인과의 관련성에 대하여 좀 더 깊은 통찰을 하게 됨으로써 초기에 취했

---

* 후에 탈마이는 The Relativity Theory Simplified and the Formative Period of Its Inventor라는 책을 썼다.

던 이러한 태도의 날카로움이 다소 무디어지기는 하였지만 이 태도는 근본적으로 내 일생에서 지속되었다.*

당시 기술자였던 그의 삼촌은 아인슈타인에게 대수학과 기하학을 개인적으로 가르쳐 주기 시작하였다. 무엇보다도 그는 아인슈타인에게 피타고라스 정리를 말해 주었는데, 아인슈타인은 얼마 동안 노력한 끝에 이것을 증명할 수 있게 되었다. 그러나 후에 삼촌에게 교과서를 얻어 제대로 읽어 보기 전까지는 유클리드 기하의 복잡한 논리적 구조를 완전히 해독하지는 못하였다.

12살 때에 나는 또 하나의 놀라움을 경험하게 되었는데 이것은 완전히 다른 성격이었다. 유클리드의 평면 기하를 다룬 한 조그만 책이 어느 학기 초에 내 손에 들어오게 되었다. 이 책에는 예를 들어 삼각형의 세 높이가 한 점에서 만난다는 것과 같은 주장들이 있었는데, 이것들은 자명하게 보이지는 않았으나 확실히 증명될 수 있는 것이었기 때문에 의심조차 하지 않았다. 이와 같은 명료성과 확실성이 내게는 형언할 수 없는 감명을 주었다. 공리들이 증명 없이 받아들여져야 한다는 사실은 나에게 그다지 문제 되지 않았다. 어느 경우에서나 내가 어떠한 명제에 대하여 증명할 수 있는 것으로 충분하

---

\* Schilpp, *op. cit.*, p. 9.

였고, 이렇게 하면 이 명제의 타당성에 대해서는 아무런 의심도 들지 않았다. 한 가지 예로 이 귀중한 기하학책이 내 손에 들어오기 전에 아저씨 한 분이 나에게 피타고라스 정리에 대하여 말씀해 주셨던 것을 나는 지금도 기억한다. 무척 애쓴 결과, 삼각형들의 두 변 사이의 관계가 하나의 예각에 의하여 완전히 결정된다고 하는 사실은 나에게 자명한 것으로 보였다. 단지 이처럼 자명하게 보이지 않는 그 어떤 것에 대해서만 증명이 요구된다고 느껴졌다. 또한 기하학에서 다루어지는 대상들이 감각으로 느껴지는, 즉 "보이고 만져지는" 대상들과 다르다고 느껴지지도 않았다. 이와 같은 원시적인 관념은 분명히 기하학적 개념들과 직접적 경험의 대상들(단단한 막대, 유한한 거리 등) 간의 관계가 무의식적으로 형성되어 있다는 사실에 기인한다. 저 유명한 칸트(Immanuel Kant, 1724~1804)의 "선천적 종합 판단"(先天的 綜合判斷, synthetic judgement a priori)의 가능성에 관한 문제 밑바닥에도 어쩌면 이러한 원시적 관념이 깔려 있을 것이다.*

여기에서 아인슈타인은 앞서 이야기한 과학적 경험의 두 번째 요소에 관하여 언급하고 있다. 이 두 번째 요소란 현상들을 면밀하게 검토해 봄으로써 나타나는 "수학적 진리들"과 "물리학적 진리들"과의 관계를 말한다. 이 점에 대하여서는 후에 아인슈타인의 "일반" 상대론을

---

* *Ibid.*, p. 9.

이야기하게 될 때 상세히 다시 논하기로 하자. 일반 상대론에서는 "중력"(重力, gravity)의 기하학적 해석을 하게 된다. 단지 여기서 "패러독스"라는 용어가 의미하는 바에 대하여 약간의 언급을 할 필요가 있다. 흔히들 상대성 이론은 "패러독스"에 차 있다고 한다. 논리 체계에서나 순수 수학에서는 패러독스라고 하는 것이 모순(inconsistency)이라는 말과 근본적으로 동등한 것이다. 이것이 의미하는 바는 하나의 주어진 명제가 공리들로부터 합리적으로 도출되지 않는다는 것이며, 다시 말하면 논리적인 추리 과정 중에서 오류를 범했다는 것을 의미한다. 때때로 이것은 공리들로부터 당연히 도출되어야 한다고 직관적으로 느껴지는 결론이 실제로는 도출되지 않는 경우를 의미한다. 이에 반하여 실험 물리학에서 패러독스가 의미하는 바는 훨씬 모호하다. 정당한 방법으로 얻은 하나의 실험 결과는 패러독스일 수 없고 하나의 사실이라고 보아야 한다. 그러나 흔히 새로 발견된 어떠한 사실은 세계가 어떠하리라는 직관적 견해와 모순된 것으로 보이는 수가 있다. 흔히 상대성 이론이 패러독스에 차 있다고 이야기할 때 이것이 의미하는 것은 이 이론이 예측하는 바가 자연에 대한 견해와 일치하지 않는다는 것을 의미한다. 여기서 중요한 것은 그 예측하는 바가 직관—이것은 흔히 틀리기 쉽다—과 일치하느냐 하는 것이 아니고, 그것이 과연 옳으냐 하는 데 있다. 즉 그 예측하는 바가 실험적으로 검증해 볼 수 있는 결과를 도출해 주며 또 이 실험적 검증에 합격하느냐 하는 것이다. 그러나 아인슈타인이 주장하는 바에 의하면 이러한 형식으로 설명하는 것은 상황을 지나치게 단순화시키고 있다. 이와 같은 설명에서는 물리학 원리의 일반적 이론들이 "인간 지성의 자유로운 창조물"—아인슈타인의 표현—이라는 사실을 도외시하고 있다. 이러한 사실을 엄격히 표현하기는 대단히 어려운 것이며 어쩌면 불가능할지도 모른다. 이것은 어떠한 현상이 여기에 관한 이론을 유일하게 결정해 주지는 않는다고 하는 사실과 관계가 있다. 실험과 합리적으로 일치하는 여러 개의 서로 다른 이론이 있을 수 있다. 과학자들이 희망하는 것은 하나의 이론—또는 몇몇 이론들—이 단순한 관측 사실들의 나열이 아니며, 그 내적 조화와 기본 가정들의 필연적 성격에 의하여 인간을 우주의 운행 속으로 좀 더 깊숙이 접근시켜 주는 것이어야 한다는 것이다. 아인슈타인의 말을 빌리자면 이것은 인간을 "큰어른의 신비(the Secrets of the Old One)로 좀 더 가까이" 가게 해 주어야 한다는 것이며, 실제로 과학자들은 과학적 탐구 작업에 박차를 가하기 위하여 이러한 이론이 존재한다고 믿지 않으면 안 된다. 이와 같은 이론들은 다소 추상적인 개념들에서 형성되며, 이 추상적인 개념들은 긴 연역적인 추리 과정을 거쳐서야 비로소 관측되는 사실들과 연결된다. 이와 같은 개념들은 어떤 의미에서 "인간 지성의 자유로운 창조물"이므로 이것은 말하자면 자연의 운행 위에 인간 지성의 창조물을 부가하는 셈이 된다. 우리는 실험으로 자연을 기술하기도 하지만 기술한 자연을 맞추어 보기 위하여 실험하기도 한다. 이것은 정확히 말하기에는 대단히 어려운 문제이다. 사실상 이 점에 관한 과학자들의 견해는 역사적으로 보면 오스트리아의 물리학자 에른스트 마하(Ernst Mach,

1838~1916)의 견해에서 영국의 천문학자 서 아서 에딩턴(Sir Arthur Eddington, 1882~1944)의 견해에 이르기까지 다양하다. 아인슈타인의 지적 성장에 있어서 중요한 역할을 한 마하는, 이론을 관찰된 사실의 단순한 경제적 기술이라고 본 데 반하여 에딩턴은 그의 견해를 다음과 같이 말하고 있다. "우리는 미지의 해변에서 이상한 발자취 하나를 발견했다. 그 발자취의 기원을 설명하기 위해 심오한 이론들을 이것저것 고안해 나가다가 마침내 발자취를 남긴 주인공을 재구성하는 데 성공했다. 아, 그런데 이건 바로 우리 자신의 발자취가 아닌가!"[*]

아인슈타인은 자기 혼자 공부하는 것 이외에는 김나지움 교육을 싫어했다. 기계적인 학습을 경멸했던 그는 다음과 같이 말한 일이 있다. "초등학교 교사들은 하사관 같고 김나지움 교사들은 하급장교와 같다."[**] 15살이 되던 해에는 그의 생애에 급격한 변화가 일어났다. 그의 아버지의 사업이 뮌헨에서 실패하자, 가족은 이탈리아의 밀라노(Milan, Milano) 가까이에 있는 파비아(Pavia)로 이주하게 되었다. 루이트폴드 김나지움에 다니던 아인슈타인은 가족과 함께 갈 수 없었다. 그러나 6개월이 지나자 홀로 뮌헨에 있어야 한다는 외로움과 엄격한 김나지움 훈련을 더 이상 견딜 수 없어서 그는 당분간 학교를 그만둘 수 있는 구실을 하나 짜내었다. 그가 제작해 낸 구실―필립 프랑크의 표현―이란

---

[*] Arthur Eddington, *Space, Time and Gravitation*, p. 201.

[**] Frank, *op. cit.*, p. 11에 인용되어 있다.

다음과 같다. 우선 의사를 찾아가서 신경과민 때문에 학교를 그만두고 이탈리아에 있는 부모들과 함께 있는 것이 절대로 필요하다는 진단서를 받아 낸 후, 수학 담당 교사에게 자신의 수학 지식이 김나지움 졸업장 없이도 대학에서 공부할 수 있을 만큼 충분히 향상되었다는 또 하나의 증명서를 얻는 것이다.

    김나지움을 나오는 일은 그가 예상했던 것보다 훨씬 쉬웠다. 어느 날 담임 교사가 그를 불러 학교를 떠나라는 뜻을 전했다. 사건이 이렇게까지 진전한 데 놀란 아인슈타인은 자신이 잘못한 것이 무엇인가를 물었다. 교사는 "네가 이 학급에 있으면 학생들이 '나를' 존경하는 마음이 없어진다."라고 대답했다. 지속적인 훈련에 대한 아인슈타인의 내적 혐오감은 선생들과 동료 학생을 향한 그의 태도 속에 얼마간 나타났음이 틀림없다.*

    김나지움에서 해방된 아인슈타인은 밀라노에 있는 부모에게 갔다. 그가 제일 먼저 한 일 가운데 하나는 독일 시민권을 내버리는 것이었다. 그는 미성년자였기 때문에 이 수속은 그의 아버지가 해야만 되었다. 아인슈타인은 스위스 시민이 되기로 작정했으나 이는 21세가 되어야 가능하였다. 그리하여 그는 15살에서 21살까지 국적 없는 몸이었으

---

* Frank, *op. cit.*, p. 15.

나 당시에는 이것이 그리 문제 될 것이 없었다. 그때나 지금이나 많은 고등학교 중퇴자들이 즐겨하는 습관대로 아인슈타인은 도보여행으로 상당한 시간을 보냈다. 그러나 중퇴자들의 대부분과는 달리 그는 수학 자습을 계획하고 실천하였다. 이때가 그의 생애에 있어서 몹시 행복한 시기였다. 1년 후 그의 아버지 사업이 또다시 실패하게 되자 이 행복한 시기는 끝나고 그도 자신의 생계를 위하여 무엇인가 해야만 되었다.

그의 아버지는 아인슈타인에게 전기 공학이 장래 직업을 위해 적절하리라고 생각하였던 것 같다. 그리하여 당시의 독일을 제외한 중부 유럽에서 과학 연구의 가장 우수한 중심지였던 취리히(Zürich)의 스위스 연방 공과대학(Swiss Federal Polytechnic School)으로 그를 보내려 하였다. 이곳은 아인슈타인이 뮌헨에 있을 때부터 가고 싶어 하던 곳이었다. 그러나 그는 그만 1895년 이 학교 입학시험에 실패하고 말았다. 그렇지만 그는 입학시험 과목 중 수학 부문의 성적이 대단히 우수했으므로 그 대학의 학장은 그가 스위스 공립 고등학교의 졸업장을 얻어서 다시 지원하도록 권고했다. 아인슈타인은 아라우(Aarau)에 있는 진보적인 방법으로 운영되고 있던 한 고등학교에 등록했다. 이 학교는 학생들에게 독립적으로 공부할 기회를 주고 있었으며, 더욱이 좋은 시설을 갖춘 실험실이 있어서 학생들이 제 능력껏 스스로 과학을 공부할 수 있었다. 아인슈타인은 이 학교의 졸업장을 가지고 1년 후에 취리히 공과대학에 재지원하였는데 이번에는 무시험으로 입학이 허락되었다. 그가 16살

이 되던 해의 취리히에서, 그는 지금까지 자습해 온 순수 수학을 포기하고 물리학을 택하게 되었다. 그의 "약전"에서 아인슈타인은 이와 같은 선택을 한 이유를 다음과 같이 쓰고 있다.

나는 수학이 여러 전문 분야로 나누어져 있으며 그 하나하나는 짧은 생애를 소모하기에 충분하다는 것을 알았다. 그 결과 나는 어느 건초더미에 가야 할지 결정짓기 어려운 뷔리당(Buridan)의 노새의 입장이 되었다. 이렇게 된 이유는, 나의 직관이 수학 분야에서 근본적으로 중요한 분야, 즉 정말로 기초가 되는 분야를 다소 덜 중요한 분야에서 구분해 낼 만큼 날카롭지 못했기 때문임이 틀림없다. 그리고 또 한편으로는 자연 지식에 대한 나의 흥미가 이유도 모르게 더 강했다. 학생이었던 나에게는 물리학의 기본 원리들에 대한 심오한 지식적 접근이 가장 정묘한 수학적 방법과 연결되어 있다는 사실도 분명하지 않았다. 이것은 내가 수년간 과학 연구를 하는 동안 서서히 분명해졌다. 물론 물리학 역시 여러 개의 독립된 분야로 나뉘었고, 각 분야가 보다 깊은 지식에 대한 갈망을 만족시키지도 못한 채 짧은 한 사람의 생애를 삼켜 버리기에 충분하다. 여기서도 역시 불충분하게 연결된 실험 데이터 뭉치들이 어마어마하다. 그러나 이 분야에서 나는 마음을 어수선하게 하거나 본질적인 것으로부터 빗나가게 하는 수많은 것들을 제쳐 놓고 기본적인 것으로 인도해 줄 수 있는 것이 무엇인가를 곧 알아차릴 수 있게 되었다.*

아인슈타인이 그의 "약전"에서 말하고 있는 바에 의하면 그가 물리학의 기초에 근본적으로 결함이 있다고 파악하기 시작한 것도 바로 이때였다. 그는 원전을 가지고 주로 독립적으로 연구하고 있었다. 상대성 이론에 관한 첫 논문을 쓸 수 있을 만큼 그의 생각이 정돈되기 위해서는 그 후 10년—1905년에 이르기까지—이란 세월이 소요되었다.

---

* *Ibid.*, p. 15.

# 3장

# 고전 물리학

아인슈타인의 통찰력을 이해하기 위해서는 지난 세기말 그에게 비쳤던 물리학의 상황을 되돌아보아야 한다. 크게 볼 때 물리학에는 두 가지 주류가 있었다. 그중 하나는 뉴턴의 역학이었고 다른 하나는 전기와 자기의 현상을 다루는 맥스웰의 방정식들이었다.

역학에 관한 최초의 학문은 비록 부정확한 것이기는 하였으나 그리스인들에게서 그 기원을 찾을 수 있다. 이것은 아리스토텔레스(Aristotle, Aristoteles, B.C. 384~322)의 물리학 속에 체계화된 일종의 의인적(擬人的, anthropomorphic) 물리학이다. 이것에 따르면 땅에 속한 물체가 운동할 때는 땅의 중심을 추구한다고 하는데, 이것은 땅의 중심이 이 물체의 자연적인 목표이기 때문이다[아리스토텔레스의 물리학에서는 물질적인 대상들의 운동도 의식을 가진 존재들의 운동이나 마찬가지로 동기나 목표에 의하여 지배된다고 보았으며 이 동기와 목표는 또한 그 대상의 구성 성분—예를 들어 이것이 "땅"에 속하느냐 혹은 "공기"에 속하느냐 하는 것—에 따라 달라진다고 하였다]. 그래서 그 대상이 무거우면 무거울수록 더 빨리 떨어진다고 보는데, 이것은 땅의 중심을 추구하는 경향이 더욱 강하기 때문이다. 이것은 물론 돌이 깃털보다 공기 중에서 빨리 떨어진다고 하는 상식적인 견해를 반영한 것이다. 그리스 물리학의 약점은 정량적인 실험에 대하여 충분히 고려하지 못하였다는 데에 있다(일부 사학자들은 이러한 것이 그리스의 사회 구조에 기인한다고 보고 있다. 그리스 사회에서는 이와 같은 실험들을 보통 하인들이나 노예들에게 맡겨지는 천한 활동으로 간주했다). 그들이 만일 실험해 보았더라면 떨어지는 물체의 속력과 질량의 관계에 대한 이와 같은 관념이 허위였다는 점이 곧 판명되었을 것이다. 질량 10g의 돌이 비슷한 상황에 있는 질량 5g의 돌보다 두 배로 빨리 떨어지는 것이 아니다(실제의 낙하 법칙은 공기의 존재 때문에 좀 복잡해진다. 공기의 마찰은 돌보다도 깃털에 더 많은 영향을 미친다). 그리스인들은 일상 경험의 대상들이 땅, 공기, 불, 물이라는 원소들로 구성되었다고 믿었고 그들은 또한 다섯 번째의 요소로서 "제5원소"(第五元素, quintessence)를 가정하였다. 천체들은 이 제5원소로 구성되었다고 보았으며, 따라서 이들의 특별한 성격 때문에 일정한 속력을 가진 완전한 원형 궤도 운동―등속 원 운동―을 할 수 있다고 보았다.

 이러한 우주론은 행성들의 운동을 관찰하면서 곧 난관에 부딪쳤다. 항성을 중심으로 하는 행성들의 운동은 지구에서 관찰할 때 매우 복잡하고 불규칙하다. 사실상 그 궤도 운동의 방향을 주기적으로 되바꾸는 것처럼 보이는 행성조차 있는데, 이러한 현상을 역행 운동(逆行運

動, retrograde motion)이라고 부른다. 후기의 그리스 천문학자들은 등속 원 운동의 원리를 그대로 보전하기 위하여 관측된 행성의 궤도를 여러 원 운동의 복잡한 중첩으로 가져다 맞출 수밖에 없었다[현대 과학자들은 이러한 수치의 맞춤(data-fitting)을 관측된 궤도 운동의 푸리에 급수 전개라고 부른다. 19세기 초의 프랑스 수학자였던 장 바티스트 푸리에(Jean Baptiste Fourier, 1768~1830)는 임의의 정규적인 주기 운동이 여러 개의―혹은 무한히 많은―등속 원 운동들의 복합으로 이루어질 수 있다는 것을 보였다]. 행성 궤도를 맞추는 이러한 작업은 기원후 2세기에 이집트에 살았던 천문학자 프톨레마이오스(Ptolemy, Ptolemaeus, A.D. 100~170)에 의하여 가장 정교하게 이루어졌다. 그의 업적은 《알마게스트(Almagest―가장 크다는 뜻)》라는 책에 요약되어 있다. 이 책은 르네상스를 거쳐 16세기 폴란드의 성직자였던 코페르니쿠스(Nicolaus Copernicus, Kopernigk, 1473~1543) 시대에 이르기까지 유럽의 행성 천문학을 지배하여 왔다.

코페르니쿠스는 다음과 같은 사실을 발견하였다. 만일 태양이 정지해 있고 행성들이 그 주위를 운동하게 되도록 좌표축을 바꾸어 보면 원 운동들의 중첩으로 기술되는 행성의 운동들은 훨씬 단순해진다는 것이다. 코페르니쿠스 자신은 행성들의 운동이 등속 원 운동과 관련되어야 한다는 그리스 사상을 깊이 믿고 있었지만 좌표축을 단순히 태양 중심축으로 변환시킴으로써 많은 복잡성을 제거할 수 있었다(현대적인 용어로 말하자면 그가 푸리에 전개를 단순화시킨 것이다). 그러나 천체의 운동이 등속 원 운동들로 기술되어야 한다는 원리는 그 후 다시 반세기가 지난 케플러(Johannes Kepler, 1571~1630) 시대에 이르러서야 비로소 천문학계로부터 완전히 자취를 감추게 되었다. 케플러는 그의 후원자였던 덴마크 천문학자 튀코 브라헤(Tycho Brahe, 1546~1601)가 측정한 정확한 데이터를 사용하여 화성의 궤도가 태양을 하나의 초점으로 하는 타원 궤적에 정확히 들어맞는다는 것을 보였다(이러한 타원 운동도 푸리에 전개로 분해할 수 있으나 타원 궤도 자체가 대단히 단순한 형태이므로 이렇게 분해하는 것은 오히려 복잡해질 뿐 아무런 의미가 없다). 이것은 과학 사상사에서 구속을 벗어나는 중대한 진일보인 데 틀림없으나, 여기서 뉴턴의 업적을 이해하기 위하여 케플러도 성취하지 못했던 점이 무엇인가를 살펴보기로 하자. 케플러가 얻은 결과는 본질적으로 하나의 경험적 관찰이었으며 그것은 예측적인 능력이 있지는 못하였다. 예를 들어 "어째서 행성들은 타원 궤도를 그리게 되며, 어째서 포물체와 같은 다른 물체들은 그렇지 못한가"에 대한 아무런 설명을 할 수 없다(케플러는 태양으로부터 나오는 어떤 영향력이 행성 궤도의 성격에 결정적인 역할을 하고 있다는 올바르고 직관적인 파악을 하였으나 이러한 생각을 정량적으로 나타내지는 않았다).

다음으로 등장하는 위대한 인물은 갈릴레이(Galileo Galilei, 1564~1642)이다. 과학에 대한 갈릴레이의 수많은 업적 중 여기서는 두 가지만을 고찰해 보기로 한다. 첫째는 공기의 저항이 없는 경우 모든 물체는 그들의 질량과 관계없이 동일한 가속도를 가지고 지상으로 떨어진다는 것을 알아내었다는 점이다[오늘날 이 사실을 설명하기 위하여 흔히 진공 상태에 놓인 깃털과 동전으로 예를 든다. 즉 깃털과 동전을 통 속에 넣고 공기를 뽑아 버린 후 떨어뜨리면 이들은 똑같은 속도로 떨어지는 것을 볼 수 있다. 갈릴레이 시대에는 완전한 진공을 만들 줄 몰랐으므로 그는 이를 입증하기 위하여 어떤 간접적인 방법을 사용하였을 것이다. 갈릴레이가 이것을 증명하기 위하여 피사의 사탑에서 질량이 크게 다른 두 포탄을 떨어뜨렸다고 하는 이야기는 사실이 아니라고 보는 것이 역사가들 대부분의 견해이다. 설혹 이렇게 한 것이 사실이었다 하더라도 아마 십중팔구는 그릇된 결론을 얻게 되었을 것이다]. 고찰해 볼 갈릴레이의 두 번째 업적은 정확히 기술하기가 좀 더 까다롭다. 이것은 운동에 있어서 관성(慣性, inertia)의 역할과 관계되는 것이다. 아리스토텔레스의 물리학에서는 한 물체가 운동을 지속하기 위해서는 힘이라고 불리는 그 어떤 것의 계속적인 작용이 요구된다고 하였다. 이러한 생각은 물론 땅바닥에서 물체를 지속적으로 움직이기 위하여 힘을 계속 공급해 주어야 한다는 상식적인 경험으로부터 추상한 것이다. 그러나 이에 못지않은 상식적 경험으로, 일단 한 물체가 움직이게 되었을 때 이것을 정지시키기 위해서나 또는 방향을 바꾸게 하기 위해서도 힘의 작용이 필요하다는 것을 알 수 있다. 이 점에 갈릴레이의 직관력이 작용하였다. 갈릴레이는 모든 마찰 효과가 제거된 상태—가령 얼음과 같이 대단히 미끄러운 표면—를 생각하여, 이러한 상황에서는 일단 한 물체가 운동을 시작하게 되면 어떤 힘이 이것의 운동을 변화시키는 역할을 하지 않는 한 사실상 무한정으로 운동을 계속하리라고 생각하였다. 그뿐만 아니라 그는 운동의 이와 같은 "관성"이 일상 경험 속에 나타나는 모든 종류의 운동에 들어 있음을 알아내었다. 한 예로서 그는 공기 저항이 없는 상태의 포물체 운동을 생각하였다. 만일 포물체를 손에 들고 있다가 가만히 놓으면 이것은 아래쪽으로 똑바로 떨어진다. 그러나 포물체를 수평 방향으로 던지면 이것은 곡선 궤도—정확히 말하면 포물선—를 그리며 땅으로 떨어진다. 갈릴레이는 이러한 운동을 분석하여 이것이 두 독립 성분으로 구성되어 있다고 보았다. 이 두 성분이란 포물체를 수직으로 떨어지게 하는 하나의 힘과 이를 수평 방향으로 움직이게 하는 하나의 "관성" 효과인데, 만일 아래 방향으로 작용하는 힘을 제거한다면 이 물체는 수평 방향으로 무한한 직선 궤도를 그리며 운동하게 되리라는 것이다. 특히 정지 상태와 등속 직선운동 상태에 있어서는 실질적인 힘이 작용하지 않는다는 것을 그는 알아내었다. 이것은 대단히 중요한 관찰이다. 이는 힘을 비롯하여 힘과 운동 간의 관계에 대한 아리스토텔레스의 그릇된 분석과 상반되는 것이다. 이로써 아리스토텔레스의 학설은 무너지게 되었다. 여기까지가 뉴턴에 의해서 종합이 이루어질 무대를 형성하는 부분이다.

 뉴턴이 물리학에 끼친 영향의 중요성은 실로 형언하기 어려울 정도이다. 뉴턴이 준 영향의 여러 가지 국면은 앞으로 이야기를 진행하면서 좀 더 깊이 있게 논의하기로 하자. 여기서는 그의 업적이 당시의 학문을 얼마만큼이나 진전시켰으며 또한 무슨 이유로 《프린키피아》

(Principia)가 출판된 1686년부터 19세기 말에 이르기까지 역학에 대한 뉴턴의 이론이 근본적으로 아무런 도전을 받지 않았던가를 밝히고자 한다. 우선 뉴턴은 몇 가지 단순한 운동들에 국한되었던 갈릴레이의 분석을 정량화하고 일반화했다. 그가 이것을 성취할 수 있었던 것은 강조점을 궤도 운동 전체의 연구에서 궤도의 "국소적"(局所的, local) 성질의 연구—궤도상 한 점 한 점에서의 운동의 성격—로 옮겼기 때문이다. 그는 미분학을 창안하여[라이프니츠(Gottfried Wilhelm Leibniz, 1646~1716)도 같은 시기에 독립적으로 이를 창안하였다] 궤도상에 있는 한 구간의 거리가 임의로 짧아질 때 이 거리의 변화율을 정확히 정의할 수 있게 되었다. 이리하여 그는 궤도상에 있는 임의의 점 속도를 정의할 수 있었다. 또 속도가 주어질 시 어떤 한 점에서의 속도의 변화율 즉 가속도를 정의할 수 있게 되었다. 궤도상의 물체에 힘이 작용할 때 이것이 나타내 주는 효과는 바로 이 가속도이다. 이리하여 뉴턴은 힘과 가속도를 관계 지어 주는 하나의 미분방정식을 얻게 되었는데, 이 방정식은 궤도상의 극소 부분에 관한 운동을 기술하는 것이다(이것이 바로 지금 고등학교 학생이면 누구나 배우는 $F=ma$라는 방정식이다*). 이 방정식은 일반적으로 힘이 구체적으로 주어지지 않는 한 무의미하다.

다음 단계로 뉴턴이 이룩한 것은 중력(重力, force of gravitation)에 대

---

* 아리스토텔레스의 운동방정식은 현대적인 표현으로 적어 보면 $F=KV$가 되며, 여기서 $K$는 상수이고 $V$는 속도이다. 이와 같은 힘의 법칙에 따르면 힘을 전혀 받지 않는 물체는 반드시 정지해 있어야 한다.

한 수학적 표현이다. 뉴턴이 얻은 법칙에 의하며 우주에 있는 모든 물체는 다른 모든 물체를 잡아당기는데, 이때 당기는 힘은 서로 당기는 두 물체의 질량의 곱에 비례하고 이들 사이 거리의 제곱에 반비례한다.

따라서 힘에 대한 이 표현을 힘과 가속도의 관계를 주는 방정식에 넣음으로써 이 방정식을 "적분"이라는 과정―역시 뉴턴이 개발한 것―을 이용하여 풀 수 있게 된다. 적분 과정은 궤도 속의 모든 극소 부분의 효과를 모두 합치는 것을 의미한다. 이것을 좀 더 상세히 머릿속에 그려 보기 위하여 대단히 작은―사실상 극소의―직선 조각들로 궤도가 구성되어 있다고 생각하자. 이러한 작은 조각들 안에서의 운동은 쉽게 계산되며 이 궤도 조각들을 결합시키면 궤도 전체가 얻어진다. 일단 이러한 방식으로 이 방정식의 해를 구하고 나면 입자의 궤도를 알 수 있게 되는데 뉴턴은 자기가 얻은 중력의 표현을 이용하여 다음과 같은 사실을 알아낼 수 있었다. 즉 한 입자가 다른 어떤 입자에 의한 중력을 받고 있을 때―가령 태양의 중력을 받는 한 행성의 경우―이 입자가 가질 수 있는 궤도는 오직 원추 곡선들, 즉 타원, 쌍곡선 및 포물선뿐이라는 것이다. 이러한 궤도들 중 어느 것을 택하게 되느냐 하는 것은 그 입자의 초기 조건(initial conditions)―그 입자에 얼마만 한 초기 속도가 주어졌는지―에 의하여 결정된다[이러한 점들은 로켓 공학을 통해서 매우 친근하게 알려졌다. 한 물체를 인공위성 "궤도"에 올리려면―즉 이 물체가 포물선을 따라 땅으로 다시 떨어지지 않고 타원 궤도를 그리며 지구 주위를 돌게 하려면―충분히 큰 초기 속도를 이 물체에 공급해야 한다]. 이리하여 뉴턴은 케플러의 타원 궤도와 갈릴레이의 포물선 궤도를 동시에 설명할 수 있었다. 그러나 그의 역학은 이것으로 그치는 것이 아니고 훨씬 더 심오한 의미가 있다. 뉴턴 역학에 의하면, 일단 힘과 초기 조건이 정해지기만 하면 무한한 미래에 이르기까지의 입자 운동을 완전히 계산할 수 있다는 것이다. 다시 말해서 미래에 일어날 우주의 모든 진행은 완전히 고정되어 있으며 만일 현재 상태와 힘들을 알고 있다고 하면, 최소한 원리적으로나마 전 우주의 미래 진행을 계산할 수 있다는 것이다. 이러한 주장은 후에 양자론을 논의할 때 현대 물리학의 관점에서 재검토하기로 한다. 뉴턴 역학의 이와 같은 결정론적 의의는 프랑스의 위대한 수학자이며 물리학자인 라플라스(Marquis Pierre Laplace, 1749~1827)에 의하여 간결하게 표현되고 있다. 그의 저서 《천체역학(Mécanique céleste)》—1825년에 완성된 다섯 권의 책—에서 라플라스는 뉴턴의 《프린키피아》에서 비롯한 역학의 발전을 요약하면서 다음과 같이 주장했다.

우주의 현재 상태는 이전의 상태로부터 도출된 결과이며 앞으로 닥쳐올 상태에 대한 원인이라고 보아야 한다. 어떤 초인적인 지능을 가상하여 어떤 주어진 순간에 자연계를 지배하는 모든 힘과 자연계를 구성하는 모든 실체의 위치를 알 수 있다고 하고, 또 이 모든 정보를 분석할 수 있을 만한 능력이 있다고 하면 우주의 가장 큰 물체들로부터 가장 가벼운 원자에 이르기까지 모든 운동을 한 개의 수학적 공식에 의하여 기술할 수 있다. 여기에 불확실한 것은 아무것도 있을 수 없으며 미래도 과거와 마찬가지로 직접적으로 관측의 대상이 된다.*

천체들로부터 포탄에 이르기까지 모든 물체의 운동을 기술하는 데 뉴턴 역학이 소름 끼칠 만큼 놀라운 성공을 하였다는 사실을 생각해 보자. 이때 이 이론이 사물의 과학적 설명에 대한 최종적인 진리이며 궁극적인 표준이라는 생각이 과학자들 사이에 충분한 비판을 거치지도 않고 받아들여지는 경향이 있었음은 그리 놀라운 일이 아니다.

다음으로 전기에 대해서 생각해 보기로 하자. 불꽃 방전, 번개 또는 이와 비슷한 형태로서의 전기는 다소 괴상한 호기심의 대상으로 이미 여러 세기에 걸쳐 알려져 왔다. 그러나 전기를 처음으로 현대 과학의 정신 아래 연구하기 시작한 것은 알레산드로 볼타(Alessandro Volta, 1745~1827)가 "볼타 전지"(voltaic cell)라고 하는 전지를 발명한 것에서 비롯한다. 이것은 화학 반응이라든가 또는 어떤 다른 방법으로 상당히 긴 시간 동안 일정한 전기의 흐름—즉 전류를 지속시켜 주는 장치이다. 이 장치에서 전류는 이것을 일으켜 주는 에너지원이 모두 소모될 때까지 흐르게 된다. 따라서 이 장치 덕에 전기가 지속적으로 흐를 때 나타나는 성질들을 연구할 수 있게 되었다. 1820년 네덜란드의 물리학자

---

\* *Essai Philosphique sur probabilities*, (2nd ed,. 1814), pp. 3~4.

한스 크리스티안 외르스테드(Hans Christian Oersted, 1777~1851)는 우연히 이와 같은 전류가 자침―나침반 속에 있는 바늘―에 영향을 준다는 사실을 발견하였다. 나침반을 전류 가까이 놓으면 자침이 움직인다. 자기 즉 철의 어떤 산화물 조각―자석―들이 서로 잡아당기는 현상은 그리스 시대부터 알려져 왔으나, 아무도 여기에 대해 어떠한 설명도 하지 못하였다. 더욱이 이 이상스럽게 보이는 자기 현상이 전기와 어떤 관계가 될 줄은 정말 누구도 상상하지 못하였다. 이러한 관련성은 얼마 후 프랑스의 물리학자 앙드레 마리 앙페르(André Marie Ampère, 1775~1836)가 좀 더 정량적으로 밝혀내었다. 앙페르는 원형 회로에 흐르는 전류에서 자기력이 발생한다는 것을 알아냈는데, 이것은 가령 철 막대자석 속에 있는 자기 물질에서 발생하는 자기력과 똑같은 성질의 자기력이다. 그리하여 그는 당시에는 잘 받아들여지지 않은 학설이었지만 물질 속에 있는 자기적 성질의 근원이 물질 속에서 회전하는 전류들에 기인할 것이라는 생각에 도달하였다[이러한 생각은 현대의 지식에 비추어 볼 때 사실에 아주 가깝다. 양자론이 등장한 이래 자기의 부가적인 근원으로서 기본적인 대전입자들의 고유각 운동량(固有角運動量, intrinsic angular memontum)―즉 "스핀"(spin)―과 관계되는 것이 있다고 알려졌다]. 그는 전류가 흐르는 두 개의 철사들 사이에는 보통의 철 막대자석 두 개가 서로 힘을 미치는 것과 같은 성격의 자기적인 상호작용이 있다고 하였다. 이리하여 19세기 초에 이르러서는 전기와 자기에 관한 다음 세 가지 사실이 분명해졌다.

1. 자석은 다른 자석과 상호 작용을 한다.
2. 전류는 자석과 상호 작용을 한다.
3. 전류들은 서로 간에 자기적인 상호 작용을 한다.

다음 단계의 커다란 진보는 주로 독학으로 공부한 영국의 비범한 물리학자 마이클 패러데이(Michael Faraday, 1791~1867)가 이루어 내었다. 아인슈타인이 패러데이의 판각 초상을 자기 서재의 벽에 걸어 두고 있었음은 이미 언급하였다. 1791년에 태어난 패러데이는 실험 물리학의 천재였으나 요크셔(Yorkshire)의 가난한 집안 출신으로—그의 아버지는 대장장이였다—그가 받은 정규 교육이라고는 그의 말대로 "공민학교에서 기초적인 읽기, 쓰기, 셈하기 이상으로는 거의 더 배운 것이 없는" 정도였다. 12살 때에 한 서점의 심부름꾼으로 들어갔던 패러데이는 이 서점에 들어오는 과학 서적들을 독학으로 공부하기 시작했다. 패러데이는 19살 되던 해에 그의 서점에서 단스(Dance)라는 손님을 만났다. 그는 패러데이에게 런던에서 서 험프리 데이비(Sir Humphrey Davy, 1778~1829)의 강의를 청강할 수 있는 청강권을 몇 장 주었다. 데이비는 당시 영국의 유명한 화학자였다. 패러데이는 데이비의 강의에 대단한 감명을 받아 어떠한 천한 일이라도 좋으니 과학에 관계되는 일을 하리라고 결심하였다. 그는 데이비에게 일자리 하나를 신청하면서 자기의 진지함을 증명하기 위하여 네 차례에 걸친 데이비의 강의를 듣고 만든 노트에 자신이 그린 그림(diagram)까지 삽입하여 데이비에게 보냈다.

1813년에 실험실 보조원으로 채용된 그는 여러 중요한 실험을 시작하게 되었다. 이 실험들이 결국 그의 전자기유도의 발견과 전자기장의 개념으로 인도하였다. 앞서 전류가 자기력을 발생한다는 사실이 19세기 초에 알려졌음을 언급하였다. 1831년 이래 패러데이가 보인 새로운 사실은 적절한 상황에서는 자석들이 전류를 발생시키는 것도 가능하다는 것이다. 패러데이의 실험은 가장 직접적인 형태대로 보면 대략 다음과 같이 되어 있다. 그는 흔히 볼 수 있는 하나의 철 막대자석—이 막대는 가열하거나 또는 다른 방법으로 심한 처리를 하지 않는 한 자기적인 성질은 거의 변함이 없어서 이것을 흔히 영구 자석이라고 부른다—을 들고 전류가 흐를 수 있는 도체 철사 코일 사이로 이것을 넣었다 뺐다 하였다[패러데이가 사용한 이 도넛(doughnut) 모양의 코일들은 아직도 보존되어 있는데 이것들의 사진을 보면 이젠 너무 오래되어 조금 삭은 듯하다]. 이 코일은 여기에 흐르는 전류를 측정할 수 있는 검류계에 연결되어 있다. 자석을 움직일 때, 검류계에는 전류가 흐른다는 표시가 나타난다. 이것은 움직이는 자석이 전류를 "유도"한다는 것을 말해 준다. 이 기대하지 않았던 발견으로 인하여 전기와 자기 사이에는 다소 미묘한 형태의 대칭성이 이루어졌다. 전류를 발생시키는 것은 현대적인 용어로 말하면 오직 변하는 자기의 장(場, field)이라는 점에서 이 대칭성은 다소 불완전하다. 이 발견은 또한 "발전기"의 기본 원리이기도 하다. 발전기에서는 석탄이나 또는 물의 힘으로 자기장 내에서 돌아가는 코일들에 의하여 전류가 발생하는 것이다.

전기 자기의 "장"—간단히 전자기장—이란 개념도 또한 패러데이에 의한 것이다[그는 역선(力線, line of force)이란 말을 사용하였다]. 이 개념은 패러데이의 다음과 같은 실험에 근원을 가진다. 막대자석의 자기력이 미치는 영역 내에 종이를 놓고 여기에 쇳가루를 조금 뿌린 후 이 종이를 가볍게 흔들거나 가볍게 톡톡 친다. 그렇게 하면 이 쇳가루들이 자석의 북극에서 나와 남극으로 향하는 선들의 모양으로 정렬하는 것을 볼 수 있다. 패러데이는 이 관측으로부터 쇳가루가 없는 경우에도 이 선들이 사실상 공간 내에 존재할 것이라는 생각을 도출하였다. 다시 말하면 자석은 주변 공간에 영향력의 "장"이 발생한다는 것이며 공간 안의 어느 점에서 이 장이 가지는 값은 그 위치에 놓인 쇳가루의 행동 또는 작은 나침반의 바늘을 관측하여 측정될 수 있다는 것이다. 그는 곧 이러한 관념을 전기에까지 확장하여 전기를 띠고 있는 물체들이 서로 간에 미치는 영향력을 기술하는 데도 적용하였다. 장이라고 하는 이 추상적인 관념은 본질적으로 수학적 관념이다. 그러나 수학에 관한 숙련을 받은 일이 없는 패러데이로서는 이 모든 것에 대한 정량적 이론을 세울 만한 수학적 능력은 없었다. 결국 이 과업은 얼마 후에 스코틀랜드의 물리학자 제임스 클러크 맥스웰에 의하여 이루어졌다. 현실적인 의미에서 패러데이에 대한 맥스웰의 관계는 갈릴레이나 케플러에 대한 뉴턴의 관계와 같다고 말할 수 있다.

패러데이가 전자기 유도 현상을 발견한 바로 1831년에 에든버러(Edinburgh)에서 출생한 맥스웰은 수학 천재였다. 그는 14살 때 이미 수학에서 중요한 독창적인 업적들을 내기 시작하였다. 케임브리지(Cambridge) 대학에서 빛나는 업적을 이미 보이고 난 그는 24살 때 애버딘(Aberdeen)에 있는 마리샬(Marischal) 대학의 물리학 교수로 임명되었다. 그의 업적은 본질적으로 물리학의 모든 분야를 망라하는 것이었을 뿐 아니라 질적으로도 매우 중요한 것이어서 아인슈타인조차도 자신의 공헌보다 맥스웰의 공헌을 더 높이 평가해 왔다. 지금 그의 이름이 붙은 일련의 방정식들을 만들어 내는 일을 맥스웰은 생애 초반부터 착수하였다. 이 방정식들은 패러데이의 역선의 개념을 정량화하는 것이며 전기와 자기에 관한 모든 현대적인 논의의 출발점이 되었다. 이 방정식들은 뉴턴 법칙들과 달라 쉽게 비전문가들에게 해설할 수 없다. 이들은 "편미분 방정식"으로 되어 있어서 "상미분 방정식"인 뉴턴 법칙을 이해하는 것보다 더 많은 미적분학의 기초 지식이 요구된다. 그러나 그 기본적인 아이디어는 그다지 말하기 어렵지 않다. 이미 본 바와 같이 변하고 있는 자기장은 전류의 흐름을 유발한다. 이것을 정량적으로 기술하기 위해서는 자기장의 변화를 유발된 전류, 좀 더 일반적으로는 유발된 전기장의 변화와 관련지어 줄 한 방정식이 필요하다. 하나의 장(場)은 공간적으로, 그리고 시간적으로 변할 수 있다. 어떤 주어진 공간적 위치에서 장은 시간에 따라 변할 수 있고 또한 어떤 주어진 시간에서 보면 장은 공간의 각 지점에 따라 그 값을 달리할 수 있다. 맥스웰의 방정식들은 가령 전기장의 위치에 대한 "부분적 변화"(partial variation)를 자기장의 시간에 대한 변화와 관계 지어 준다. 이 방정식들은 바로 패러데이가 발견한 경험적 관측 사실들을 정확한 수학적 공식들의 형태로 바꾸어 놓은 것이다. 한 가지 재미있는 사실은 패러데이가 맥스웰의 방정식들을 철저히 이해할 만한 수학적 숙련을 받지 않았음에도 이 방정식들이 그가 표현하고 싶던 것들을 나타내 준다는 사실을 직관적으로 느꼈다는 점이다. 맥스웰이 겨우 26세의 젊은이로서 아직도 그의 이론에 있어서 완성된 수학적 형태를 모색하고 있을 때 66세의 노학자 패러데이로부터 다음과 같은 편지를 받았다.

내가 당신에게 꼭 물어보고 싶은 것이 하나 있습니다. 어떤 수학자가 물리학적인 작용과 결과를 탐구하다가 어떤 결론에 이르렀다고 할 때, 일상적인 용어를 사용하여 이 결론을 마치 수학적인 공식이 나타내 주는 것처럼 완전하고 명백하고 정확하게 표현해 줄 수 없는지요? 만약 이것이 가능하다면 그렇게 해 주는 것이 나 같은 사람에게는 대단히 고마운 일이 아니겠습니까? 우리 같은 사람도 실험하며 연구할 수 있도록 그 어려운 고대 문자와 같은 표현으로부터 번역해 주는 것 말이오. 내 생각에는 반드시 그렇게 될 수 있을 것 같습니다. 왜냐하면 당신은 나에게 당신이 생각하고 있는 아이디어를 아주 명백하게 전달해 줄 수 있음을 내가 늘 보아 왔기 때문이오. 나는 당신이 진행해 나가는 과정을 하나하나 완전히 이해하지는 못하더라도 당신이 말하는 결과들은 나에게 사실보다 한 치도 더 높지도 낮지도 않게, 그리고 또한 대단히 명백하게 전달되었으므로 내가 그것들을 생각하고 그것들을 이용하여 일할 수 있었던 것입니다. 만일 이것이 가능하다면 이러한 과제들을 연구하는 수학자들이 그 결과들을 자신들만이 알고 자신들만 쓰는 표현뿐만 아니라, 누구나 알고 유용하게 쉽게 사용할 수 있는 형태로 표현해 준다면, 그 얼마나 좋은 일이겠습니까?*

패러데이의 이러한 무리 없는 요구를 현대 물리학자들은 종종 잊어버리는 경향이 있다.

맥스웰이 얻은 "결론"들 가운데 하나는 완전히 새로운 현상—전자기 복사가 진공에서 전파되는 현상—을 예견하게 하는 것이었다. 그의 아이디어는 다음과 같다. 만일 전기를 띠고 있는 물체를 진동시키면 그 전하 주변에 있는 전자기장의 일부가 전하에서 분리되어 하나의 파동 형태로 전파되어 나가리라는 것이다. 맥스웰의 방정식들에 의하면 이러한 파동은 소리의 파동이나 수면의 파동과 달라서 빈 공간, 즉 완전한 진공을 전파해 나간다. 그뿐만 아니라 맥스웰은 이 방정식들에서 이 파동이 전파해 나가는 속도마저 예측하였다. 그가 발견한 것은 이 속도가 초당 300,000km, 즉 빛의 속도 자체라는 것이었다! 이것이 바로 빛이 하나의 전자기적 현상이라고 하는 첫 번째 단서가 되었다. 빛에 대한 관념, 즉 이것이 달과 별, 그리고 우주의 여러 부분으로부터 빈 공간

---

* 예를 들어 D.K.C. MacDonald, *Faraday, Maxwell and Kevin*, p. 79에 인용되어 있다.

을 통하여 전파해 온다는 관념에 대하여—이점에 있어서 전파라든가 또는 다른 형태의 전자기 복사에 대해서도 마찬가지이지만—너무도 익숙하기에 이 현상이 모든 다른 종류의 파동 운동, 즉 실제로 매질을 진동시키면서 전파해 가는 파동과 비교하여 별로 특별한 현상이라고는 느끼지 않게 된다. 그러나 맥스웰 당시의 사람들은 이것들을 믿으려 하지 않았다. 진공 속을 전파하는 이러한 전자기파의 존재가 실험적으로 확인된 것은 맥스웰이 죽은 후—그는 뜻하지 않게 요절하였다—9년째 되는 1888년 독일의 물리학자 하인리히(Heinrich Hertz, 1857~1894)에 의해서였다. 헤르츠는 맥스웰의 파동을 발생시키는 진동자와 또 이 파(波)를 검출하는 수신기를 고안하였다. 그는 또 실험적으로 이 파동이 빛과 같은 속도로 전파한다는 사실까지도 확인할 수 있었다. 그러나 뉴턴 물리학의 역학적 구조에 젖어 있던 당시의 물리학자들에게는 아무것도 없는 곳에서 진동하는 파동이란 납득할 수 없는 것이었고, 따라서 이들은 에테르(ether)라고 하는 매질(媒質)이 있는 것으로 생각하게 되었다. 이것은 모든 공간을 꽉 채우고 있다고 생각되었으며 이것의 기능이란 맥스웰의 파동이 그 안에서 진동할 매체를 제공하는 것이었다. 맥스웰 자신도 1865년에 다음과 같이 쓰고 있다. "그러므로 빛과 열현상들을 고찰해 볼 때, 공간을 채우고 모든 물체에 스며들어 있는 에테르와 같은(ethereal) 매질의 존재를 인정할 만한 근거가 있다.

이 매질은 움직일 수 있으며 이러한 움직임을 한 부분으로부터 다른 부분으로 전달할 수도 있고 또 이를 보통의 물체에 보내어 이것을 덥히

기도 하고 또한 여러 가지 방법으로 물체에 영향을 줄 수 있는 것으로 보인다."*

곧 보게 되는 바와 같이 에테르는 점점 더 이상한 성질들을 갖게 되어 결국 맥스웰의 파동 자체보다도 훨씬 더 상상하기 어려운 것이 되고 만다. 이러한 것에서 해방시켜 준 것은 아인슈타인의 아이디어였다. 그의 아이디어가 지닌 영향력으로 인하여 에테르라고 하는 것은 20세기 초기에 일찌감치 물리학자들 대부분에게 물리적 개념으로의 자격을 상실하고 말았다.

이제 아인슈타인이 16살 되었을 때, 즉 헤르츠의 첫 실험 이후 7년째 되던 해에 붙들고 싸우던 수수께끼 같은 문제의 의미가 무엇이었던가를 이해할 수 있다. 그가 혼자 생각해 본 것은 '그가 만일 빛과 같은 속도로 움직일 수 있다고 할 때 어떠한 결과가 나올 것인가' 하는 문제였다. 이 의문은 얼핏 보아 천진난만하게 보이지만 결과적으로는 그로 하여금 물리학의 기초 깊은 곳에 도사리고 있던 혼란과 모순에

---

* James Clerk Maxwell. "A Dynamical Theory od the Electromagnetic Field," *Philosophical Transactions*, 155(1865), 459~512에 기재되어 있다.
에테르의 개념은 맥스웰이 고안해 내지는 않았다. 이것의 현대적 형태는 데카르트(René Descartes, 1596~1650)에 기원한다. 데카르트는 하나의 철학적 원리로서 "원격 작용"설—물리적 계들이 어떠한 형태의 매개적 접촉 없이 상호 작용할 수 있다는 관념—을 배격하였다. 데카르트의 주장으로는 이러한 접촉은 매질—에테르—에 의하여 전파된다. 예를 들어 빛이나 열은 에테르의 알려진 현상들을 설명하려고 전파된다는 것이다. 빛의 입자론이 모든 알려진 현상들을 설명하려고 등장했을 때는 입자들의 매개 전파로 원격 작용이 제거되었기에 에테르가 필요 없었다. 그러다가 19세기에 들어와서 빛의 입자론이 무너지자 원격 작용 제거 문제가 심각하게 재등장하고 에테르 이론이 다시 살아났다. 현대 물리학 이론에서는 알려진 모든 힘은 양자—일종의 입자—의 교환으로 전달된다고 믿어지기 때문에 "원격 작용"은 불필요하다. 그러므로 빛의 입자론은 새롭고 훨씬 더 정교한 형태로 재생한 셈이다.

부딪치게 하였다. 우선 첫 번째로, 뉴턴의 물리학에 의하면 하나의 실체를 가진 관측자가 적어도 원리적으로나마 광속도를 가지고 움직인다고 하는 사고(思考, Gedanken) 실험은 얼마든지 허용되는 것이다. 사실상 뉴턴의 법칙에 의하면, 만일 아무리 작은 힘이라도 계속 작용시켜 충분히 가속되고 나면 결국 광속도에 도달하지 않을 수 없을 뿐만 아니라 그 이상의 어떠한 속도도 가질 수 있게 된다. 그러나 하나의 파동을 생각해 보자. 간단히 하기 위하여 마루(파의 등성이, crest)와 골(파의 골짜기, trough)의 규칙적인 모양을 가진 파(波)를 생각하자. 우리가 정지해 있고 파동이 지나간다고 하면 우리는 규칙적으로 반복되는 마루와 골의 모양을 관측하게 된다. 즉 파의 운동은 주기적으로 반복되는 진폭을 가지고 진동한다.

맥스웰의 파의 경우, 헤르츠 안테나(Hertz antenna)로 검출되는 것이 바로 이러한 진동이다. 그러나 파의 전파 속도와 동일한 속도로 움직이고 있다고 생각해 보자. 그러면 파의 한 마루 또는 골과 함께 움직이는 것이 되고, 움직이면서 관측하는 우리에게는 진동 자체는 관측되지 않을 것이다. 이제 당시 널리 인정되었던 이론을 따르면 빛은 에테르 속에서 이 같이 진동하는 파인 것이다. 그렇다면 사람이 에테르 속에서 빛과 같은 속도로 움직일 수 있다고 할 때, 이러한 관측자에 대해서는 빛의 파동 형태가 사라져 버릴 것이다. 그런데 맥스웰의 방정식은 이와 같은 가능성을 제공하지 않는다. 따라서 맥스웰의 방정식이 틀렸거나 그렇지 않으면 실체를 가진 관측자가 광속을 가지고 움직이는 것이 가능하지 않다고 보는 수밖에 없다. 고전 물리학의 관점에서 본다면 이 두 가지 경우의 어느 쪽도 모두 불합리하다.*

그뿐만 아니라 빛과 같은 속도를 가지고 움직이는 관측자가 있다고 하는 사실은 "상대성 원리"(prinsiple of relativity)에 위배된다는 것을 아인슈타인은 인식하였다. 이점을 이해하기 위해서는 앞서 논의하였지만 뉴턴 법칙에서 강조하지 않고 지나온 한 국면을 재검토해야 한다. 한 물체에 아무런 힘도 가하지 않을 때 이 물체는 가만히 정지하고 있거나, 또는 한 직선을 따라 균일하게 운동한다는 것을 상기한다. 오직 가속도를 얻으려 할 때만 힘이 필요하다. 따라서 적어도 역학 법칙들만큼은 "정지"한 상태와 직선을 따라 일정한 속도로 균일한 운동을 하는 상태 사이에는 아무런 차이도 없다. 누구나 이러한 주장을 처음 들을 때

---

* 아인슈타인의 상대성 이론 발견 과정을 이렇게 설명하는 데 사용한 두 개의 문헌—즉 필립 프랭크의 기록과 아인슈타인의 자서전적 기록—은 둘 다 이 발견의 시기로부터 최소한 40년 후에 기록되었다고 강조하겠다. 이러한 설명은 아인슈타인의 상대성 이론 발견을 납득하게 해 준다. 일단 문제를 이렇게 이야기해 놓고 나면 그 해답을 고전 물리학—뉴턴의 역학이든 또는 맥스웰과 헤르츠의 전자기 이론이든 간에—의 어떠한 근본적인 수정을 동반하리라는 점이 명백해진다. 그런데 여기서 잠시 주저하게 되는 것은 당시에 아인슈타인이 문제를 실제로 어떻게 보았는지 아무런 기록된 증거가 없다는 것이다. 반면에 아인슈타인은 그가 15, 16세 되던 해에 역학적 에테르 이론을 검증하는 실험에 대해 논문을 쓴 일이 있다["Uber die Untersuchung des Aetherzustandes im magnetischen Felde"라는 제목이며 최근에 *Physikalische Blätter* 27(1971), 385에 발표되었다]. 1901년에 이르기까지도 그는 편지에서 "광 에테르"라는 말을 쓰고 있으며 이것에 대한 물체의 운동을 실증하는 방법에 대하여 언급하고 있다. 그를 상대론으로 인도해 준 사고 과정에 대하여 어떠한 단서를 줄 만한 당시의 문헌으로는 그의 1905년 논문을 제외하고는 발견된 것이 없다. 1905년 논문은 고전적인 에테르 물리학에서 상대론에의 완전한 전환을 보여 준다. 어쩌면 아인슈타인은 두 가지 사고의 계열을 동시에 고려하고 있었는지도 모른다. 그리고 후에 올바른 결과를 산출한 사고 과정을 제쳐 놓았던 것 같다. 이것은 하나의 미스터리이며 결과적인 지성적 창조의 기적을 더욱 강조해 주는 점이라고 할 수 있다. 여기에 관하여 교신 및 논의를 함께해 준 프리먼 다이슨(Freeman Dyson)에게 감사하다.

는 뉴턴 법칙이 무어라고 하든 간에 이 주장을 터무니없는 것이라고 배격하게 된다. 일상생활에서 친숙해진 운동들을 보면 일반적으로 정지 상태에서 출발하여 밀거나 당길 때 어떤 힘이 가해지면서 비로소 가속되어 움직이는 상태에 이른다. 이때 우리는 자신이 움직이고 있다는 사실을 "안다"고 생각한다. 그러나 창문이 모두 막힌 기차에 탑승하였고, 이 기차는 이미 균일한 운동을 하고 있다고 생각해 보자. 이 경우에 아무런 가속도가 없으므로 전혀 흔들리지 않으며, 사실상 기차의 운동을 탐지해 낼 방법도 없다. 실제로 지구가 태양 주위를 공전하는 운동이 하나의 근사적인 예가 된다. 태양의 인력 때문에 지구가 받는 가속도가 너무나 작으므로 이러한 운동이 일어나고 있는지 전혀 의식하지 못한다. 이러한 것이 상대성 원리라고 불리는 이유는 무엇일까. 적어도 뉴턴의 법칙에서는 절대 정지나 절대 균일 운동의 상태가 있을 수 없다고 말해 주는 것이다[이러한 것을 갈리레이의 상대성 원리라고 한다. 특히 상대성 "원리"와 상대성 "이론"(theory of relativity)은 명백히 구분되어야 한다 : 역자주]. 물리적으로 측정될 수 있는—따라서 물리적으로 의미가 있는—균일 운동 상태는 단지 한 관측자의 다른 한 관측자에 대한 상대적인 운동일 뿐이다. 한 관측자가 다른 한 관측자에 대하여 시속 (時速) 10km의 속도로 균일하게 움직이고 있다는 말은 완전한 의미가 된다. 기차의 창밖을 내다보며 땅에 대한 기차 속도를 측정하는 것은 원리적으로 가능한 이야기이다. 그러나 땅이 절대적으로 정지해 있다고 하는 말은 아무런 의미도 가지지 않는다. 도대체 무엇에 대하여 정지해 있다는 것인지가 문제이다.

    뉴턴 자신도 절대 운동의 상태를 예증하기 어렵다는 것은 알고 있었다. 이후 아인슈타인의 일반 상대성 이론을 논의할 때 이 문제에 대한 뉴턴의 분석―이것 없이는 뉴턴 역학 전체가 의미를 상실한다―에 대하여 좀 더 자세히 이야기하겠다. 여기서는 단지 뉴턴이 이 문제를 신학적으로 설명하였다는 점만 지적하기로 한다. 독실한 기독교적 신비론자였던 뉴턴에게는 정지 상태와 운동 상태가 신(神)의 의식에서 구별될 수 있는 것으로 충분하였다. 말하자면 신은 뉴턴 역학에서 절대적인 기준계를 마련하는 것이다. 뉴턴의 후계자들은 뉴턴 역학에 대한 이 신학적인 지주를 대체로 망각하거나 무시해 왔다. 이는 뉴턴의 이론이 어마어마한 실용적 성공을 거두었다는 점과 뉴턴 역학에서 항성들―이들은 실제로 정지해 있는 것이 아니지만 지구에서 관측할 때 이들은 거의 움직이지 않는 것으로 보인다―이 대부분의 실용적 문제에 대한 좋은 기준 정지계가 있다는 점들에 기인하는 것이다.

    그러나 상대성의 문제는 맥스웰파(波)의 발견과 이를 매개하는 에테르의 가정으로 인하여 새로운 분장 아래 다시 대두되었다. 만일 이러한 에테르가 존재한다면 이것이 절대적인 기준계를 이룩하는 것이 아니겠는가? 아인슈타인이 그의 논문들, 서간들, 그리고 지상을 통하여 분명히 밝히고 있는 바로는, 그는 이러한 가능성이 전혀 터무니없는 것이라고 확신하였다고 한다. 다시 말하면, 맥스웰의 이론도 역시 하나의 상대성 원리를 만족시켜야 한다는 것이었다. "나는 다음과 같은 사실이 처음부터 직관적으로 명백하게 여겨졌다. 즉 이러한 (등속도로 움직이고 있는) 한 관측자의 관점에서 판단할 때, 관측되는 모든 현상이 지구에 대해서 정지하고 있는 관측자들이 사용하는 것과 동일한 법칙들로 일어나고 있다고 판단되어야 한다는 것이다."*

그러나 여기서 동일한 역설이 또다시 대두된다. 만일 뉴턴 역학이 맞는 이론이라고 하면 이와 같은 관측자를 가속시켜 광속과 동일한 속도로 움직이게 할 수 있고, 바로 이 속도에서는 빛은 이미 빛으로—즉 진동하는 파동 운동으로—보이지 않을 것이다. 이렇게 되면 자신의 절대 속도를 결정할 수 있게 되는데 이는 바로 상대성 원리에 어긋나는 것이다(이 점을 설명하기 위해 아인슈타인은 아주 좋은 예를 하나 들고 있다. 한 사람이 전등을 들고 거울을 들여다보고 있다고 생각하자. 만일 이 사람과 거울이 빛과 같은 속도를 가지고 함께 움직인다고 할 때 뉴턴의 물리학에 의하면 전등에서 나오는 빛은 거울에 도저히 도달할 수 없게 된다. 따라서 그는 이 속도에서 거울 속의 자신을 더 이상 들여다볼 수 없게 한다. 이렇게 되면 그는 자신이 광속으로 움직인다고 말할 수 있게 되는데 이는 상대성 원리에 어긋나는 것이다).

이러한 패러독스에 대한 아인슈타인의 해결—즉 특수 상대성 이론—을 논의하기 전, 역사적인 관심사에 대하여 잠깐 언급하고자 한다. 한 사람의 개인, 특히 아인슈타인과 같은 위대한 과학자의 생애와 사상을 중심으로 과학의 역사를 서술해 나갈 때, 우리는 흔히 오직 그

---

* Paul Arthur Schilpp, ed., *Albert Einstein : Philosopher-Scientist*, p. 53.

사람만이 모든 기본적인 문제들을 인식하고 해결하였다는 인상을 풍겨 그 진상을 왜곡시키는 경우가 있다. 이와 같은 과를 피하고자, 아인슈타인이 이러한 연구를 하고 있을 무렵 다른 물리학자들은 여기에 대응하는 어떠한 평행(平行)한 연구들을 하고 있었는지를 지적하는 것이 필요하다.

내가 여기서 구태여 "평행한"이란 말을 사용한 것은 우리가 찾을 수 있는 모든 증거들을 통해 볼 때 당시 진행되던 대부분의 연구에 대하여 아인슈타인은 알지 못하였기 때문이다. 아인슈타인은 상대론에 관한 그의 논문이 발표된 후 4년이 지난 1909년에 이르기까지 대학 물리학과에서 정규적인 직책을 얻지 못하고 있었다. 그가 상대론을 연구하는 동안 그가 가졌던 공식적인 직책은 베른(Berne)에 있는 특허국(特許局)의 한 하급 관리—3급 기사—직이었다. 그뿐만 아니라 취리히 공과대학은—이곳의 물리학 교육이 아인슈타인이 받은 정규 물리학 교육의 거의 전부이다—당시 얼마나 고립되어 있었던지 맥스웰의 방정식을 취급하는 강의조차 없었다. 아인슈타인은 책을 읽는 것으로 맥스웰의 방정식을 독습하였다. 그리고 흥미로운 사실은 특수 상대론에 관한 그의 논문 속에는 다른 어떤 물리학 논문도 참조된 것이 없다는 점이다.

그러면 다른 물리학자들에게는 이 모든 문제가 어떻게 보였을까? 이미 언급한 바와 같이 당시 지배적이던 역학적 사상—모든 물리 현상의 궁극적 설명은 이들에 관한 역학적 모델을 이룩함으로써 가능하다는 생각—탓에 맥스웰 이후의 물리학자들은 진공 속에서의 전자기파 진행에 관한 역학적 모델을 찾으려고 애썼다. 이들이 상상한 바에 의하면 진동하는 전하는 "에테르"에 어떤 동요를 일으켜, 마치 음파가 물질의 탄성적 진동에 북(鼓)의 표면으로 전파되어 나가듯이 에테르의 이러한 동요가 주위로 전파해 나간다는 것이다. 그러나 얼마 가지 않아 이러한 유사성이 별로 잘 성립하지 못한다는 사실이 명백하게 되었다. 이러한 점은 주로 네덜란드의 물리학자 로런츠의 연구로 밝혀진 것이다. 음파와 광파는 몇 가지 중요한 점에서 서로 다르다. 목적에 맞게 논의하기 위하여 이들 차이점 가운데 특히 한 가지 점에 주목할 필요가 있다. 즉 광파는 횡파(橫波)라는 점이다. 광파의 진동면, 즉 파의 진동 운동을 포함하는 평면은 파의 진행 방향에 대하여 직각—수직—을 이룬다(파가 아래위로 진동하면서 앞으로 진행하는 경우를 생각해 보라). 음파는 물질로 된 매질의 압축과 팽창에 의하여 형성되는 것이다. 진행 방향으로 진동할 수도 있고 또한 가로 즉 진행 방향에 수직으로 진동할 수도 있다. 사실상 로런츠가 밝힌 바에 의하면* 광파가 완전히 가로로만 진동하기 위해서는 에테르는 무한히 견고(堅固, rigid)하지 않으면 안 된다. 그러니까 이것은 어디에나 있는(omnipresent), 그러면서도 물체들이 그 사이를 아무런 저항 없이 움직일 수 있는 것이며, 동시에 무한히 견고해야 한다는 것이다. 아인슈타인이 자기의 "약전"(略傳)에 적은 바에 의

---

* 1875년에 완성된 박사학위 논문에 있다.

하면 이러하다.

파동 과학을 역학적 모형 속에 삽입시키려는 기도는 심각한 의구심을 불러일으킨다. 빛이 만일 탄성체(에테르) 속에서의 파동 운동으로 해석된다고 할 때, 이 탄성체는 모든 곳에 꽉 채워져 있는 매질이어야 하고, 빛이 횡파인 점으로 보아 이것은 대체로 고체의 성격을 가져야 하며, 종파가 존재하지 않는 점으로 보아 비압축성이어야 한다. 이 에테르는 또한 "실체를 가진" 모든 물체들의 운동에 어떠한 저항도 일으키지 않는 유령과 같은 성격을 가지고 다른 물질들과 함께 존재해야 한다는 것이다.*

그러나 이것은 단지 문제점의 일부에 불과하다. 에테르에 관하여 더욱 주목할 만한 "사실"이 나타나게 되었는데, 이는 지구가 도대체 이 에테르에 대하여 정지하고 있느냐 또는 운동하고 있느냐 하는 의문에서 비롯된 것이다. 19세기 말에 이르러 점점 확실해지기 시작한 점은 이상스럽게도 이 양자(兩者) 중 그 어느 쪽도 가능하지 않은 것으로 보인다는 것이다.

옳지 않은 것으로 판명된 첫 번째 가설은 에테르가 지구 주변에서 지구를 감싸고 함께 움직인다는 설이었다. 이 설을 따른다면 지구가 태

---

* Schilpp, *op. cit.*, p. 25.

양 주위를 돌고 있으면서도 에테르에 대해서는 사실상 정지해 있는 결과가 된다. 그런데 이러한 것이 가능하지 않다는 사실은 일찍이 금세기 초에 밝혀졌다. 이것은 별의 "광행차"(光行差, stellar aberration) 현상— 1725년 영국의 천문학자 제임스 브래들리(James Bradley, 1693~1762)가 발견한 것이다. 태양을 중심으로 지구 궤도 운동의 영향으로 인하여 나타난다—을 고려해 봄으로써 곧 알 수 있다. 광행차 현상을 설명하기 위해서는 다음과 같은 비유를 드는 것이 아주 편리하다. 한 사람이 우산을 펴 들고 빗속을 걸어간다고 생각하면서, 바람이 불지 않아 빗방울들은 똑바로 떨어진다고 하자. 그가 앞으로 가고 있으므로 자기 앞쪽에 비를 맞지 않기 위해서는 우산을 앞쪽으로 기울여야 한다. 그가 빨리 걸을수록, 즉 빗방울이 떨어지는 속력에 비해 그가 빨리 움직일수록 그는 우산을 앞으로 더 많이 기울여야 한다. 이제 이 비유를 움직이는 지구 위에 놓인 망원경을 통하여 빛을 받아들이기 위해서는 빛이 들어오는 "사실상의" 방향—즉 지구가 정지해 있다고 할 때 보이게 될 별의 방향—에 비하여 망원경을 조금 기울여야 한다. 결국 움직이는 지구 위의 망원경을 통하여 별을 보기 위해서는 똑바로 별 방향을 보는 것이 아니고 별에서 약간 벗어난 방향을 보게 된다. 물론 이때 기울여야 하는 각도는 대단히 작은데 이것은 지구의 궤도 속도가 빛의 속도에 비하여 약 1만분의 1밖에 되지 않기 때문이다.* 실제

---

* 근사적으로 이 각도는 광속에 대한 지구 속도의 비인 v/c로 주어진다. 이럴 때 이것은 대략 20초가 된다. 하나의 원을 그리면 360도가 되고 1도가 60분이며, 1분이 60초가 되는 것을 상기하

로 이러한 효과는 지구상에서 실증되고 있다. 천체를 관측할 때 지구가 태양 주위를 타원 궤도를 따라 움직이는 동안 망원경의 방향을 계속 재조정해야 한다는 사실이 바로 이것을 말해 주고 있다. 지구가 태양 주위를 완전히 한 바퀴 도는 동안 망원경의 끝이 아주 작은 타원을 그리도록 움직여 조정한다. 그런데 만일 에테르가 지구를 감싸고 함께 움직인다고 하면 이 에테르는 마치 바람이 빗방울의 방향을 바꾸어 주는 것과 비슷한 효과를 별빛에 미치게 되고, 사실상 지구 운동에 의한 효과를 완전히 보상해 주는 결과가 되어 광행차 효과를 상쇄시키고 말 것이다.

그런데 광행차 현상은 실제로 관측되고 있으며 또한 지구 운동에 의하여 간단히 설명되고 있다. 그렇기에 에테르가 지구를 감싸고 움직인다는 설은 가능하지 않다고 결론지어야 하며 또한 실제로 그렇게 결론지어졌다.

이렇게 하여 다음과 같은 두 번째 가능성의 소지가 남게 되었다.* 이 두 번째 가능성이란 에테르가 정지해 있으며 지구는 이것을 통해 움직이고 있고 따라서 바로 이 에테르가 뉴턴 법칙들에서 요구되는 바의 절대 정지계를 제공하고 있다는 것이다. 이러한 가설은 곧 엄격한 실험적 검증을 받을 수 있다는 점이 드러났다. 이 실험은 또 하나의 비범한

---

라. 이 각을 측정하는 것은 광속 측정을 위한 초기 방법 중 한 가지다.

* 에테르가 부분적으로만 지구를 따라 움직인다고 하는 중간 가능성도 있다. 여기에 대한 일반적인 논의로서 *Max Born, Einstein's Theory of Relativity*를 참조하라.

19세기 인물인 앨버트 마이컬슨(Albert Michelson, 1852~1931)이 행하였다. 과학 분야에서 노벨상을 받은 최초의 미국인인 마이컬슨(그는 광학에서의 업적으로 1907년 노벨 물리학상을 받았다)은 1852년 폴란드에서 태어나 가족들을 따라 미국으로 이주한 후, 아나폴리스(Annapolis)에 있는 미국 해군사관학교에서 교육받았다. 1878년 그는 자기 필생의 과업인 빛의 성질에 관한 여러 가지 실험을 시작하였다. 당시의 관례에 따라—그리고 이것은 당시로 보아 필요불가결한 것이기도 하였다—그는 좀 더 고등한 광학의 숙련을 쌓기 위해 유럽—그의 경우 독일과 프랑스—에 유학하였다. 여기서 새로 습득한 기술을 이용하여 1882년 그는 빛의 속도에 관하여 당시까지 얻을 수 있었던 가장 정밀한 실험값을 얻게 되었다[그가 얻은 빛의 속도는 초당 299,853km, 영미 단위계로 초당 186,320마일이다. 광속 측정 기술은 그 후 계속 발전하여 1972년 11월에 이르러서는 알려진 가장 좋은 값이 초당 299,792.4562km로 마지막 자리에 약간의 오차를 포함한다. 다시 말하면 광속은 현재 1%의 10만분의 1 정도까지 알려진 셈이다]. 이때는 그가 이미 미국으로 돌아와 클리블랜드(Cleveland)에 있는 케이스 공과대학(Case School of Applied Science)에서 물리학 교수로 있을 당시였다. 그렇지만 그의 가장 중요한 실험 기구인 "마이컬슨 간섭계"(干涉計, Michelson interferometer)를 개발하기 시작한 것은 그가 독일에 있을 때였다고 한다.

이 간섭계라는 것은 빛의 파동적 성질을 이용하는 장치이다. 만일 파동의 두 줄기가 중첩되면 이들은 서로 "간섭"(干涉, interfere)을 일으킨다. 이 말은 즉 두 줄기의 파동이 결합하면 다른 하나의 파동으로 된다는 것인데 이 파동의 성격은 처음 두 파동 간의 관계에서 결정된다. 이때 결합되는 두 파동의 "위상"(位相, phase)은 서로 일치할 수도 있고 일치하지 않을 수도 있다. 즉 동일한 형태를 가진 두 개의 파형이 서로 간섭한다고 할 때 두 파형이 서로의 모양 위에 그대로 겹칠 수도 있고 한 파동의 마루나 골이 다른 파동보다 조금 앞서거나 뒤질 수도 있다. 후자는 얻어진 파형이 특징적인 "무늬"(fringes)를 따도록 변조된다. 이것은 직각으로 연결된 두 개의 곧은 "팔"(arm)들로 구성되어 있고 각각의 "팔" 끝에는 거울이 하나씩 달렸다. 두 팔이 연결되는 직각으로 굽어진 모퉁이에는 은으로 반도금된 거울이 적당히 기울어져 있어서 광원에서 나오는 빛이 여기서 갈라지게 된다. 즉 이 거울에 와 닿는 빛의 절반은 이것을 그대로 투과하여 한쪽 팔을 따라 나가고, 나머지 절반은 여기서 직각으로 반사하여 다른 한쪽 팔을 따라 나간다. 이렇게 갈라진 두 줄기 빛은 그 팔들의 끝에 달린 거울에서 각각 반사하여 다시 갈라지던 지점으로 되돌아와서 간섭을 일으킨다. 만일 이 두 줄기 빛이 각각의 팔 끝까지 갔다가 되돌아오는 데 소요된 시간이 서로 똑같다면 이들은 위상이 일치하도록 재결합될 것이다. 만일 어떠한 이유로 이들이 소요한 시간이 서로 다르다면 이들의 위상은 일치하지 않게 되어 관측 가능한 무늬를 형성할 것이다. 이 소요된 시간이 서로 일치하지 않는 데는 두 가지 이유가 있을 수 있다. 이 두 팔의 길이가 서로 같지 않아서 한쪽 팔을 왕복해 온 빛이 다른 한쪽 팔을 왕복한 빛보다 더 많은 시간을 소요할 수 있을 것이고, 또 한 가지 경우는 설혹 이 팔들의 길이가 똑같다 하더라도 빛의 속도가 방향에 따라 다르다고 한다면 역시 소요된 시간이 달라질 것이다. 이 두 번째 가능성은 좀 이상하게 보일 것이다. 사실상 아인슈타인 이후의 현대 물리학자들의 관점에서 이것은 말이 되지 않는다. 그러나 정지한 에테르의 존재를 믿고 있던 19세기 물리학자들의 관점에서는 다음과 같은 논리를 내세울 수 있으며 또한 실제로 이렇게 내세웠었다. 즉 지구가 에테르를 통하여 움직이고 있으면—간단히 생각하기 위하여 일정한 속도로 직선상을 움직인다고 하자—마치 강물이 흘러가듯이 에테르가 흘러서 지나가는 것처럼 보일 것이다. 물론 정지된 에테르 속에서는 빛이 앞에서 말한 바와 같은 속도로 움직인다. 그러나 지구상에 있는 관측자에게 에테르는 흘러 지나가고 있으며, 일단 에테르 속에서 전파되기 시작한 빛은 함께 에테르의 운동으로 움직인다. 이는 마치 급류하는 강물에서 수영하는 사람의 운동과 같다. 사실 마이컬슨 간섭계의 한쪽 팔을 흐르는 방향으로 놓고 다른 한쪽 팔을 그 흐름에 수직으로 놓은 다음 이 두 경로를 따라 움직이는 빛의 운동을 비교하는 것은, 마치 강이 흐르는 방향으로 수영해 갔다가 역행으로 수영해 온 수영자의 운동과, 강의 흐름에 수직으로 같은 거리만큼 수영해 갔다 온 수영자의 운동을 비교해 보는 것과 같다. 이 두 경로를 따르는 빛의 유효 속도는 서로 다를 것이며 따라서 두 팔—두 경로—의 길이가 설혹 똑같다고 하더라도 빛이 이들을 왕복하는 시간은 서로 다르다는 논리가 성립한다.* 그러므로 만일 지구가 정지한 에테르를 통하여 움직이고 있다면 간섭 무늬를 볼 수 있게 되고 이것으로 에테르에 대한 지구의 절대 속도를 결정할 수 있게 된다.

여기서 개설한 이런 매우 간단한 원리들이 바로 물리학 역사상 가장 유명한 실험 중 한 가지인 마이컬슨 몰리 실험(Michelson-Morley experiment)의 토대가 되었다[에드워드 몰리(Edward William Morley, 1838~1923)는 이 실험의 첫 번째 정밀한 수행 과정에서 마이컬슨과 협동했던 미국의 화학자 겸 물리학자였다. 그러나 마이컬슨이 1881년 이미 이것으로 예비 실험을 했던 것을 보아 이 실험은 어디까지나 마이컬슨의 아이디어였다는 점이 분명하다. 흔히 마이컬슨 몰리 실험이라고 불리는 실험은 1887년 수행되었다]. 이 실험의 정밀도를 추측하기 위해서는 다음과 같은 사항을 생각하여야 한다. 즉 앞에 설명한 상황에서 두 갈래 빛이 도달하는 시간의 차이를 간단히 계산해 보면 이는 지구

---

* 이 두 가지 시간을 나타내는 공식은 맥스웰이 만들었다. 만일 L을 각 팔의 길이라 하고 v를 지구의 속도라고 하면 지구 운동에 수직으로 놓인 팔을 따라 왕복하는 데 요하는 시간은

$$t = \frac{2L}{c} \frac{1}{\sqrt{1-v^2/c^2}}$$

으로 주어지며 지구 운동의 방향으로 놓인 팔을 따라 왕복하는 데 걸리는 시간은

$$t' = \frac{2L}{c} \frac{1}{\sqrt{1-v^2/c^2}}$$

이 된다. 일반적으로 t는 t'보다 크다(여기서 C는 에테르에서의 광속을 의미한다).

속도와 빛의 속도 간의 비(比)의 제곱 즉 1억분의 1이라는 수치에 비례한다는 것이다. 그럼에도 이 실험은 이 정도 또는 이보다 더 작은 크기의 간섭 효과마저 탐지해 낼 수 있을 만큼 용의주도하게 짜였다.* 그런데 이 실험 결과의 중요한 점은 이러한 간섭 효과가 발견되지 않았다는 사실이다. 실험의 신빙성을 높이기 위하여 마이컬슨과 몰리는 이 간섭계를 석판 위에 설치하고 이것을 다시 수은 탱크 위에 띄운 둥근 나무판 위에 얹었었다. 이렇게 하여 그들은 실험 장치 전체를 계속 회전시킬 수 있었는데, 이처럼 회전시키는 것은 어느 한쪽 팔에 있는 구조 상의 괴벽 때문에 나타날지도 모르는 우연한 효과의 관측 가능성을 배제하기 위해서였다.** 그들은 팔의 방향을 16가지로 다르게 놓고 실험하였다. 그들은 이 실험을 12시와 오후 6시에 실시하였는데 이것은 태양에 대한 지구의 방향이 이 실험에서 어떤 관계가 되는지 보기 위해서였다. 그리고 그들은 실험을 3개월마다 반복하도록 일정을 세웠다. 이것은 지구 궤도 운동의 어떤 특별한 국면이 무슨 역할을 하고 있지 않을

---

* 우리는 여기서 마이컬슨—몰리의 실험이 $(v/c)^2$ 정도의 크기에서 나타나는 효과를 측정할 수 있는 장치임을 다시 한번 강조한다. 마이컬슨 이전에 알려진 지상의 광속 측정 방법들은 이러한 크기의 효과를 관측할 만큼 정밀하지 못하였다. 따라서 에테르에 대한 지구의 운동도 종래의 방법으로는 관측될 수 없다는 사실이 당시에 잘 알려져 있었다. 사실상 1897년에 맥스웰이 쓴 바로는 "광속을 측정하는 지상의 방법들에 의하면 빛은 동일한 경로를 왕복하게 되고 에테르에 대한 지구의 속도가 이 왕복 시간에 주는 영향은 지구 속도와 광속 비의 제곱에 관계되는데 이는 너무도 적은 양이어서 관측할 수 없다." 이 문장은 R. S. Shankland, "The Michelson-Morley Experiment," *American Journal of Physics*, 32 (1964), 17에 인용되어 있다.

** 각 팔의 길이는 11m였다. 이들은 파장이 $5.9 \times 10^{-5}$cm인 노란 나트륨 빛을 사용하였다. 맥스웰 이론에서 마이컬슨이 추산한 바로는 이 팔들을 90° 회전시킬 때 간섭 무늬는 두 줄 무늬 사이 거리의 4/10만큼 이동해야 한다. 그러나 아무런 이동도 관측되지 않았다.

까 하는 이유에서였다.*

그러나 그들은 물론 그 후의 어느 다른 실험자들에게도—이 실험은 수년 전에도 현대 전자 기술을 동원한 훨씬 큰 정밀도를 가지고 되풀이되었다—에테르에 대한 지구 속도에 관계되는 효과라고는 어떤 흔적도 발견되지 않았다[1920년대에 패서디나(Pasadena)의 윌슨산 천문대(Mt. Wilson observatory)에 있던 데이턴 밀러(Dayton Clarence Miller, 1866~1941)라는 물리학자가 0이 아닌 마이컬슨 효과를 발견한 것 같다 하여 한때 떠들썩했던 일이 있었다. 그러나 이것은 얼마 가지 않아 실험상의 과오가 있었다는 사실이 밝혀짐으로써 반증되고 말았다].

---

* 그들은 전 태양계가 에테르에 대하여 운동하는 가능성을 생각하고 지구의 궤도 운동상 어떠한 특별한 위치에서는 이 두 가지 운동이 우연히 서로 상쇄될 수 있기에 이러한 가능성을 제거하려 하였다.

# 마이컬슨-몰리 실험에 관한 여담

상대성 이론을 다루는 교과서 대부분에는 마이컬슨-몰리 실험이 아인슈타인의 상대성 이론을 위한 기초이며 출발점이 된다는 말이 적혀 있다. 그러나 아인슈타인의 1905년 논문을 보면 이 실험을 지적하여 언급한 곳이 한 군데도 없다. 이러한 종류의 일반적 성격을 가진 실험들에 대하여 모호하게 언급한 구절은 있지만 특별히 마이컬슨과 몰리를 지칭해 언급한 부분은 없다. 이러한 사실은 아인슈타인이 이 실험에 대하여 전혀 들은 일이 없거나 설령 들었다더라도 이것이 그에게 별 감명을 주지 못하여 언급할 필요를 느끼지 않았을 것이라고 해석할 수 있다. 사실상 아인슈타인은 후에 실제로 그랬었다는 점을 물리학자들에게 여러 번 말하곤 했다. 그의 성품을 보아, 그가 자신의 창의성에 주의를 끌고자 고의로 그렇게 말하였다고는 볼 수 없다. 프린스턴에 있는 아인슈타인의 문서들—편지, 노트, 기타 서류들—을 가까이 접하고 있던 물리학자이며 과학사가인 제럴드 홀튼(Gerald Holton, 1922~)은 최근에 아인슈타인의 특수 상대론과 마이컬슨-몰리 실험 사이 관계에 어떤 단서들이 있는지를 조사해 보았다. 그는 아인슈타인이 그의 사망 1년 전에 일리노이(Illinois)에 있는 한 사학자에게 보낸 편지를 인용하고 있다.

마이컬슨의 실험이 수행되기 전에 이미 실험의 정밀도 범위 내에서는 좌표계의 운동 상태가 현상들 특히 그 법칙들 위에 아무런 영향도 미치지 않는다는 사실이 알려져 있었습니다. 로런츠는 맥스웰 이론에 대한 자신의 수식들을 기초로 하여, 이러한 사실이 좌표계의 속도 제곱항이 무시되는 범위 내에서 (즉 1차적 효과의 범위 내에서) 이해될 수 있음을 보였습니다. 그러나 이 이론의 형태를 따른다면 2차 및 그 이상의 효과들에 대해서는 이러한 독립성이 성립되지 않으리라는 것이 기대됩니다. 그런데 기대되던 이러한 2차 효과가 사실(de facto) 존재하지 않는다는 것을 하나의 결정적인 경우에 대하여 보였던 것이 마이컬슨 업적의 가장 큰 의의였습니다. 이는 문제를 대담하고 명확하게 정리하였다는 점과 측정에서 요구되던 극히 높은 정확도를 성취시킨 정교한 방법을 마련하였다는 점에서 모두 뛰어났던 업적이었으며 과학적 지식에 대한 불후의 공헌이라 하지 않을 수 없습니다. 이 업적은 "절대운동"이 존재하지 않는다는 사실, 그리고 이와 관련된 특수 상대성 원리에 대한 하나의 새로운 강력한 논거를 제공했던 것입니다. 이 특수 상대성 원리는 뉴턴 이래 역학에서는 전혀 의심의 여지가 없었지만, 한때 전자기학과는 상치되는 듯이 보였습니다.

아인슈타인은 다음과 같이 계속한다.

　나 자신의 연구 과정에서는 마이컬슨의 결과가 어떤 특별한 영향을 미치지 않았습니다. 나는 내가 이 과제에 대한 첫 번째 논문을 쓸 때(1905) 마이컬슨의 결과를 알고 있었는지조차 기억나지 않습니다. 여기에 관해서 나는 다음과 같이 설명합니다. 나 자신은 여러 가지 이유로 절대 운동이란 존재하지 않을 것이라고 확신하고 있었고, 따라서 내가 문제 삼고 있었던 것은 단지 이러한 사실이 일반적으로 알려진 전자기학 지식과 어떻게 화합될 수 있느냐 하는 점이었습니다. 이러한 점을 감안하면 마이컬슨의 실험이나 개인적인 연구 과정에서 아무런 역할을 하지 않았던 이유를, 적어도 어떤 결정적인 역할을 하지 않았던 이유를 이해할 수 있을 것입니다.*

　마이컬슨 실험의 역할 또는 무(無) 역할을 해명함으로써 아인슈타인은 이러한 수준의 과학적 창의성에 관해서는 적어도 실험과 이론 사이에 흔히들 생각하는 바와 같은 단순한 관련성이 없다는 사실을 알려 주고 있다. 인간 정신의 "자유로운 창의성"(free creativity)인 "직관"(直觀, intuition)이 또한 결정적인 역할을 한다. 그렇다고 해서 과학자가 하나의 과학자로서 우주에 대한 임의의 환상에 사로잡혀 있어도 좋다는 의

---

* Gerald Holton, "Einstein and 'Crucial' Experiment," p. 996 ; 그리고 Holton, "Einstein, Michelson and the 'crucial, Experiment,'" p.2를 참조하라.

미는 아니다. 만일 모든 사색이 유의미한 내용을 담고 있다면 궁극적으로는 실험적 검증이 가능한 명제들로 나타나야만 한다. 그러나 여기서 말하고자 하는 점은 특정된 실험들 자체가 어떤 단순한 방법으로 이론의 공리적 기초를 결정해 주지는 않는다는 것이며 또한 위대한 물리학자의 창조적 작업에 있어서는 "직관"—우주가 어떻게 되어 있어야 할 것이라고 느껴지는 내용—이 어떤 특정된 실험의 결과들보다도 이론의 공리적 구조를 형성함으로써 더 중요한 역할을 한다는 것이다.

마이컬슨-몰리 실험이 아인슈타인에게 어떤 영향을 주었든 간에 이 실험이 그의 동료 물리학자들에게 준 영향은 의심의 여지가 없다. 한마디로, 그들이 느낀 충격은 말로 표현할 수 없었다. 맥스웰 방정식들에 관한 에테르적 해석의 역학적 기반 전체가 흔들린 것이다. 이때야말로 대담한 사색적 작업이 요구되는 시기였다. 1892년 아일랜드의 물리학자 조지 피츠제럴드(George Francis Fitzgerald, 1851~1901)는 하나의 주목할 만한 설명을 제시했다. 그의 견해에 따르면 마이컬슨 간섭계의 두 팔 가운데 지구 운동 방향으로 향하는 팔은 수축된다는 것이며 이 때문에 두 팔을 지나는 빛의 유효 속도가 달라질 때 생기는 시간 차이가 보상된다는 것이다. 피츠제럴드에 의하면 이 두 가지 효과는 정확히 상쇄된다는 것이며 이로써 마이컬슨 실험에서는 아무것도 관측되지 않는다는 사실이 설명된다. 물론 이와 같은 수축 현상은 일상생활 가운데서 관측되고 있지 않다. 그러나 피츠제럴드의 견해에 관하여 공정히 이야기하자면, 그가 제안한 수축 효과가 빛의 속도와 물체의 운동 속도 비

(比)의 제곱 정도에 해당하는 크기라는 점을 분명히 해야 한다.* 사실상 마이컬슨 실험을 설명하기 위해서는 $1\mu$의 $1/200$—대략 1m의 1억분의 1 정도—의 수축만이 필요하며 이것은 너무도 짧은 길이여서 간섭계를 사용하는 경우에 한하여 겨우 측정이 가능할 정도이다. 문제는 마이컬슨 실험을 임의로 설명한다는 것 외에 이러한 수축이 일어나야만 할 이유를 제시할 수 있느냐는 점이다. 1895년 역시 마이컬슨의 결과—무결과—를 설명하기 위하여 수축설을 생각하고 있던 로런츠는 여기에 관한 하나의 잠정적인 설명을 제시했다(뒤에 알게 되겠지만 이와 같은 수축은 아인슈타인의 특수 상대성 이론의 한 중요한 결과라고 할 수 있는데, 이것은 완전히 다른 이론적 근거에 입각하고 있다. 이것은 후에 로런츠-피츠제럴드 수축이라고 불리게 되었다). 로런츠는 전자기장에 대한 맥스웰 이론을 보충하기 위하여 전자기력들에 대한 이론을 발전시키는 일에 몰두하고 있었다. 그의 기본적인 아이디어는 전하를 띤 물질은 맥스웰 장(場)들의 원천 역할을 하지만 이 장들은 물질 입자들 사이에 있는 빈 공간에 존재한다는 것이다. 다시 말해서 그는 물질과 장 사이의 분명한 구분을 제시하였다. 이러한 관점에서 보면 전기를 띤 두 입자는 그들 각각이 제공하는 장들 서로 간의 영향으로 상호 작용을 하게 된다. 아인슈타인이

---

* 로런츠-피츠제럴드 수축에 대한 정확한 공식은 다음과 같다.
$$L = L_0 \sqrt{1 - v^2/c^2}$$
여기서 $L_0$는 정지 상태에서 측정된 길이이고 v는 에테르에 대한 속도, c는 빛의 속도이다.

그의 "약전"(略傳)에 적은 바에 의하면 다음과 같다.

그(로런츠)에 의하면 장이란 원칙적으로 빈 공간에만 존재하는 것이며, 물질—원자들이라고 본다—은 단지 전하들의 자리(seat)만이 될 뿐이다. 물질 입자들 사이에는 빈 공간이 있고 이 공간은 전자기장의 자리가 된다. 전자기장은 또한 물질 입자들 위에 놓이는 점전하(點電荷)들의 위치와 속도에 의하여 만들어진다—입자 전하들은 장을 만들어 내고 이 장은 또한 입자들의 전하에 힘을 작용하여 뉴턴의 운동 법칙을 따라 입자들의 운동을 결정한다—현세대 물리학자들은 로런츠의 이와 같은 관점을 유일한 가능성으로 생각하고 있으나, 당시로서는 이것이 놀랍고도 대담한 새 사상이었으며 이것 없이는 그 후의 진전이 가능하지 않았을 것이다.*

전기적으로 대전된 입자 간의 "로런츠 힘"(Lorent force)이라고 하는 것은, 그가 에테르의 개념까지도 포함한 다소 허황한 방법으로 도출하기는 하였지만, 지금도 전자들과 같이 대전된 입자 간의 상호 작용을 기술하는 데 필요불가결한 것으로 되어 있다. 로런츠의 생각으로는 만일 물질이 "분자들", 즉 전자기력에 의하여 묶여 있는 대전된 물체들로 구성되어 있다면, 이러한 물체가 운동하는 경우 이 힘들이 적절

---

* Paul Arthur Schillpp, ed., *Albert Einstein : Philosopher-Scientist*, p. 35.

히 변하여 로런츠-피츠제럴드 수축을 가능하게 할지도 모른다고 보았다. 1906년—아인슈타인의 논문이 발표된 지 1년 후—그는 컬럼비아(Columbia) 대학에서 연속 강연을 한 일이 있는데 그는 여기서 그의 관점을 다음과 같이 요약하였다.

> 만일 다음과 같은 사실들을 염두에 둔다면 길이 변화 가정의 가능성을 이해할 수 있다. 즉 고체의 형태는 그 구성 분자 간의 힘에 의존하며 또한 이 힘들이 에테르를 거쳐 전파되는 양상은 전자기파의 작용이 그 매질을 통하여 전파되는 과정과 매우 흡사할 것이라는 추측을 가능하게 한다는 점이다. 이러한 관점에서 본다면 전자기력이나 마찬가지로 분자 간의 인력과 반발력도 물체에 가해지는 운동에 다소 수정될 것이고 이로써인하여 그 길이에 변화가 오리라는 추측을 가능하게 한다.\*

물리학자들은 아직도 에테르 개념의 영향을 크게 받고 있어서 로런츠의 이러한 아이디어는 몰리와 그의 동료 밀러—수년 후에 0이 아닌 마이컬슨 효과를 발견했다고 생각했던 바로 그 밀러이다—로 하여금 새로운 실험을 수행하게 하였다. 이들은 처음에 간섭계의 팔을 나무로 만들어 실험해 보았고 다음에는 강철로 만들어 실험하였는데, 이것은

---

\* H.A. Lorentz, *The Theory of Electrons*, p. 201.

물론 로런츠의 설명이 옳은 것이라면 이 효과는 간섭계의 팔을 이루고 있는 분자들이 종류에 관계할지도 모른다는 생각에서였다. 결과는 여전히 0이었다. 에테르에 대한 지구의 속도는 관측 불능이었다.

로런츠는 자기 강연 내용을 그의 나이 56세였던 1909년에 책으로 출판하였다[이 책은 1915년에 개정되었는데 여기에는 아인슈타인의 상대성 이론에 대한 그의 인정도가 높아짐을 반영하는 부록과 각주가 붙어 나왔다]. 이 책이야말로 19세기 과학의 고전적 서술이다. 이것이 "19세기 과학"이라고 불릴 만한 이유는, 비록 로런츠가 아인슈타인의 업적을 감별하지 못할 정도로 평범한 과학자는 아니었으나 적어도 1909년까지는 이것을 믿는 단계에까지는 이르지 못한 것이 분명하기 때문이다. 이 책의 종결부에 로런츠는 아인슈타인 이론의 개요를 싣고 여기에 대한 당시 과학자들의 주의를 환기하고 나서 다음과 같이 적었다. "그러나 내 생각으로는 내가 제시한 형태의 이론이 어딘가 더 합당하게 여겨진다. 나로서는 에너지와 진동을 가지는 전자기장의 자리로서의 에테르가 설혹 보통의 물질과는 아무리 다르다고 하더라도 역시 실재할 가능성이 크다고 보지 않을 수 없다."* 로런츠의 이 위대한 책은 옛 유럽의 거대한 성곽과도 비교될 만하다. 매우 아름답게 구축되기는 하였으나 어딘가 유령이 나올 듯한.

---

* *Ibid.*, p. 230.

# 5장

# 아인슈타인과 시간의 상대성

우리가 아는 바로는 마이컬슨-몰리 실험이 당시 과학자들에게 주목받는 동안 아인슈타인 자신은 이에 대하여 거의 망각 상태였다. 물리학과 관계되는 학문적인 직장이라고는 어떤 것도 구할 수 없었던 그는 베른에서 신청된 특허들의 기술적 결함을 검토하는 일을 하며 생계를 지탱하고 있었다. 그는 종종 시간 여유가 생길 때면 16세부터 생각했던(적어도 그가 후에 회상한 바에 의하면) 본격적인 문제를 붙들고 씨름하였다. 아인슈타인의 특수 상대성 이론으로 본다면 마이컬슨-몰리 수수께끼의 해답이란 너무도 간단한 것이어서 처음에는 누구나 약간 실망할 정도이다. 그 해답이란—이것이 수수께끼 될 것이 없다는 것이다. 아인슈타인이 출발하는 기본적 전제가 바로 이것이다. 즉 정지 상태와 균일한 속도를 가지는 운동 상태는 이들 중 어느 쪽에 속하는 관측자에게도 구분되지 않는다는 것인데, 이는 이들이 전자기학적이든 역학적이든 간에 어떠한 실험을 하더라도 이 두 가지 운동 상태를 구별할 수 없다는 것이다. 물론 이 두 계(系) 사이의 상대적 운동을 관측할 수는 있다. 그러나 어느 쪽 계의 관측자도 똑같은 타당성을 가지고 다음과 같이 주장할 수 있다. 즉 자기는 정지하고 있고 움직이는 것은 상대방 관측자라고. 이것이 사실상 마이컬슨-몰리의 실험이 확인하고 있는 점이다. 이 실험이 수행된 지구라는 관측계는 근사적—정확도가 높은 정도의 근사—으로 보아 균일한 속도를 가지는 계라고 할 수 있다[이러한 계들을 "관성계"(慣性系, inertial system)라고 부른다]. 따라서 아무런 효과도 관측되지 않아야 할 것이 당연하다. 물론 만일 마이컬슨이 어떤 효과를 발견하였다고 한다면 상대성 이론은 틀렸다고 간단히 말할 수 있다. 이러한 논리에서 본다면 로런츠-피츠제럴드 수축이란 논란의 대상도 되지 않는다. 왜냐하면 정지된 에테르가 있어서 이것이 절대 정지 좌표계를 이룩한다고는 볼 수 없기 때문이다. 정말 문제가 되는 것은 뉴턴의 역학—이것에 의하면 관측자가 가속되어 광속도에 이를 수 있다—과 전자기 이론—앞에서 이미 언급한 바와 같이 이것에 의하면 관측자가 광속도를 가지고 운동할 수 없다—에 대한 상대성 원리를 조화시키는 방법이다. 이 두 이론이 양립할 수 없으며 또한 이들 중 그릇된 이론이 뉴턴 역학 쪽이라는 점을 인식했다는 데서 아인슈타인의 천재성이 드러나고 있다. 물론 지금까지 알려진 가장 성공적인 발견의 하나인 뉴턴 역학과 같은 이론이 "틀렸다" 말할 때 이것이 의미하는 바는 이 이론이 어떤 제한된 현상 영역 안에서만 특별하게 맞는다는 것이다. 뉴턴 역학은 빛의 속도보다 훨씬 천천히 움직이는 대상들의 운동을 기술하기 위하여 만들어진 것이다. 이와 같은 대상에 대해서는 뉴턴 역학과 특수 상대성 이론이 거의 동일한 결과를 나타낸다. 원칙적으로는 "상대론적 수정"(relativistic correction)이 들어가야 하지만 이 값은 매우 작다. 그렇기에 이것은 예를 들어 행성의 운동을 계산하는 데서는 실질적인 의미에서 무시될 수 있다. 이것이 바로 뉴턴 역학이 수많은 천문학적 현상에 그렇게도 잘 적용되었던 원인이며 또한 상대성 이론이 더 일찍 발견되지 않은 원인이 된다. 이러한 면이 많은 사람들에게 이 이론이 어렵게 느껴지는 이유도 된다. 곧 알게 되겠지만 이 이론은 "상식"에 위배되는 듯 보이기조차 한다. 물론 상식을 형성하는 경험이란 광속도에 접근하는 속도로 움직이는 물체까지를 대상으로 삼는 것은 아니다. 그런데 예를 들어 사이클로트론(cyclotron), 싱크로트론(synchrotron), 또는 우주선(cosmic ray)에서는 광속도와 거의 같은—광속도와의 차이가 1%의 수백분의 1 정도 되는—속도로 움직이는 입자들을 취급한다. 만일 이러한 입자들의 운동을 고전적인 뉴턴 역학으로 다루려 한다면 실험 사실들과 도무지 맞지 않는 엉뚱한 결과들을 얻게 될 것이다.

상대론에 대한 아인슈타인의 첫 번째 논문은 「움직이는 물체들의 전기 역학에 관하여(Zur Elektrodynamik bewegter Körper)」라는 제목으로 1905년 독일의 학술지 《물리학연보(Annalen der Physik)》에 발표되었는데 여기서 그는 시간의 상대성을 분석하는 데부터 시작한다. 일상 경험에서 비가역적으로 진행되는 것 같은 사건들의 흐름을 "지금" 일어나고 있는 것과 "과거"에 일어나서 기억 속에 있는 것, 그리고 "미래"에 일어날 것으로 구분하여 의식한다. 이러한 인상들의 주관적 집결이 다른 모든 사람과 공통되고 있다는 사실로부터 이들의 정량화, 즉 시간이란 개념의 "발명"이 이루어진 것이다. 물리학적 목적을 위해서는 시간의 주관적 의미—이것은 성격상 부정확하며 개인적이다—와 시계로 측정되는 "객관적" 시간을 주의 깊게 구분해야 한다[각 개인들의 주관적 시간 의식에서 서로 간에 근본적인 차이가 없다는 사실이 시계를 만들게 된 동기를 주었음에 의심의 여지가 없다]. 목적을 위해서는 "시계"란 반복되는 어떤 현상이기만 하면 된다. 예를 들어 진자의 주기적 운동 또는 평형 바퀴(balance wheel), 심지어는 심장의 맥박이라도 좋다. 이 반복 운동이 정밀하면 할수록 시계는 그만큼 더 정확하다. 아인슈타인이 1905년 논문에서 주장했던 첫 번째 중요한 사실은 다음과 같다. 한 사건에 대한 "객관적" 시간의 의미는 사실 두 사건, 즉 고려 대상이 되는 사건과 시곗바늘이 시계 문자판의 특정된 숫자를 가리키는 사건의 동시 발생을 말한다. 아인슈타인의 표현을 빌리면 이러하다. "예를 들어 내가 말하기를 '기차가 7시에 도착한다'고 할 때 이것의 의미는 '내 시계의 작은 바늘이 7이라고 적힌 자리를 지나가는 것과 기차가 도착하는 것, 이 두 사건이 동시에 일어난다'고 하는 것이다."\* [폴란드의 물리학자이며 1930년대에 아인슈타인의 연구 보조원이었던 레오폴드 인펠트(Leopold Infeld, 1898~1968)는 이것이 "내가 읽어 본 과학 논

---

\* 아인슈타인 논문들의 모든 영문 번역은 달리 표시하지 않는 한 "*The Principle of Relativity*"에서 발췌한 것이다.

문 중에서 가장 단순한 문장"이라고 말한다]* 그런데 이 글은 아인슈타인이 곧 지적하였듯이 하나의 정의되지 않은 개념, 즉 "동시성"(同時性, simultaneity)이라는 개념을 포함하고 있다. 물론 모두가 두 사건이 동시에 일어난다는 것이 무엇을 의미하는지 "알고" 있다. 가령 전형적 방법으로 사건과 시계를 보고 이들을 비교하면 된다. 일상 생활에서는 더 이상 이 과정을 분석할 필요가 없다. 현실적인 면에서 우리는 이렇게 하는 데에 아무런 불편도 느끼지 않는다. 그러나 좀 더 생각해 보면 빛의 속도가 무한대가 아니기 때문에 이 사건을 비춰 주는 빛이 눈에 도달하기까지 일정한 시간이 소요되며, 따라서 엄밀히 말하자면 우리는 이미 일어난 사건과 시계를 비교하는 것과 같다. 보통 빛이 빨리 움직이고 빛이 지나오는 거리가 매우 짧아서 이러한 "지연" 효과는 별 의미가 없기에 쉽게 무시된다. 그러나 가령 우리가 달에서 발생하는 사건이 시간을 지구상의 시계를 가지고 측정하려 한다면 이러한 지연은 중요한 의미가 된다. 빛 또는 전파—이것은 빛과 같은 속도를 가진다—가 달까지 왕복하는 시간은 약 2.5초이다. 이러한 점은 지상에서 일어난 사건과 달에서 일어난 사건 사이의 동시성 여부를 판단하는 데 있어서 본질적인 문제를 제기한다. 우리는 이 문제를 다음과 같이 처리하면 된다고 생각하기 쉽다. 즉 두 개의 시계를 최대한 가까이 놓고 이들을 비교하여 맞추어 놓음으로써 지연 효과를 제거한다. 그리고 이 두 시계가

---

* Leopold Infeld, Albert Einstein, *His Work and Influence on Our World*, p. 27.

똑같은 구조로 제조된 것이라고 한다면 이 중 하나를 달에 옮겨 놓았을 때 이 두 시계는 계속 같은 시간을 가리키리라 생각할 수 있다. 그러나 이것을 어떻게 확신할 수 있겠는가? 여기서 요구되고 있는 것은 동시성을 의미할 절차―물리학자이며 과학 철학자인 퍼시 브리지먼(Percy William Bridgeman, 1882~1961)의 말을 빌리면 동시성의 "조작적 정의"(operational definition)―인 것이다.

동시성의 절차적 정의(procedural definition)를 마련한 데서 아인슈타인은 진공 상태에서 빛의 진행이 매우 단순한 법칙―즉 직선을 따라 균일한 속도를 가지고 진행한다는 것―을 따른다는 사실을 이용하였다. 따라서 만일 두 개의 시계가 동일 시각을 가리키는지 확인하고 싶으면 다음과 같은 과정을 밟으면 된다. 두 시계 사이의 거리를 자를 이용하여 측정한다고 했을 때, 이 두 시계의 중간 지점을 찾아 그곳에서 이들 시계 옆에 서 있는 관측자들에게 시계들이 각각 일정한 시각, 가령 7시를 가리킬 때 빛의 신호를 보내라고 할 수 있다. 만일 이 빛의 신호들이 중간 지점에 동시에 도달하면 이 시계들은 측정하는 순간에 동일 시각을 가리킨다(상대론에서는 같은 장소에서 일어나는 두 사건의 동시성 여부는 판정할 수 있다고 전제한다). 이러한 방법으로 동일 시각을 가리키는 시계들을 얼마든지 원하는 자리에 배치할 수 있다(상대론이 발표된 지 몇 년 후 그때까지도 학문하는 정규 직장을 얻지 못하고 생활비를 마련하기에 고달픈 형편이었던 아인슈타인은 다음과 같은 말을 하였다. "나의 상대성 이론에서 나는 공간 내의 모든 점에 시계를 하나씩 배치하였지만 정작 현실적으로는 내 방에 시계 한 개를 마련하기가 몹시 힘들다.'"). 여기까지는 모두 기초적인 이야기들이다. 가장 보수적으로 뉴턴 물리학에 관여하는 사람들에게도 아무런 거리낌이 없을 것이다. 혁신적인 것은 바로 이다음 단계부터이다. 문제적인 것은 위에 말한 절차가 서로 운동하고 있는 두 시계에서도 적용될 것인지, 만일 그렇다면 그 결과는 어떠할 것인지 하는 점이다. 여기서 아인슈타인은 한 가지를 가정하였는데, 이것은 얼핏 보기에는 충격적이어도 지금까지 수행된 모든 실험적 관측에서 확인되고 있다. 이 가정은 한 관측자에 의해 측정되는 빛의 속도는, 그 광원이 관측자에게 균일한 속도로 운동하고 있는 한, 이 광원의 속도가 얼마나 되든 관계없이 늘 일정하다는 것이다. 이 원리는 아인슈타인의 이론에서 매우 중요하다. 이것을 가능한 한 사실적으로 서술할 필요가 있다. 이 원리는 손전등 빛의 속도를 측정한다고 할 때, 이 빛의 속도는 손전등이 관측자를 두고 아무리 빨리 움직인다고 하더라도 이 움직임에는 관계없이 항상 동일하다는 점을 말한다 [움직이는 광원에서 발사되는 빛은 그 빛깔이 변한다고 하는 이른바 "도플러 효과"(Doppler effect)는 잘 알려져 있다. 이것이 의미하는 것은 가령 광원이 관측자 쪽으로 운동하고 있으면 빛은 푸른색 쪽으로 빛깔이 변한다는 것인데, 이것은 즉 빛의 진동수가 증가하고 파장이 감소한다는 것을 말한다. 그러나 이 두 효과—진동수 증가와 파장 감소—는 서로 보상하는 역할을 하여 결국 빛의 속도는 일정하게 유지된다].

---

* Phillip Frank, Einstein, *His Life and Time*, p. 76.

우리는 지금 이 "광속 일정의 원리"(principle of constancy)에 대해 직접적인 실험적 증거를 제시할 수 있다. 가장 극적인 예는 "2중성"(二重星, double stars)—서로의 주위 궤도를 돌고 있는 한 쌍의 별들—에서 나오는 별빛에서 찾을 수 있다. 이 2중성의 운동궤도 안에는 별이 지구로 향해 움직이는 부분과 또한 지구에서 멀어지는 부분이 있을 것이 틀림없다. 만일 궤도상 이 두 위치에서 발생한 빛의 속도가 서로 다르다면 이 움직이는 별을 볼 때 여러 가지 "유령"(ghost) 형상들이 나타난다는 것을 쉽게 증명할 수 있다. 예컨대 한 별이 동시에 두 장소에 있는 것처럼 보일 수도 있다. 그런데 이러한 형상들은 관측되지 않으며 이러한 사실이 바로 이 원리에 대한 결정적인 증거를 제공하는 것이다. 여기서 말해 둘 주목할 만한 사실은 이 예, 그리고 흔히 제시되는 다른 예들이 모두 상대성이론 이후에야 알려졌다는 점이다. 2중성에 관한 연구의 예를 보면 이것은 네덜란드의 천문학자 빌럼 더시터르(Willem de Sitter, 1872~1934)에 의하여 1913년에 알려졌다. 그러므로 이 원리를 설정할 때 아인슈타인은 무엇이 단순하거나 옳은 것인지 자신의 "직관"에 의존하였음을 재확인하게 된다. 맥스웰의 방정식들은 성격상 광속 일정의 원리를 내포하고 있다. 그러나 이들이 뉴턴 역학과 상치되고 있으므로 이들 중 어느 쪽이 옳은가에 관해서는 "추측"(guess)에 의존할 도리밖에 없었다. 1950년대 초반에 아인슈타인은 광속 일정의 원리에 대하여 그에게 질문한 물리학자 섕클랜드(R. S. Shankland, 1908~1982)에게 이 점에 대하여 언급한 적 있다. 이 원리를 제정할 당시 실험 때문에 배제되지 않았던 다른 가능성이 있다는 것을 섕클랜드는 알고 있었기에 이 다른 가능성에 대하여 물어보았다. 섕클랜드가 기록하고 있는 바로는, 아인슈타인은 이 다른 가능성을 포기했다—왜냐하면 그가 생각할 수 있었던 어떠한 형태의 미분방정식도 속도가 파원의 운동에 의존하는 파(波)들을 그 해(解)로서 가질 수는 없기 때문이었다. 이러한 경우 방사 이론을 적용해 보면 위상 관계가 대단히 복잡해져서 전파된 빛이 모두 심하게 "뒤섞이고" 심지어 "나오던 쪽으로 되돌아가는" 현상까지 보인다. 그는 나에게 "이 점이 이해가 갑니까?" 하고 물었다. 내가 이해 못 하겠다고 말했더니 그는 조심스럽게 전부 되풀이하여 설명했다. 그의 설명이 다시 "뒤섞인다"는 부분에 왔을 때 그는 두 손을 크게 내저으며 말하다가 크게 웃기 시작했다. 이 아이디어에 대하여 마음껏 폭소를 터뜨리는 것이었다.

그리고 그가 계속하기를 "한 주어진 상황에서 이론적 가능성이란 비교적 그 수가 적고 비교적 단순합니다. 이들 가운데서 선택해야 할 것은 흔히 아주 일반적인 논의로 결정됩니다. 이러한 점들을 고려함으로써 우리는 무엇이 가능한지 알 수 있지만 이렇게 함으로써 무엇이 실재인지는 찾을 수 없습니다."*

"실재"(reality)를 안다는 것은 실험에서 오는 것이다. 그러나 이것은 정신의 "자유로운 창의성"에 의하여 해석된다.

광속 일정의 원리로 무장했으니 이제 정지한 시계와 움직이는 시계

---

* R. S. Shankland "Conversation with Albert Einstein", p. 41.

사이에 시간을 맞추는 문제로 되돌아가자. 앞서 살펴본 바와 같이, 문제의 핵심은 정지한 관측자에게 동시에 발생한 것으로 보이는 두 사건이, 움직이는 관측자에게도 역시 동시에 일어났다고 인식될 수 있는가에 있다. 이제 두 시계의 중간 지점에 하나의 정지한 관측자가 있다고 가정하고 또 하나의 움직이는 관측자가 실험을 시작하는 순간에 이 중간 지점을 통과한다고 생각하자. 양쪽 시계는 모두 7시를 가리키고 양쪽 시계에서 계획대로 빛의 신호가 발사되었다고 하자. 중간 지점에 정지해 있는 관측자의 관점에서 보면 이 두 신호는 잠시 후 동시에 도달한다. 그러나 움직이는 관측자의 관점에서 본다면 이들은 동시에 도달하지 않는다! 그는 한쪽 신호를 향해 움직이고 있으며, 동시에 다른 한쪽 신호로부터는 멀어지고 있다. 이로 인해, 앞쪽(그가 접근하고 있는 방향)의 신호로부터 방출된 빛은 그에게 도달하기까지 이동해야 할 거리가 뒤쪽(그가 멀어지고 있는 방향)의 신호로부터 방출된 빛이 이동해야 할 거리보다 짧다. 광속이 모든 관성계에서 일정하다는 특수 상대성 이론의 원리에 따르면, 양쪽에서 출발한 빛은 동일한 속력으로 전파된다. 따라서 앞쪽 신호에서 나온 빛이 뒤쪽 신호에서 나온 빛보다 먼저 관측자에게 도달하게 된다. 움직이는 관측자는 이 두 신호가 동시에 발사된 것이 아니며 두 시계를 서로 맞추지 않았다고 주장할 것이다. 따라서 움직이는 관측자와 정지한 관측자 사이에는 시계를 맞추는 일에서 서로 의견이 일치되지 않는다. 그러니까 움직이는 관측계의 "시간"은 정지된 관측계의 "시간"과 다르다는 결과가 되는데 이것은 불가피한 일이다. 이것은 빛이 무한대의 속력으로 움직이지 않는다는 사실 때문에 나타나는 결과이다. 아인슈타인이 이러한 분석을 하기 이전에는 한 시계의 진행률—가리키는 시간의 빠르고 늦음—이 이것이 정지하고 있건 운동하고 있건 관계없이 같을 것이라고 암암리에 가정되어 왔었다. 아인슈타인은 그의 논문에서 이러한 문제점을 제기한 후 움직이는 시계의 진행률이 정지한 시계의 진행률과 어떻게 관계되는가를 나타내는 수학적 공식을 유도하였다. 이 유도 과정에는 상대성 원리와 광속 일정의 원리가 이용되고 있다. 수학적 관점에서 본다면 이 유도 과정은 놀랄 만큼 간단하다. 전개되는 논리는 미묘해도 이에 고등학교 수준의 수학 지식을 가진 사람으로서 이해하지 못할 수식(數式)은 하나도 없다.

뒤에 다시 특수 상대성 이론의 결과들에 대하여 논의하게 되겠지만 여기서 시간의 상대성에 관하여 몇 가지만 더 언급하겠다. 제일 먼저, 운동하는 시계의 진행률이 정지한 시계의 진행률보다 더 늦어진다는 정성적(定性的) 논증을 해 보자. 이것을 위하여 아주 간단한 형태의 시계를 하나 생각하자. 일정한 거리만큼 떨어져 있는 두 개의 거울을 생각하고 이 거울들 사이에 빛의 신호를 발생시켰다고 하자. 이 빛은 양쪽 거울에서 교대로 반사하여 일정한 시간 간격을 따라—빛의 속력이 일정하므로—왔다 갔다 하게 된다(거울들을 진공 상태에 놓았다고 생각하면 좋다). 원리적으로 볼 때 이것은 하나의 완전히 훌륭한 시계가 된다. 원한다면 거울 사이의 거리를 줄임으로써 이 시계를 얼마든지 정밀하게 할 수도 있다. 이제 이 거울들을 수평 방향으로 움직이는 어떤 물체에 서로 위아래를 바라보도록 나란히 부착하여 두 거울을 잇는 직선이 계 전체가 움직이는 방향과 직각을 이루도록 하자. 이제 이 다소 기괴한 장치를 정지계에서 본다고 하자. 빛이 아래쪽 거울에서 출발했다고 생각할 때, 만일 이 장치가 정지되어 있으면 이 빛은 위쪽 거울에 도달하기 위하여 단지 아래쪽 거울과 직각 방향을 이루는 직선을 따라 움직이는 것으로 보인다. 그러나 이 거울들이 움직이고 있을 때는 움직이는 위쪽 거울에 이 빛이 도달하기 위하여 아래쪽 거울에서 일정한 각도로 출발하는 것을 관측하게 된다. 정지된 관측계에서 볼 때 이 빛은 왕복 운동을 위하여 사실상 삼각형 궤도를 따르게 되며, 이 경로는 이 장치가 정지해 있을 때 빛이 따르게 되는 경로에 비하여 더 길다. 광속 일정의 원리를 따르면 빛의 속력이 양쪽 관측계에서 같으므로 운동하는 "시계"에서의 빛의 왕복 시간이 더 길다고 말할 수 있다. 따라서 이 거울 시계의 주기는 이 시계가 정지해 있을 때보다 운동하고 있을 때 더 길다는 논리가 성립한다. 이 점을 정량적으로 논의하고 이 두 시계 사이의 관계를 말해 줄 수학적 표현을 얻기 위해서는 피타고라스의 정리 이상의 아무런 복잡한 수식이 요구되지 않는다.* 물론 자명한 일이지만, 이

---

* 만일 두 거울 사이의 거리가 L이라면 정지한 시계의 주기는 2L/c가 될 것이고 속력 v를 가지고 움직이는 시계의 주기는 다음과 같이 된다는 것을 곧 알 수 있다.

$$\Delta t = \frac{2L}{c} \frac{1}{\sqrt{1-v^2/c^2}}$$

이 값은 항상 2L/c보다 크며 v가 광속 c에 접근하게 되면 사실상 이것은 무한히 커진다.

러한 방식으로 얻어진 관계식은 시계의 종류와 무관하게 적용될 수 있으며, 이는 아인슈타인이 제안한 일반적 공식과도 일치한다. 아인슈타인의 논의에는 시계의 구조와 관련된 것은 없기 때문이다. 이 표현에서 특히 흥미로운 점이 한 가지 있다. 움직이는 시계가 빛보다 빠른 속력으로 움직일 때 이 식이 의미를 상실한다는 것이다. 좀 더 정확히 말하면 움직이는 시계의 주기는 시계의 속력이 광속에 접근하면서 점점 더 긴 것으로 정지한 관측자에게 보이며, 만일 이 시계가 광속을 가지게 된다면 이 관측자에게는 주기가 무한대로 보인다는 것이다. 그리하여 이 이론에서는 빛의 속력이 한계를 자연스레 이루게 되는데 이것이야말로 아인슈타인이 16살 때 발견한 패러독스를 제거하고자 요구되는 점이다.

여기서 강조하고자 하는 것은 상대성 원리에 의하면 시계와 함께 등속도로 움직이는 관측자에게는 자신의 운동에 어떠한 효과도 느껴지지 않는다는 점이다. 그러므로 이런 관측자들은 누구나 자기 시계가 "바른"(true) 또는 "본래의"(proper) 시간을 나타내며 자신을 기준으로 움직이는 쪽의 시계가 늦어진다고 주장하게 된다.

이러한 논의가 철두철미 옳기는 하지만 성급하게 남의 시계 옆을 뛰어 지나가면서 이를 시험해 보려고 한다면 어리석다. 이미 본 바와 같이 상대론적 효과는 전형적으로 물체—이 경우에는 시계—의 속력과 광속과의 비의 제곱에 해당하는 정도의 크기이다. 예를 들어 이 시계가 광속의 절반 되는 속력, 즉 초당 15만㎞의 속력으로 움직인다고 하더라도 아인슈타인의 공식을 사용하여 이 시계가 늦어지는 비율을 계산해 보면 약 13%밖에 되지 않음을 알 수 있다. 그러므로 지구에서 흔히 볼 수 있는 속도 기준으로는 설혹 시속 수백km 정도의 꽤 빠른 속도여도 이 효과는 실질적으로 무시된다. 아인슈타인은 그의 논문에서 이 원리를 강조하기 위하여 상당히 기발한 예를 하나 제시하고 있다. 그는 똑같은 시계 두 개를 떠올리고 하나는 북극에, 그리고 또 하나는 적도에 있다고 가정했다. 이때 북극에 놓인 시계를 기준으로 측정할 때 적도에 놓인 시계는 지구의 회전 운동 때문에 아주 조금일지언정 늦어질 것이라고 그는 지적하였다. 어쩌면 이러한 사실들이 한가한 사고 유희에 지나지 않는다는 인상을 줄 수도 있다. 그러므로 소립자들의 고(高)에너지 물리학에서는 이 시간 지연이 확실히 관측되고 있으며 또한 결정적으로 중요한 역할을 한다는 점을 지적하지 않을 수 없다. 수립자라고 불리는 입자 대부분은 불안정하다. 이들은 일정한 "반감기"(半感期, half life)—이들로 구성된 시료(試料)의 절반이 붕괴해 버리는 데 요하는 시간—를 가지고 붕괴되어 안정한 입자들로 된다. 이 반감기는 일종의 시계 주기라고도 볼 수 있으며, 따라서 상대론에 의하면 움직이고 있는 시료는 정지하고 있는 시료에 비하여 더 긴 반감기를 가져야 한다. 대형 가속 장치(加速裝置, accelerator)에서는 이런 입자들이 수백만 개씩 발생하며 이들이 가속 장치를 떠나 나올 때는 흔히 광속과 거의 비슷한—그 차이가 1%의 수백분의 1 정도—속력을 가지게 된다. 이러한 고속도의 입자군(粒子群)에 대한 반감기를 측정할 수 있으며 또한 이것을 이들이 정지하고 난 후 붕괴하게 되는 반감기와 비교할 수 있다. 이 경우에 이 두 가지 "반감기"들은 대단히 크게 차이가 나는데 그 값은 상대성 이론이 말해 주는 값과 완벽하게 일치한다(물리학자들은 편의상 정지된 시료의 반감기를 단순히 "반감기"라고 부르고 있다).

이러한 관념들에 처음으로 접하는 독자들은 틀림없이 우주 자연의 이 외형적인 복잡성과 교묘함 때문에 다소 당혹스러울 것이다. 그러면서도 한편으로 독자들은 우주의 운행 아래 깔린 법칙 속에서 한 가닥 탐미 의식과 어쩌면 "단순성"(單純性, simplicity)마저 느낄 것이며 또한 그러기를 바란다. 아인슈타인 자신이 표현한 바에 의하면 "신은 오묘하다. 그러나 심술궂지는 않다."(Raffiniert ist der Herr Gott, aber boshaft ist er nicht.) 아인슈타인은 그의 전 생애를 통하여 자기 이론의 수학적 표현들을 단순화하고 더욱 아름답게 다듬는 일을 쉬지 않고 계속하였다. 이러한 면에 대하여 다음과 같은 전형적인 일화가 있다.* 1943년 제4차 전쟁공채 운동이 일어날 당시 이 운동의 한 위원회였던 서적·저작권 위원회(Book and Author Committee)의 위원들이 아인슈타인을 찾아갔다. 그들은 그가 만일 아직도 특수 상대성 이론에 관한 1905년 논문 원고를 가지고 있다면, 그리고 그가 반대하지 않는다면 이것을 전쟁 경비 모금을 위한 전쟁채권 수집 운동에 경매로 붙였다가 후에 국회 도서관(Library of Congress)에 비치하는 것이 어떻겠냐는 의견을 제시하였

---

\* 이 일화를 내게 말해 준 헬렌 듀카스 양에게 감사하다.

다. 아인슈타인은 원칙적으로 이 의견에 절대 찬성이었으나 1905년 베른에서 논문을 쓰고 난 바로 다음에 그 원고를 내버리고 말았다. 그때로서는 이것이 그렇게 귀중한 것이 되리라고는 생각지도 못했다. 그러나 그에게는 「바이벡터 장 II(Bivector Field II)」이라는 제목으로 프린스턴의 바그먼(V. Bargmann) 교수와 공동으로 쓴 새 논문의 원고가 있었다[1944년 2월 4일, 이 원고는 캔자스시티(Kansas City)의 전쟁채권 경매에서 보험기금 관리인 캠퍼 2세(W. T. Kemper, Jr.)에게 500만 달러에 팔렸고 후에 미국 국회 도서관에 비치되었다]. 이 원고를 내어주던 아인슈타인은 위원들의 실망스러운 얼굴을 보자 곧 하나의 대안을 제시했다. 1905년 《물리학연보》에 실린 상대론 논문 35페이지를 그가 전부 손으로 베껴 준다면 이것이 하나의 복사본으로 팔릴 수 있으리란 것이었다[앞에 말한 경매에서 이것은 캔자스시티 보험 회사에 650만 달러에 팔렸고 국회 도서관으로 이전되었다]. 그는 자기가 여러 가지 논의를 어떻게 전개했었는지 잊어버리고 있었다. 자기 비서 헬렌 듀카스 양에게 그 원고를 읽어 달라고 하였다. 어느 구절에 가서 아인슈타인은 고개를 들더니 읽고 있던 듀카스 양에게 물었다. 지금 읽고 있는 것이 바로 자기가 적었던 그대로냐고. 그렇다고 대답하자 아인슈타인은 말했다. "음, 지금이라면 좀 더 간단하게 말할 수 있을 텐데."

# 2부

## 상대론, 중력 및 우주론

**6장**

# 서두·젊은 시절의 아인슈타인

1915년 11월 28일 뮌헨에 있던 독일 물리학자 아르놀트 조머펠트(Arnold Johannes Wilhelm Sommerfeld, 1868~1951)는 그가 여러 차례 보낸 편지에 응답이 없던 알베르트 아인슈타인에게 한 장의 회신을 받았다. 당시 베를린에 있던 아인슈타인은 다음과 같이 적었다.

> 지난 한 달 동안 내 생애 가장 감격스럽고 가장 힘든 시간을 보냈습니다. 또한 정말로 가장 성공적으로 보낸 시간이기도 합니다. [편지를] 쓴다는 것은 생각조차 못 할 형편이었지요.
> 내가 지금까지 만들어 온 중력장 방정식들이 전혀 근거 없는 것이라는 점을 비로소 깨달았던 것입니다. 그러나 이것 대신 새로운 출발점들이 나타났습니다.
> 지난번 이론에 대한 모든 확신이 사라지고 다음과 같은 새로운 사실이 분명해졌습니다. 즉 만족스러운 해(解)는 오직 리만(Georg

Friedrich Bernhard Rieman, 1828~1866)의 공변량의 보편 이론과 관련지어야만 얻을 수 있다는 것입니다. 최종적인 결과는 다음과 같습니다.

여기서 발견한 놀랄 만한 사실은 뉴턴의 이론이 제1차 근사(近似)로 유도될 뿐 아니라 수성(水星)의 근일점(近日點) 운동(한 세기 동안 43")이 또한 제2차 근사로 나타난다는 것입니다. 그리고 태양에 의한 빛의 굴절은 이전의 결과의 두 배가 됩니다.*

아인슈타인은 이제 막 "일반 상대성 이론"(一般相對性理論, general theory of relativity)을 완성했다. 이것은 그의 1905년 논문의 주제였던 "특수 상대성 이론"에 대응했다. 많은 물리학자는 일반 상대성 이론을 물리학사, 어쩌면 전 과학사에서 가장 완전하고 가장 아름다운 창조물이라고 믿는다. 이 이론은 뉴턴의 보편중력(普遍重力, universal gravitation: 이것을 만유인력이라고도 번역한다) 이론을 대신하게 된 것이다. 이것은 행성 궤도 운동의 변칙—수성의 "근일점"—들을 해명하였고, 중요한 새로운 예측—빛이 태양의 인력으로 휘어진다는 사실—들을 가능하게 하였으며, 우주 팽창론을 비롯한 모든 현대 우주론의 기초를 형성하였다. 이 이론은 또한 최근에 이르러 펄사(pulsar)의 발견과 중력장 내의 흑공(黑空, black hole)의 존재 가능성이 출현하면서 또다시 과학적 흥

---

* Paul Arther Schilpp, ed., *Albert Einstein : Philosopher Scientist*, p. 100.

미의 초점이 되고 있다. 이 이론의 방법론은 이 이론 이전 또 이후의 어느 이론과도 다르므로 반세기가 지난 오늘도 이것을 물리학의 다른 부분과 어떻게 조화시킬 것인가 하는 점이 명확치 않다. 그때 조머펠트가, 자신의 표현을 빌리면, "다소 불신"하는 반응을 보였다는 것도 전혀 놀라운 일이 아니다. 여기에 대하여 아인슈타인은 다음 해인 1916년 2월 8일에 엽서로 다음과 같은 회답을 보냈다. "일반 상대성 이론은 한 번 이것을 연구해 보시면 확실히 믿게 되실 겁니다. 그렇기에 저는 이것에 대하여 한마디도 변호할 생각이 없습니다."*

이러한 서신 왕래가 있을 때 아인슈타인의 나이는 36세였다. 그는 이미 당시 과학계에서 제1급의 창조적 천재로 널리 인식되어 있었다. 이보다 몇 해 전에 양자론의 창시자이며 세계적으로 지도적인 물리학자였던 막스 플랑크가 베를린 대학 교수직의 물망에 오른 아인슈타인을 위하여 다음과 같은 추천서를 썼다. "만일 아인슈타인의 이론(특수 상대성 이론)이 옳다고 밝혀지면—나는 그렇게 될 것으로 믿고 있지만—그는 20세기의 코페르니쿠스로 인정받을 것입니다." 그리고 사실상 그때부터 일반 대중 가운데서도 그의 업적을 인식하고 흥미로워하기 시작했다.** 아인슈타인의 사적 생활 여건도 8시간 근무가 끝난 뒤 여가를 내어 물리학을 연구하던 베른 특허국 시대에 비해 크게 향상되었다. 그

---

\* *Ibid.*

\*\* Philipp Frank, *Einstein : His Life and Time*, p. 101을 참조하라.

는 새로 설립된 카이저 빌헬름(Kaiser-Wilhelm) 물리학 연구소의 소장이며 왕립 프로이센 과학 아카데미의 회원, 그리고 베를린 대학의 교수 칭호를 가지고 있었다(그에게는 아무런 공식적 연구 또는 교육 의무가 없었고 그가 정당하다고 여기는 방법대로 그의 시간을 연구와 교육에 할당할 수 있었다). 이 모든 것이 1913년에 발생한 일이다. 그러나 어떤 면에서 보더라도 이러한 것들이 아인슈타인의 기본적인 생활 방식에는 아무 영향도 미치지 않았다. 그는 사회적 활동에 전혀 관심이 없었다. 이 사회적 활동이야말로 하나의 훌륭한 추밀 고문관(樞密顧問官, Geheimrat)으로서 생활의 필수적인 일부분이었다. 당시 그와 빈번히 접촉할 수 있었던 필립 프랭크에 의하면 아인슈타인은 어느모로 보더라도 카페를 주로 배회하는 보헤미안(Bohemian) 바이올린 연주자를 가장 많이 닮았었다고 한다. 아인슈타인과 프랭크 교수는 여유로울 때 카페에서 시간 보내는 일이 많았다. 프랭크는 그의 책에서 하나의 전형적인 일화를 말해 주고 있다.

아인슈타인은 항상 아무 특별한 대우를 받지 않는 평범한 사람으로 지내길 바랐다. 한 번은 그가 한 베를린 아카데미(Berlin Academy) 회원을 예방해야 할 일이 있었다. 그는 이러한 공식적인 방문을 별로 좋아하지 않는 성격이었으나 유명한 심리학자인 슈툼프(Carl Stumpf, 1848~1936) 교수가 공간의 지각 문제에 대단히 큰 관심이 있다는 말을 들었기 때문에 아인슈타인은 상대성 이론과 관련하여 그들 간의 공통 관심사가 될 문제들을 논의할 수 있으리라고 생각하여 방문하기로 결심하였다. 교수가 집에 있을 시간이라고 생각하여 그는 오전 11시에 그 집을 찾아갔다. 그가 도착하자 하녀가 나와 고문관님께서 안 계신다고 하였다. 그러고는 아인슈타인에게 메모를 남기겠느냐고 물었으나 그는 사양했다. 그는 누구를 귀찮게 하고 싶지 않았고 조금 늦게 다시 오겠다고 했다. 그리고는 "잠시 공원에서 산책을 좀 하겠습니다." 하고 나왔다. 오후 2시에 아인슈타인이 다시 왔다. 하녀가 나와서 "아아, 당신이 다녀가신 후에 고문관님께서 들어오셔서 점심 식사를 하셨는데, 당신이 다시 오신다는 말을 그만 드리지 못했어요. 지금 잠깐 잠이 드셨는데 어떻게 하지요?"라고 말했다. 이에 아인슈타인은 "아, 좋습니다. 조금 후에 다시 오겠습니다."라고 말했다. 또 한 번의 산책 후 그는 4시에 다시 왔다. 이번에는 결국 고문관님을 만날 수 있게 되었다. "이것 보세요. 참고 견디면 반드시 보답받는 법이거든요." 하고 아인슈타인은 하녀에게 말했다. 고문관과 그 부인은 이 유명한 아인슈타인을 만나게 된 데 기뻐했으며 아인슈타인이 자기들을 공식적으로 예방하는 것으로 생각하였다. 그러나 아인슈타인은 곧 상대론의 새로운 일반화와 공간 문제와의 관계를 자세히 설명하기 시작했다. 깊은 수학적 지식이 없는 심리학자 슈툼프 교수는 이 설명을 거의 알아들을 수 없었고 시종 이야기에 한마디 거들지도 못하였다. 아인슈타인은 약 40분간 이야기를 하고 난 다음에야 비로소 자신이 실은 예방 온 것임을 깨달았다. 그러나 이미 너무 오래 지체되었기에 이제 너무 늦었다고 말하고는 황급히 나가 버렸다. 교수와 부인은 어안이 벙벙하였다. 도대체 "베를린 생활이 어떠십니까?", "부인과 아이들도 안녕하신지요?" 등의 관습적인 인사말조차 할 기회가 없었던 것이었다.*

나는 한 번 프랭크 교수에게 당시의 아인슈타인이 개인적으로 대화할 때나 물리학 콜로퀴움(colloquium : 간이 학술 발표회) 석상에서 명철하게 보였는지를 물어보았다. 내가 이런 괴상한 질문을 한 것은 위대한 물리학자들 가운데도 여러 부류의 사람들이 있다고 생각했기 때문이다. 어떤 사람은 믿기 어려울 만큼 민첩하고 어떤 사람은 그렇지 않다. 또 어떤 사람은 극히 진지한 데 비하여 어떤 사람은 그렇지 않다. 어떤 사람은 유머로 가득 차 있고 어떤 사람은 그렇지 않다. 내가 궁금했던 것은 이런 여러 부류 중에 젊은 아인슈타인은 도대체 어디에 속하였는가 하는 점이었다. 대전(大戰) 이후 미국에 있던 아인슈타인은—당시 그는 60대에 들어서 있었다—이미 구약 성서에 나오는 예언자와 같은 풍모를 지니고 있었다. 이 모습이야말로 그가 지닌 다른 어떤 모습보다도 더 잘 어울리는 것이었다. 그의 사진을 보면 그는 자기 눈 속에 세계의 고뇌가 있는 모습을 볼 수가 있다. 이는 마치 신이 "모두의 슬픔을 한 그릇에 채워 넣듯이" 그들의 가슴속에 부어 넣었다고 하는 유대교의 전설적인 36 의인(義人) 중의 하나와도 같다. 그런데 젊은 시절의 아

---

* *Ibid.*, pp. 115~116.

인슈타인은, 프랭크 교수의 말에 의하면, "대단히 명철했으며 농담이나 재치 있는 말도 무척 잘하였다."라는 것이다. 그는 항상 기쁘고 명랑하였으면서도 깊은 내면의 평온과 함께 어떤 침범할 수 없는 영역이 남아있는 듯했다.

주변에서 직접적으로 느끼는 아인슈타인의 인상은 모순적이었다. 그는 모든 사람에게 똑같이 대하였다. 그가 대학의 고위 당국자들에게 말하는 어조는 일용품 장수나 실험실 청소부에게 말하는 어조와 조금도 다를 것이 없었다. 위대한 과학적 발견을 한 아인슈타인은 이미 마음속 깊이 안정감을 가지고 있었다. 젊은 시절에 때때로 그에게 부담을 주던 압박감은 이미 사라졌다. 그는 이제 자기 생애를 바치고자 하는, 그리고 자기가 능히 해낼 수 있다고 생각하는 그러한 과업을 수행하는 중이라고 느끼고 있었다. 이러한 일에 비하면 일상생활의 문제란 그리 중요하게 보이지 않았다. 사실 그는 이러한 일들을 심각하게 받아들이기가 매우 어려웠다. 그렇기에 결과적으로는 다른 사람들과 어울리는 그의 태도는 대체로 즐거워 보였다. 그는 일상생활에서의 일들을 다소 희극적인 관점에서 보았고 이러한 태도가 은연중 그의 말 한마디 한마디에 나타났다. 그의 유머 감각은 매우 뚜렷했다. 누군가 고의적이든 아니든 좀 우스운 말을 하면 아인슈타인의 반응은 매우 쾌활하였다. 마음속 깊은 곳에서 솟는 그의 특징적인 웃음은 즉시 사람들의 주의를 끌었다. 그의 주위 사람들에게는 그의 웃음소리가 즐거움을 주는 근원이었고 활기를 돋우는 요소가 되었다. 그러나 때로는 이 웃음에 비판이 있다는 것을 느낄 수 있었으며 사람에 따라서는 이를 불쾌하게 느끼기도 하였다. 중요한 사회적 지위를 가진 사람들은 흔히 우주 자연의 커다란 문제들과 비교하여 그들의 세계가 보잘것없다는 의미가 반영될 때 즐거운 마음으로 동조하지 못한다. 그러나 그리 대단한 지위에 있지 않은 사람들에게는 아인슈타인의 개성에 언제나 즐거움을 느꼈다.

아인슈타인의 말에 흔히 비공격적인 농담과 깊숙한 조소가 섞여 있기에 사람에 따라서는 웃어야 할지 기분이 상해야 할지 분별이 어려운 때가 종종 있었다. 흔히 그의 농담이란, 그가 복잡한 관계들을 표현할 때 마치 지능 높은 어린아이가 말하듯이 이야기하는 것을 뜻한다. 이와 같은 태도는 흔히 신랄한 비판처럼 들리기도 하고, 때로는 냉소적인 인상마저 풍겼다. 그리하여 아인슈타인이 주변에 주는 인상이란 어린아이 같은 유쾌함과 냉소적인 조롱, 이 두 극단 사이에서 분명치 않았다. 이 두 극단 사이에 대단히 즐거움을 주며 활기찬 인물이라는 인상이 자리 잡고 있어서, 그와 접하고 있노라면 누구나 한층 경험이 풍부해진다고 느꼈다. 또 다른 한 가지 측면에서 그의 인상에 대한 스펙트럼은 넓었다. 모든 낯선 사람들의 사정까지 깊고 열정적으로 동정하는 사람이란 인상으로부터, 좀 가까이 다가가려 하면 단단한 껍질 속으로 즉시 숨는 사람이란 인상에 이르기까지 넓게 펼쳐져 있었다.*

아인슈타인의 외모는 프랭크 교수가 표현했듯이 "성서 교사"(rabbinical) 같은 모습임에도 그는 장난꾸러기 같은 성격의 적어도 어느 한 면만은 그의 생 마지막까지 간직하고 있었다. 프린스턴에서의 아인슈타인의 동료였던 에이브러햄 파이스(Abraham Pais, 1913~2000)는 1947년부터 거의 그가 서거하기 반년 전까지 아인슈타인을 정기적으로 만났다.

> 우리는 물리학을 논의하였는데 흔히 양자 역학의 기초에 관한 것이었다. 여기에 논리학자인 괴델(Kurt Gödel, 1906~1978)도 종종 자리를 함께하였다. 그들은 별로 의견이 통하는 일은 없었지만 언제나 이러한 토의를 통해 좀 더 좋은 기분을 느낄 수 있었다. 한 번은 그가 아인슈타인 앞에서 농담하였더니 아인슈타인은 지금껏 그가 들어 본 가운데 가장 유별난 웃음으로 반응해 주었다. 물개가 짖는 것과 비슷하다고 할까, 어쨌든 즐거운 웃음이었다. 그 후로 그는 매번 다음 모임을 위하여 재미있는 이야깃거리를 준비해 두곤 했었다. 이것은 아인슈타인의 웃음을 보는 순수한 즐거움 때문이었다. 이 웃음은 그의 얼굴을 밝게 했고 그의 모습을 기막힌 농담을 즐기고 있

---

* *Ibid.*, pp. 76~77.

는 소년처럼 보이게 했다.*

이제 아인슈타인의 젊은 시절로 돌아가서 베른의 특허국원으로 채용되기까지의 과정을 이야기해 보자. 이미 말했듯이 아인슈타인은 1896년에 취리히의 공과대학에 입학하였고 여기서 그는 주로 독학으로 이것저것 공부하였는데 이 가운데는 실험실에서 실험하는 것도 큰 비중을 차지하였다. 많은, 어쩌면 대다수의 이론 물리학자들과는 달리 아인슈타인은 실험에 무척 친근감을 느꼈던 것 같다. 그는 전 생애를 통하여 과학적 고안품(考案品)들을 좋아하였다[아인슈타인은 이론 물리학자들이 흔히 즐기는 오락인 체스나 수학적 퀴즈들에는 무관심했던 반면 새 발명품들이 어떻게 작동하는가를 생각하기 좋아했다. 그의 가장 재미있는 대중적 논문의 하나는 1925년에 쓰인 것으로 새로 발명된 돛단배의 작동에 대한 것이다. 그 발명자의 이름을 따서 플레트너 배(Flettner ship)라고 불리는 이 이상한 배에서는 수직으로 세워진 회전하는 금속판 실린더들이 바람과 함께 작용하여 돛대 노릇을 한다].

아인슈타인은 만년(晩年)에 이르러 공과대학 시절의 경험에 대하여 다음과 같이 회상하고 있다.

거기에 뛰어난 선생님들이 계셔서[예를 들면, 헤르만 민코프

---

* 나는 이 기록에 대하여 파이스 교수에게 감사하다.

스키(Hermann Minkowski, 1864~1909) 같은 분(아이러니하게도 그는 후에 상대론 수학에서 중대한 공헌을 하였다)] 나는 충실한 수학 교육을 받을 수 있었다. 그러나 나는 직접적인 경험에 매혹되어 대부분의 시간을 물리학 실험실에서 보냈다. 그 나머지 시간은 주로 집에서 키르히호프(Gustav Robert Kirchhoff, 1824~1887), 헬름홀츠(Hermann Helmholtz, 1821~1894), 헤르츠 등의 연구 결과들을 공부하는 데 소모하였다. 이 가운데 방해된 것은 우리가 이 모든 것의 호불호를 떠나 시험을 위하여 머릿속에 박아 넣어야 한다는 사실이었다. 이러한 억압은 나에게 몹시 역효과를 내었다. 나는 최종 시험에 합격한 후 1년 동안이나 어떠한 과학 문제도 생각해 보기 싫어졌다. 공정히 이야기하자면 스위스에서는 그래도 모든 진정한 과학적 충동을 억제하는 이러한 억압이 다른 지역들에 비하면 훨씬 약했다는 것을 부인하지 않을 수 없다. 거기서는 전부 합쳐서 두 가지 시험 밖에 없었다. 이것 외에는 그저 자기가 하고 싶은 것을 하면 되었다. 이것은 특히, 나처럼 강의에 정규적으로 출석하고 강의 내용을 착실히 공부해 나가는 친구를 가졌을 경우 더욱 편리하였다. 이 경우 시험 몇 달 전까지 자기가 하고 싶은 것을 골라 공부할 수 있는 자유가 주어지는 셈인데 나는 이 자유를 최대한으로 이용했으며, 이 과정에서 오는 양심의 가책은 억압에 비하면 훨씬 가벼운 죄악이라고 내심으로 즐겨 흥정하고 있었다—사실상 현대 교육 방법이 성스러운 탐구 의욕을 완전히 죽이지 않았다는 것은 기적에 가까운 노릇이다.

왜냐하면 이 미묘하고 조그만 식물은 자극받는 것 이외에는 주로 자유를 요구하고 있기 때문이다. 자유 없이는 틀림없이 파멸되고 만다. 관찰하고 탐구하는 즐거움이 강제와 의무감 덕에 증진될 수 있다고 생각하는 것은 매우 중대한 착각이다. 맹수에게 채찍을 들고 배가 고프든 고프지 않든 간에 계속 먹이를 먹도록 강요한다고 하면, 더구나 제공하는 메뉴까지 미리 짜서 퍼먹이려 한다면, 그 짐승은 아무리 건강한 맹수였다 하더라도 그 게걸스러운 식욕이 뚝 떨어지고 말 것이다.*

아인슈타인의 학생 친구 중 밀레바 마리치(Mileva Maritsch)라는 세르비아(Servian) 여학생이 있었다. 밀레바는 헝가리에서 취리히로 유학 온 그리스 정교(正教)의 배경을 가졌다. 밀레바는 1903년에 아인슈타인과 결혼했다. 이들은 둘 다 취리히 공과대학의 과학 교사 양성을 위한 학부에 소속된 학생들이었다. 아인슈타인은 다시 말해서 물리학자가 되기 위해서가 아닌, 고등학교 물리 교사가 되기 위해 공부하고 있었다. 그는 매월 한 친척에게 스위스 돈으로 100프랑을 지원받고 있었는데 이 가운데서 20프랑은 스위스 시민권을 청구할 자금을 마련하고자 떼어내고 있었다. 그는 결국 1901년 취리히주(州)에서 스위스 시민권을 취득할 수 있었다. 그가 졸업 후 계속 공부할 수 있는 유일한 길은

---

* Schilpp, *op. cit.*, pp. 15~18.

취리히 공과대학이나 다른 곳의 어느 교수에게 조교 자리를 얻는 것이었다. 그러나 1900년, 그가 졸업할 무렵 아무도 그에게 이러한 자리를 추천해 주지 않았기 때문에 그의 희망은 좌절되고 말았다. 그는 취리히 근교(近郊) 빈터투어(Winterthur)에 있는 한 실업 고등학교에서 임시 교사직을 얻기는 하였으나 이것도 몇 달 가지 못하였다. 그 후 샤프하우젠(Schaffhausen)에 있는 어떤 조그만 기숙사제 학교를 경영하는 한 교사가 어린 학생들에게 개인 지도를 담당할 사람을 구한다는 구인 광고를 신문에 내었다. 아인슈타인은 여기에 지원하여 채용되기는 하였으나 이 자리에서도 오래 머물지 못하였다. 담당 학생들에게 그들이 받고 있는 김나지움 교육이 너무도 숨막히는 것이라는 점을 인식시킴으로써 가뜩이나 미움을 사고 있던 차에, 담당하는 학생들의 교육 책임을 완전히 자기에게 맡겨 달라는 요청을 하자 그는 파면되고 말았다. 아인슈타인이 특허국에 채용 원서를 제출한 것이 바로 이 무렵—1901년—이었다. 그는 1902년 6월 비로소 시보(試補)의 자격으로 채용되었고 그 후 7년 동안 그 자리에 머물렀다.

이리하여 그는 이제 결혼할 만큼의 경제적 안정을 얻었다. 그러나 이 결혼은 결국 실패로 끝나고 말았다. 1914년부터 별거하던 아인슈타인 부부는 1919년에 완전히 이혼하였다. 밀레바가 어떠한 사람이었는가에 대해서는 다소 의견이 일치하지 않는다. 밀레바를 상당히 오래 보아 왔고 또 사람의 성격을 예리하게 판단하는 프랭크 교수는 다음과 같이 쓰고 있다.

부인은 아인슈타인보다 다소 나이가 많았다. 부인은 그리스 정교의 배경을 가지기는 하였으나 대다수의 세르비아 학생들이 그러했던 것처럼 사상이 자유로웠고 이념은 진보적이었다. 또한 본성적으로 마음을 터놓지 않으려는 데가 있었다. 주변 사람들과 친근하고 즐겁게 교류할 만큼 사교성이 좋지는 않았다. 아인슈타인은 그의 소탈한 태도와 흥겨운 대화에서도 나타나는 바와 같이 이와 대단히 다른 성격을 가졌었고 이러한 그의 개성이 부인을 때때로 불안하게 하였다. 부인은 어딘가 퉁명스럽고 엄격한 면이 있었다. 아인슈타인이 이 부인과 함께하는 생활에서 반드시 평온과 행복만 느끼는 것은 아니었다. 그가 자기 아이디어에 관하여 논의하고자 할 때—그에게는 아이디어가 떠오르는 일이 대단히 많았다—부인의 반응은 너무도 소극적이어서 과연 여기에 흥미가 있는지 없는지를 분간하기 어려운 적이 많았다.*

이들에게는 두 아들이 있었다. 1904년에 출생한 한스 알베르트(Hans Albert)는 버클리(Berkeley : 미국 캘리포니아 대학의 본캠퍼스)의 수리공학 교수였고 1910년 출생의 에두아르트(Eduard)는 1965년에 사망하였다. 오래전에 발표된 한 인터뷰에서 한스 알베르트 아인슈타인은 자기 어머니 성격에 대한 프랭크 교수의 분석에 대하여 몇 가지 이의를

---

* Frank, *op. cit.*, p. 23.

제기하고는 다음과 같이 말했다. "엄격하다고? 가혹하다고? 나로서는 이 말이 정말로 옳다고 보지는 않습니다. 모든 종류의 불운과 어려움을 다 겪은 사람으로서 전혀 가혹한 데가 없는 사람, 내가 말하는 것은 사랑받지는 못하면서 줄 수만 있는 그러한 사람이 있다면 아마 지성이 본질적으로 결핍된 사람일 겁니다."[*]

이 젊은 시절을 통해 볼 때 머릿속에 떠오르는 젊은 아인슈타인의 상(像)은 주로 독학으로 공부한, 종교나 국가의 전통에 힘입지 않은, 그리고 무엇보다도 거의 유년기부터 스스로 판단을 내리고 그 판단대로 행동하는 것이 몸에 배어 있는 한 젊은이의 모습이다. 그가 특허국에 있으면서 연구해 온 환경은 현대 과학자들로서는 도저히 불가능하다고 생각할 수밖에 없는 상황이었다. 여기서 그는 전문적인 물리학자들뿐 아니라 전문 서적이나 학술지조차도 접할 수 없는 상황이었다. 특허국 사무실에는 물론이고 베른 대학 도서관에도 당시 이러한 것들이 없었다. 그는 선배 직원들로부터 아무런 지도나 격려도 받을 수 없었다. 물리학에서 그는 오직 자기 스스로에만 의존했을 뿐 다른 의존할 것은 아무것도 없었다.

---

[*] *The New York Post*, May 23, 1963, p. 27.

# 로런츠와 푸앵카레

요즘 어느 물리학자가 자기 논문을 상대론에 관한 아인슈타인의 1905년 논문의 형태로 썼다면 그는 아마 어느 학술지에도 자기 논문을 싣기 어려울 것이다. 아인슈타인의 이 논문에 나오는 거의 모든 아이디어와 많은 공식은 다른 사람이 이미 연구한 내용들—특히 로런츠와 푸앵카레(Jules Henri Poincaré, 1854~1912)의 연구—과 어느 정도 먼 유사성을 가지고 있었음에도 이 논문에서는 이들에 대한 한마디의 언급조차 없다. 아인슈타인의 연구와 그 바로 전 사람들의 연구 사이에 나타나는 이 정도의 유사성—실제보다 겉으로 보기에 더 유사하다—이라면 착실한 물리학 학술지의 유능한 심사원 누구에게나 쉽게 지적당할 만하다. 사실 이 유사성 때문에 실제로 몇몇 과학사가들은 아인슈타인의 공헌을 크게 낮추기까지 하였다. 가장 현저한 예로서 영국의 저명한 수리물리학자인 에드먼드 휘태커(Edmund Taylor Whittaker, 1873~1956)를 들 수 있다. 그는 에테르와 전기 이론들의 역사를 다루는 두 권 분량의 연구 서적을 내었는데 여기서 상대성 이론에 대한 아인슈타인의 공헌을 다음과 같이 요약하고 있다. "같은 해(1905) 가을, 아인슈타인은 푸앵카레와 로런츠의 상대성 이론을 다소 확충시킨 논문을 발표하였는데 이것이 많은 관심을 끌게 되었다."* 말할 필요도 없이 에드먼드가 낮추어 평가한 이 구절이 많은 관심을 끌게 되었고 그가 어떻게 하여 상황을 잘못 이해하게 되었는가를 설명하려는 물리학자들까지 상당수가 있었다. 더욱 흥미로운 문제는 1905년 논문을 액면 그대로 받아들일 때 어째서 아인슈타인은 당시 학자들의 연구에 대하여 전혀 알지 못하였다는 인상을 주느냐 하는 것이다. 그가 살고 있던 상황과 그의 교육적·직업적 배경으로 볼 때 그가 사실상 이들에 관하여 전혀 공부한 일이 없다는 것은 있을 만한 일이다. 그가 논문을 발표하고 몇 년 되지 않아 여러 유럽의 물리학 대가들과 교신한 것은 사실이지만, 그의 말에 의하면 30세가 될 때까지 진정한 의미의 물리학자를 만나 본 일이 없다고 한다. 아인슈타인이 자기 아이디어를 함께 논의할 수 있었던 유일한 사람은 공학자인 미셸 베소(Michele Besso)였다. 그는 취리히 학생 때부터의 친구였으며 당시 특허국 직원으로 함께 일하고 있었다. 아인슈타인의 1905년 논문 마지막 문장에서 그의 이름은 영원히 지워지지 않게 되었다. "끝으로 나는 여기서 취급된 문제를 연구하는 데 나의 친구이며 동료인 M. 베소의 충실한 도움을 받았음과 아울러 이 연구가 그의

---

* Whittaker, *A History of the Theories of Aether and Electricity*, paperback ed., New York, 1960, II, 40.

몇 가지 중요한 제안에 의한 혜택을 입었음을 말해 두고자 한다."

 시간의 물리학을 고찰하고 여기에 대한 아인슈타인의 접근과 당시의 다른 사람들의 접근을 비교해 보면 이 문제에 대한 초점이 잘 맞추어진다. 19세기의 물리학자들은 "절대 시간"(absolute time)[또한 "절대 공간"(absolute space)도 마찬가지]에 대한 막연한 개념을 물려받았다. 이 개념을 추적해 올라가 보면 그리스인들의 상식 물리학까지 이른다. 우리는 단지 아리스토텔레스의 《물리학(The Physics)》에서 규정한 표현—"'시간의 진행'은 모든 곳에서 똑같은 하나의 흐름이며 이것은 모든 것과 관련된다"—과 뉴턴의 《프린키피아》에 있는 유명한 첫 주석(註釋, Scholium)—"절대적이고 진정하며 수학적인 시간은 스스로, 그리고 자체의 본성에 의하여 외부적인 아무것과도 관계없이 일정하게 흐르는 것으로, 이것을 다른 말로는 지속 기간(持續其間, duration)이라고 부른다"—을 비교해 보는 것으로 충분하다. 이러한 "절대적 시간"의 존재를 의심하지 않았던 뉴턴은 이것을 "상대적·외견적(外見的)·통상적 시간"과 비교하고 있다. 그는 이러한 상대적 시간이란 "그 지속 기간이 운동에 의하여 감각적, 외형적으로 측정되며 (정확하든 또는 균일하지 못하든 간에) 진정한 시간 대신에 흔히 사용되는 것으로서 한 시간이나 하루, 한 달, 한 해라고 하는 것들"이라고 보았다. 다시 말하면 뉴턴은 시계에 의하여 측정되는 "통상적" 시간과 주로 신(神)의 의식 속에 존재한다고 보이는 일종의 "절대적" 시간을 구분하려 하였다. 뉴턴은 이러한 구분에서 해명하라고 하면 더 이상 논란이 생길 수 없을 신학적(神學的) 신비주의 속으로 숨어 버린다. 이러한 예는 라이프니츠와 사무엘 클라크(Samuel Clarke, 1675~1729) 목사—웨일즈(Wales) 왕자의 담당 목사였으며 뉴턴의 신봉자였다—사이에 있었던 유명한 교신에 잘 나타나 있다. 클라크가 라이프니츠에게 보낸 네 번째 회신—이는 틀림없이 뉴턴의 승인을 얻어 기록된 것이다—에는 다음과 같이 적혀 있다. "공간과 지속 기간은 신의 영역 밖에 있는(hors de Dieu) 것이 아닙니다. 이들은 신의 존재에서 비롯되며, 신의 존재로부터 직접적으로 그리고 필연적으로 생겨난 결과입니다."* 오늘날 이 교신을 읽는 현대의 독자들은, 과학적 관점에서 절대 공간과 절대 시간이 의미 없다고 본 라이프니츠의 입장이 더 설득력 있다고 여길 가능성이 크다. 이 논쟁에서 라이프니츠가 '과학적으로는' 승리하였다고 보는 경우가 대부분일 것이다.

그러나 인류 역사상 최초로 하나의 이론이 —뉴턴의—창안되어 얼핏 보기에 거의 모든 것을 계산하고 예측할 수 있는 것으로 보였을 때이니만큼 뉴턴 측 태도가 인내하기 어려워 보이는 것도 놀라운 일은 아니다. 이는 마치 욥(Job)의 합당한 질문에 하느님이 "내가 이 땅을 만들 때 너는 어디 있었으냐?"라고 물으면서 분노에 찬 대답을 할 때의 태도와 흡사하다.

그 후 2세기 동안 뉴턴 이론이 발전되고 확장되자 이 이론의 신학적 세부 구조는 잊혔다. 그리고 이 설명은 물리학에서 물리 현상을 뉴

---

* Arnold Koslow, ed., *The Chaneless Order*, pp. 39~73. 이 책에는 공간과 시간에 관련된 역사적으로 중요한 문헌들이 잘 수집되어 있다.

턴의 역학적 모형으로 환원시키는 것을 뜻하게 되었다. 그런데 앞에서 본 바와 같이 맥스웰의 예측을 따라 헤르츠가 진공에 전파해 가는 전자기파의 존재를 실증하자 사태는 극적으로 달라졌다. 역학적 관점에서 어떠한 현상이 이해되기 위해서는 여기에 대한 역학적 형태가 요구된다. 이러한 입장에서 이 현상 그 자체로서는 "이해될 수 없는"(incomprehensive) 것이었다. 따라서 하나의 역학적 매질(媒質) 즉 에테르가 이 파(波)를 진동시키는 모체로서 가정되었다. 누군가의 표현을 빌리면 "에테르는 동사 '진동하다'(to oscillate)의 주어로 자리한다." 그러나 이러한 관념은 마이컬슨과 몰리가 에테르를 통해 지나가는 지구의 운동을 관측하는 데 실패하면서 공격의 대상이 되고 말았다. 이 이론대로라면 그들의 실험에서 지구의 운동이 관측되어야 하였다. 에테르의 개념을 살리기 위하여 피츠제럴드, 그리고 독립적으로 로런츠는 운동 물체들이 수축한다고 주장하기도 하였다. 예를 들면 1m 길이의 자가 운동을 할 때 짧아지는데 원래의 길이에 비해 그 짧아지는 비율을 1차적인 근사로 보아, 운동 속도의 제곱과 광속 제곱 사이 정도 비율이 된다. 지상에 있는 물체들이 보통 가지는 속도에 대해서는 이것은 지극히 작은 값이다. 비교적 빠른 운동이라고 볼 수 있는 지구의 운동―태양에 대한―에 대해서도 이 값은 10억분의 1 정도에 불과하다. 즉 로런츠와 피츠제럴드가 요구하고 있는 것은 그리 큰 수축이 아니다. 그러나 이 상황에 대하여 로런츠가 생각하던 바의 문제점은―이 점에 대해서는 푸앵카레도 마찬가지였다―이러한 수축을 어떻게 설명할 것인가였다. 이러한 설명을 위해서는 물질적 대상에 대한 어떠한 모형(model)을 생각해야 한다. 로런츠는 실제로 물질의 전자기적 모형을 사용하여 이 수축에 대한 하나의 설명을 제시하였다. 이 모형에 따르면 물체들은 에테르 안에 놓인 대전(帶電)된 입자들—"전자"들—로 구성되어 있으며 이들은 서로 간 로런츠 전자기력에 의하여 상호 작용을 하고 있다. 여기서 로런츠의 아이디어는 이러한 입자계가 운동하는 상태에 놓이게 되면 이 힘들이 정지된 에테르에 있을 때와는 달라져서 그와 같은 수축을 일으키게 된다는 것이다.

이러한 발상을 로런츠는 거의 10년간이나 연구하였다. 1904년에는 「빛보다 작은 속도로 움직이는 계(系) 안에서의 전자기 현상」이란 논문을 발표했는데 이것은 그의 이론을 가장 정교하게 다듬어 놓은 논문이다. 이 논문에서 그가 가정한 바로는 전자들은 전하를 띤 구(球)들이며 이들이 운동을 하게 되면 타원체로 수축한다는 것이다. 그는 이러한 기본적인 수축으로부터 이들로 구성되어 있는 물체들의 전체적인 수축을 설명하고자 하였다.*

이러한 이론을 전개함에 있어서 그는 국소 시간(局所時間, local time)이라고 부르는 하나의 새로운 개념을 도입하는 것이 편리하다는 것을 발견하였다. 그가 이것을 보는 관점에 의하면 이러한 국소 시간의 도입

---

* 이러한 모형에 대한 하나의 중요한 반박은—사실상 푸앵카레가 제기한 것인데—무엇에 의하여 입자들이 구형태로 묶여 있을 수 있는가에 대하여 아무런 설명이 없다는 것이다. 오늘날 우리는 하나의 원자핵이 묶여 있기 위하여 전기적인 힘들 이외에 "핵력"(*nuclear force*)들이 있어야 한다는 것을 알고 있다. 만일 전기적인 힘들만이 존재한다면 원자핵은 절대로 안정적으로 있을 수 없다.

은 운동하는 물체에 대하여 계산을 할 때 방정식들—맥스웰 방정식들—을 단순화해 주는 일종의 수학적 기교에 지나지 않았다.* 그는 이러한 "국소 시간"에 대하여 아무런 실험적 의미를 부여하려고 시도하지 않았다. "진정한" 시간이란—그에 의하면 이것만이 물리적 의미를 가지는 유일한 시간이었다—에테르 안에 정지하고 있는 관측자에 의하여 측정되는 시간이었다. 정지 시간에서 국소 시간으로의 이와 같은 변환에 대하여 그는 처음에—1904년 이전—속도가 광속보다 훨씬 작은 경

---

* 로런츠가 도입한 변환식들은 다음과 같은 형태를 가진다(x, y, z는 서로 수직으로 만나는 세 개의 공간축에 대하여 표시한 위치를 나타내며 t는 시간을 나타낸다). 속도 v를 가지고 x방향으로 움직이는 계에 대하여 변환을 하면

$$x' = \frac{x-vt}{\sqrt{1-v^2/c^2}}$$

$$y' = y$$

$$z' = z$$

$$t' = \frac{t-(v/c^2)x}{\sqrt{1-v^2/c^2}}$$

이 되며 여기서 t'은 로런츠가 "국소 시간"이라고 부르는 값이다. 그가 보인 것은 맥스웰의 방정식들이 변형된 계에서도 x, y, z, t계에서 가졌던 것과 동일한 형태를 가진다는 것이다. 로런츠가 보기로는 x, y, z, t계가 에테르에 정지되어 있는 계이다. 그는 맥스웰 방정식들의 불변성(invariance)을 자기 계산을 단순화하기 위하여 사용하였다.
로런츠의 1904년 논문에서 한 가지 재미있는 점은 속도가 광속보다 작아야 한다는 그의 제약 조건이 그가 사용하고 있는 뉴턴의 운동 법칙 F=ma와 어떻게 모순을 피하는가에 대하여 아무런 직접적 논의가 없다는 것이다. 로런츠가 실제로 보였던 점은 움직이고 있는 수축된 구들은 이들이 정지하고 있었을 때보다 관성이 증가한다는 것이며 이러한 점으로 인하여 이들이 빨리 움직일수록 가속시키기가 더 어려워진다는 것이다. 뒤에서 보게 되겠지만 이러한 모든 것을 해명해 준 것은 아인슈타인의 1905년 논문이다. 그는 이 논문에서 이와 같이 유효 질량이 증가하는 것은 상대성 원리의 한 일반적인 결과이며 물질의 어떠한 특정된 동력학적 모형과는 아무 관계가 없다는 것을 보였다.

우에 적용될 근사적인 변환식을 제시하였다. 하지만 1904년 논문에서는 광속보다 작은 어떠한 속도에서나 다 적용되는 정확한 변환 법칙을 내놓았다. 이러한 변환식은 로런츠의 계산에서 중요한 역할을 하고 있었으나 근본적으로는 그 물리적 의미가 모호한 수학적 보조 역할을 하는 데 지나지 않았다. 로런츠 변환식들의 진정한 의미가 명백해진 것은 아인슈타인의 1905년 논문 이후의 일이다.

푸앵카레에 관련된 상황은 좀 더 복잡하다. 예를 들어 1904년 세인트루이스(St. Louis)에서 개최된 국제 예술 및 과학 회의(International Congress of Arts And Sciences)에서 푸앵카레가 강연한 「수리물리학의 원리」 같은 것을 읽어 보면—아인슈타인의 논문이 나오기 1년 전이었다—어째서 푸앵카레가 상대성 이론을 창안해 내지 않았을까 하는 의문이 들고는 한다. 우선 첫째로 그는 "상대성 원리" 자체에 대하여 투철한 서술을 하고 있다.

> 상대성 원리에 따르면, 고정되어 있는 관측자에게나 또는 균일한 직선운동에 의하여 이동되는 관측자에게 물리 현상들의 법칙들이 똑같이 주어지게 된다. 그리하여 이러한 운동으로 이동되고 있는지 또는 그렇지 않은지를 분간할 아무런 방법을 얻지 못하였으며 가질 수도 없는 것이다.*

---

* 이 강연 원고 전부가 L. Pearce Williams가 편집한 *Relavity Theory : Its Origins and Impact on Modern Thought*, pp. 39~49에 실려 있다. 이 구절은 p. 40에 나와 있다.

그리고 나서 푸앵카레는 이러한 증거를 지적하였는데 특히 "정확도에 있어서 최후의 극한까지 밀고 나간"* 마이컬슨의 연구를 언급하였다. 그러나 푸앵카레의 바로 그다음 문장에서 그의 생각이 아인슈타인의 것과 어떻게 달랐는지 밝혀진다. 상대성 원리는 설명되어야 할 것이고 "이것을 위해 수학자들은 지금 그들이 가진 모든 재능을 쏟아 넣어야 한다."**라고 하였다. 푸앵카레의 관점에서는 이것이 바로 로런츠가 시도하고 있던 일로서 로런츠 수축에 관한 동력학적 설명에 해당한다. 그러면서도 그는 로런츠가 너무 많은 임의의 가정들을 설정하였다 느꼈다고 지적하기도 했다. 그는 또한 로런츠의 국소 시간을 논의하면서 이것이 동시성을 분석함으로써 이해될 수 있으리란 점을 지적했는데 이 점은 아인슈타인의 생각과 그리 다르지 않았다. 그뿐만 아니라 그는 로런츠 변환이 속도가 광속을 초과할 경우 의미를 잃으므로, 광속을 초과할 수 없는 새로운 역학 이론—뉴턴 역학을 대체하는—이 필요함을 인식하고 있었다.

또한 "관성이 속도에 따라 증가하며, 빛의 속도가 모든 속도의 넘을 수 없는 극한을 이룬다는 것이 한눈에 이해될 수 있는 완전히 새로운 역학을 구성해 내어야 할 것으로 생각한다."***라고 말한 후 두 패러그래프를 지나 이 "새로운 역학"을 실현되지 않은 희망과 추측으로 남긴

---

* *Ibid.*, p. 41.
** *Ibid.*
*** *Ibid.*, p. 48.

채 그는 강연을 끝맺었다.*

말하자면 "새로운 역학"을 창안한 데 아인슈타인은 이것을 뒤집어 거꾸로 세운 것이라고 볼 수 있다. 첫째로 그는 에테르의 개념을 완전히 제거해 버렸다.

역학이 물리학의 기반으로서 계속 존속되기 위해서는 맥스웰의 방정식들이 (에테르의 개념을 통하여) 역학적으로 해석되어야 한다. 이러한 시도는 계속되었으나 성과 없이 끝나고 말았다. 반면에 맥스웰 방정식들은 그 자체로서 유용성이 계속하여 증가해 갔다. 이제 이러한 전기 및 자기장들에 대하여 역학적 설명의 필요성을 느끼지 않은 채 그들을 독립적인 요소들로 보고 사용하는 데 익숙해졌다. 이리하여 물리학의 기초로서의 역학의 기능은, 결국 사실에 대한 적응성이 절망적으로 보였기 때문에 소리 없이 소멸되어 가고 있었다.**

아인슈타인의 1905년 논문에는 "에테르"가 단 한 번 언급되고 있는데 이것은 두 번째 패러그래프에 있는 다음과 같은 유명한 문장에 들어

---

* 푸앵카레가 상대성 이론에 공헌한 영구적인 업적은 로런츠 변환이 하나의 군을 형성한다는 사실의 발견이다. 이것은 두 개의 잇따른 로런츠 변환 역시 로런츠 형태의 변환이라는 것을 의미하고 있다. 이 군은 지금 푸앵카레군이라고 불린다.

** Paul Arthur Schilpp, ed., *Albert Einstein* : Philosopher-Scientist, pp. 25~26.

있다. "우리가 여기서 전개할 이론이 '절대 정지 공간'을 요구하고 있지 않다는 점에서 '빛을 전달하는 에테르'(luminiferous ether)의 도입은 불필요한 것임이 밝혀진다." 두 번째로, 아인슈타인의 이론에서는 상대성 원리가 그 공리적 기초의 일부를 이루고 있어서 다른 모든 결과들이 이 공리들로부터 연역되며, 다른 어떤 것에서 유도되지 않는다. 그렇다고 해서 상대성 원리가 실험적으로 검증될 수 없다는 의미는 아니다. 만일 이것으로부터 연역되는 결과들이 실험 사실들과 일치하지 않는다면 원리가 틀렸다는 판정을 할 수도 있다.

아인슈타인은 상대성 원리에 부가해서 두 번째 가정으로 진공 내에서의 빛의 속도가 "보편 상수"(普遍常數, universal constant)일 것이라는 가정을 도입하였다. 이것이 의미하는 바는 광원이 관측자에 대하여 어떠한 속도를 가지고 움직이든 관계없이 광속도는 동일하게 보인다는 것이다(때때로 오해를 일으키는 경우가 있으므로 여기서 다음과 같은 사실을 다시 한번 강조한다). 여기서 말하는 광속의 "일정"이라는 것은 서로 균일한 속도로 움직이는 관측계 간에 성립하는 것이다. 광원에 대하여 가속되고 있는 관측자에게는 정지된 계에서 관측된 광속과 다른 값이 관측된다. 이미 언급한 바와 같이 만일 뉴턴 역학이 옳다고 한다면 이 두 가지 가정들이 서로 모순된다는 점을 아인슈타인은 인식했다. 뉴턴 역학은 절대 시간이란 가정 위에 성립된 것이다. 이 점으로 인하여 이것은 다음과 같은 모순에 봉착하게 된다. 이제 광속을 가지고 전파되는 광파를 생각하고 또 지구를 기준으로 하여 가령 광속의 절반이 되는 속도로 움직이는 수레가 있다고 생각하자. 뉴턴의 이론에 의하면 이러한 수레 위에서 관측할 때 빛의 속력은 지구상에서 관측한 값의 절반밖에 되지 않을 것이다. 속도에 관한 이러한 뉴턴 이론의 "가법정리"(加法定理)는 절대 시간이란 개념으로부터 도출되는 것이며 이것은 명백히 광속이 보편 상수라는 가정에 모순된다는 사실을 간단히 보일 수 있다. 뉴턴 역학에 의하면, 빛을 앞지를 만큼 빨리 움직인다는 것이 가능하며 따라서 광속은 상대적으로 서로 다른 운동 상태에 있는 관측자들에게는 달리 보일 것이 틀림없다. 이러한 모순을 없애기 위하여 아인슈타인을 절대 시간이란 가정의 인식론적 근거에 도전하게 되었고 앞에서 지적한 바와 같이 이 개념 자체가 틀린 것이라는 결론에 도달하였다. 일단 절대 시간이란 개념이 제거되고 나면 이 두 가정들 사이에 눈에 띌 만한 아무런 모순도 나타나지 않으며, 따라서 이들로부터 유도되는 어떠한 결론이라도 이끌어 낼 자유를 가지게 된다.

아인슈타인의 논문에 첫 번째로 나타난 결과 중 하나가 바로 로런츠 변환식이다(로런츠의 이러한 변환식이 있었음을 아인슈타인은 알고 있지 못했다). 아인슈타인의 관점에 의하면 "국소 시간"이란 단순한 수학적 기교가 아니고 본질적인 시간 개념 때문에 나타나는 것으로서 시계에 의하여 측정되는 양이다. 이미 논의한 바와 같이 상대적으로 정지해 있는 두 시계를 같이 가도록 맞추는 것은 가능한 일이지만 움직이는 시계가 정지한 시계와 같이 가도록 맞출 수는 없다. 정지한 관측자의 눈에는 움직이는 시계가 더 "천천히" 가게, 즉 더 큰 주기를 가지게 된다.

이러한 논의로부터 또한 로런츠-피츠제럴드 수축이 도출된다. 아인슈타인의 상대론의 관점에서 본다면 마이컬슨-몰리의 실험에 대한 설명이 요구되지 않는다. 이 실험이 수행된 기준계는 사실상 가속도를 가지지 않은 것으로 보아도 좋다. 그렇기에 상대론에 의하면 아무런 운동의 효과가 나타날 수 없는 것이며, 또한 실제로 아무것도 나타나지 않았다. 그러나 만일 이 실험을 기술하는 데 태양을 관측 기준으로 삼는다면 이 실험에서 수축 현상이 일어난다. 태양을 기준으로 볼 때 지구상의 마이컬슨 장치는 균일한 운동을 하고 있으며, 이로 인하여 운동 방향으로 놓인 간섭계의 팔은 로런츠-피츠제럴드 수축에 따라 그 길이가 줄어든다.* 그러나 이 수축은 아인슈타인의 이론에 의하면, 물질을 결합시키는 어떤 힘의 모형에 의하여 설명되는 것이 아니고 "길이"라고 하는 것이 의미하는 주의 깊은 조작적 정의의 한 성격으로 나타나는 것이다.

"길이"의 수축은 이것의 측정 과정 즉 자에 의한 길이의 측정 과정 속에 함유되는 것이다. 이것은 "시간"의 지연이 시계의 물질적 구성과는 관계없이 시계의 눈금을 비교하여 읽는 과정과 관계된다는 사실과 같은 성격의 것이다. 대범하게 이야기하자면 아인슈타인의 가정들과

---

* 이 경우 상대론적인 시간 지연도 함께 나타난다. 이것은 운동하는 시계와 정지된 시계가 서로 다른 비율로 가고 있기 때문이다. 만일 시간의 변환을 고려하지 않는다면 두 기준계에서의 광속이 서로 달라져서 광속 불변의 원리에 위배됨을 쉽게 알 수 있다. 다시 말하면 로런츠 수축만으로 마이컬슨 실험을 "설명할" 수는 있으나, 이렇게 할 시 광속이 기준계에 따라 달라진다는 것을 인정해야 한다.

모순되지 않는 그 어떤 물질의 모형을 도입하더라도 로런츠 수축은 반드시 나타나기 마련이다. 맥스웰의 방정식들은 로런츠 변환으로 형태가 변하지 않으며 이 점이 바로 이들이 상대성 원리를 만족한다는 사실의 엄격한 수학적 표현이다. 따라서 전기역학적 모형은 필연적으로 로런츠 수축을 함축하게 된다. 이 점에 있어서는 로런츠 변환에 의하여 형태가 변하지 않는 그 어떤 모형을 취하더라도 마찬가지이다. 로런츠 수축을 직접적인 실험에서 확인하기는 대단히 어렵지만 간접적인 증거는 얼마든지 있다. 속도가 거리와 시간의 비이고, 거리와 시간이 모두 로런츠 변환에 의하여 영향을 받게 되므로 속도도 영향을 받으리라는 생각을 해 볼 수 있다. 실제로 이것은 옳은 생각이다. 사실 속도에 대한 뉴턴의 가법 정리는 수정되어, 가령 광속도에 어떠한 다른 속도를 합하더라도 여전히 광속도가 된다고 할 수 있다. 이것은 다시 말하면 물질로 구성된 어떤 물체라도 광속도보다 빨라질 수는 없다는 이야기이다.*

---

\* 뉴턴 역학에서는 물체의 상대 속력 w가 다음과 같이 주어진다.

$$w = c-v$$

그러나 상대론에서는

$$w = \frac{c-v}{1-v/c} = c$$

이며 이것은 움직이는 물체를 타고 보더라도 광속도는 항상 c가 된다는 것을 의미한다.
로런츠 수축에 대한 아인슈타인의 최초 논문에서는 물리적 크기가 무시되는 이상적인 자—즉 임의로 얇은 자—를 생각하였다. 1959년에 테렐(J. Terrell)이라는 물리학자는 「로런츠 수축의 비가시성」[*Physical Review*, 116(1959), 1014]이라는 논문에서 가령 하나의 광속에 가까운 속력으로 관측자에게 온다면 이것이 실제로 어떻게 보일지 의문을 제기하였다. 상대론적 정육면체가 광학을 포함하는 복잡한 논의를 통하여 그가 얻은 결론에 의하면 이 물체를 측면에서 볼 때 이것은 납작해진 것으로 보이지 않고 회전된 것으로 보일 것이라고 한다. 이러한 사실은 로런츠 수축과 모순 아인슈타인의 논문에는 이러한 결과들이 매우 단순하고 일반적인 논증을 통해서 얻어지고 있는데, 이 점은 당시 학자들이 상습적으로 긴 계산을 통해서 결과를 얻던 것과 매우 대조적이다. 이러한 점이 처음에 그들 대부분으로 하여금 아인슈타인이 하고 있던 연구를 그토록 이해하기 어렵게 만들어 준 요소이다. 그는 새로운 결과들만을 얻어 낸 것이 아니고 물리학적 문제들에 대한 새로운 사고방식도 함께 도입해 준 것이다.

---

되는 것이 아니라—로런츠 수축은 사실상 테렐의 논의에 포함되어 있다—유한한 크기의 물체 여러 부분에서 동시에 발사되는 빛들이 각각 서로 다른 거리를 통과하여 관측자에게 도달하므로 각기 다른 시간을 소요하게 된다는 데 기인한다. 이렇게 하여 도달한 여러 빛이 모여 하나의 상을 형성하게 되면 이 상대론적 정육면체는 회전된 입방형의 모양으로 보인다.

# $\bar{E}=mc^2$

아인슈타인이 쓴 1905년 논문의 가장 위대한 점 중 하나는 전기와 자기 개념들을 자연스럽게 통일시켰다는 것이다. 이러한 통일은 이미 맥스웰 방정식 속에 포함된 것이지만 상대론은 이것을 전혀 새로운 관점으로 볼 수 있게 해 준다. 이러한 점을 명백히 이해하기 위해서는 전자 한 개를 생각해 보면 된다. 만일 이 전자에서 정지하고 있다면 이것은 순수한 전기력을 발생하게 된다. 이러한 점은 이 전자에서 정지해 있는 또 하나의 전자를 가져다 놓고 이 두 전자들이 서로 반발력을 미친다는 것을 관찰하면 곧 알 수 있다. 쿨롱(Charles Augustin De Coulomb, 1736~1806)의 법칙—1785년에 이 법칙을 발견한 프랑스 물리학자의 이름을 붙여 명명되었다—에 의하면 같은 전하들끼리는 항상 서로 반발한다(이 법칙은 뉴턴의 중력 법칙과 매우 유사하다). 중력 법칙에 의하면 중력은 항상 인력으로서만 작용하며 그 크기는 질량들의 곱에 비례하고 그들 간의 거리 제곱에 반비례한다. 이 반발력은 이 전하들의 곱에 비례하고 그들 간의 거리 제곱에 반비례한다. 그러나 이 전자가 일단 운동을 하게 되면 전기력은 다소 변화되고 여기에 부가하여 전자는 자기력이 발생한다. 이러한 사실은 상대론 이전에도 알려져 있었지만 아인슈타인은 그의 논문 속에서 이 두 가지 상황이 로렌츠 변환에 의하여 아주 단순하게 서로 관련된 것임을 입증하였다. 즉, 전기와 자기 현상은 본질적으로 동일한 현상이며, 다만 그 양상만 다를 뿐이다. 이때, 어떤 양상이 강조되는지는 전자에 대한 관측자의 상대적 속도에 따라 달라진다. 이러한 점은 아인슈타인 이전에도 맥스웰의 방정식과 전자들에 대한 특수한 모형들 덕에 다양하게 부분적으로 인식되어 왔다. 하지만 전기와 자기 관계가 완전히 이해된 것은 오로지 아인슈타인의 이론에 의한 것이었다.

또한 아인슈타인은 그의 이론을 검증하면서 또 다른 매우 중요한 의미를 인식하였다. 이것은 간단히 말해서 전자 또는 질량을 가진 어떤 물체라도 이것이 관측자를 향하여 움직이는 경우에는 정지하고 있을 때에 비했을 때 그 질량이 더 커진다는 것이다. 특히 물체의 속력이 광속에 가까워지면 이것의 질량은 무한대가 된다. 설혹 독자들이 이미 기성된 사실이라 하여 받아들일 태세를 갖추고 있다손 치더라도 이것이 매우 의문스러울 것임에는 틀림없다. 질량에 대한 상식화된 관념은 이것이 대상 물체 속에 들어 있는 물질의 양을 표시하는 것으로 되어 있다. 어떻게 물질의 양이 단순히 물체가 운동하고 있다고 하여 변할 수 있을 것인가? 그러나 "물질의 양"이 물리학자들이 "질량"이라고 부르는 것과 정확히 동일한 것은 아니다. 물리학자가 뜻하고 있는 바가 무엇인가를 보기 위하여 두 개의 물체—예를 들어 당구공 하나와 볼링공 하나가 있다고 하고 이들이 똑같은 힘을 받고 있다고 생각해 보자(여기서 이 두 개의 힘이 정말로 똑같다는 것을 확신할 수 있을 만큼 힘의 성질에 대하여 충분히 이해하고 있다고 가정한다). 뉴턴 법칙에 의하면 이 두 물체는 각각 가속되기 시작한다. 그러나 이들의 가속도들은 서로 같지 않다. 당구공은 볼링공보다 더 쉽게 가속된다. 이것은 볼링공의 질량이 더 크기 때문이다. 엄밀히 말해서 "관성 질량"(慣性質量, inertial mass)을 한 물체에 작용하는 힘과 이 힘이 일으키는 가속도와의 비로 정의된다—후에 "중력 질량"(重力質量, gravitational mass)이라는 또 하나의 질량 개념을 논의하게 되는데 이것은 특히 중력에 대한 물체의 반응을 나타내는 개념이다—이것은 볼링공이 당구공보다 질량이 더 크기 때문에 가속하기가 더 어렵다는 관념을 정확한 방법으로 말해 준다. 그러므로 물리학자가 물체의 질량이 속도에 따라 증가한다고 말할 때 이것이 의미하는 바는 이 물체에 같은 힘이 작용하였더라도 이 물체가 빨리 움직이고 있을수록 이것이 가속되는 효과는 감소한다는 것이다. 이 물체의 속력이 광속에 접근하면 가속되는 효과가 전혀 없어진다. 아인슈타인 이전에도 여러 물리학자들은 맥스웰 방정식과 전자에 관한 다양한 이론적 모형을 바탕으로, 전자에게도 유사한 효과가 존재할 것이라고 추론한 바 있다. 실제로 1901년, 독일의 물리학자 발터 카우프만(Walter Kaufmann)은 전자가 가속될 때 관성 질량이 증가하는지를 확인하고, 만약 증가한다면 그 정도가 얼마인지를 규명하기 위한 일련의 실험을 시작하였다. 그는 이 실험을 위해 라듐(radium)의 방사성 붕괴에서 방출되는 전자들을 사용하였다[우라늄이 방사성 붕괴로 대전 입자를 방출한다는 사실은 1896년 프랑스 물리학자 베크렐(Henri Becquerel, 1852~1908)이 발견하였다. 이 입자들은 한동안 "베크렐선"이라고 불렸으나 후에 이것이 전자들―가열된 금속판에서 튀어나온다고 알려진 것과 같은 대전 입자―임이 밝혀졌다]. 그의 결과들은 어떤 이론들과는 일치했고 어떤 이론들과는 일치하지 않았다. 특히 이들은 전자들이 작은 대전된 구로서 운동을 할 때 타원체로 수축한다고 본 1904년의 로런츠 논문이 예측하는 사실들과 일치하지 않았다. 더욱이 중요한 것은, 이들이 아인슈타인의 1905년 논문―여기서 로런츠의 결과들은 상대성 이론의 직접적 예측으로 얻어지며 전자들에 관한 어떤 특별한 모형에는 관계없이 얻어졌다―과도 일치하지 않는다는 점이다. 제럴드 홀턴이 지적하는 바에 의하면, 물리학 문헌 가운데 아인슈타인의 1905년 논문이 처음으로 언급된 것은 1906년 《물리학연보》에 발표된 카우프만의 논문에서이며 이 논문은 다음과 같은 요약문으로 시작되고 있다. "나는 이 측정에서 얻어진 일반적 결과를 다음과 같이 말할 수 있을 것이라고 본다 : 측정 결과들은 로런츠-아인슈타인의 기본적 가정들과 부합되지 않는다" 홀턴은 또 이렇게 부언하고 있다.

아인슈타인은 카우프만의 장치가 부적합했다는(다시 말해서 그의 실험이 옳지 못했다는) 사실을 알았을 리 없었다. 실제로 이 사실은 10년이 지난 후에야 밝혀졌다… 그리하여 1907년 그의 논의[《방사성과 전자에 관한 연감(年鑑)(*Jahrbuch der Radioaktivität und Elektronik*)》에 그가 상대론에 관하여 요약한 논문]에 아인슈타인은 카우프만의 결과와 자기 예측 간에 사소하지만 중요한 차이가 있는 듯하다는 점을 인정하지 않을 수 없었다. 그는 카우프만의 계산 속에 오류가 없는 듯하다고 인정하면서, 그러나 "여기에 예기치 못한 조직적 오차가 들어 있는지 또는 상대론의 기초가 사실과 부합되지 않는지 확정하려면 훨씬 다양한 관측 재료가 마련되어야 한다."라고 하였다.

여기에 관련하여 홀턴은 다음과 같이 말하고 있다. 이는 아인슈타인의 비범한 과학적 태도를 말해 주는 중요한 한 부분이다.

이러한 예언적 언명을 하였으면서도 아인슈타인은 실험 사실들에 의해서 이론의 성패를 판단한다는 태도에 머물러 있지 않았다. 오히려 그는 대단히 남달랐다. 그 시대와 상황을 고려했을 때 매우 모험적인 태도를 보였다. 그는 전자 운동에 관하여 에이브러햄(Abraham)과 부헤러(Bucherer)가 제시한 이론이 카우프만의 실험 결과와 훨씬 가깝게 일치한다는 것을 인정하였다. 그러나 아인슈타인은 "사실들" 때문에 이론의 옳고 그름이 판단될 것을 거부했다 ("내 의견으로는 이 두 이론이 맞는 이론일 가능성이 별로 없는 것 같다. 왜냐하면 움직이는 전자들의 질량에 대한 이들의 기본적 가정들은 다양한 현상들을 망라하는 이론적 체계 속에서 설명되지 않기 때문이다").

이런 태도야말로 아인슈타인을 가장 잘 보여 주는 특징이다. 그는 이론의 타당성을 판단할 때 실험 결과와의 일치 여부를 가장 중요하게 여긴 다른 물리학자들과 뚜렷이 달랐다. 당시의 실험 결과들은 오히려 그의 이론보다 그것을 반박하는 이론에 더 잘 들어맞는 듯 보였다. 하지만 아인슈타인에게 더 큰 문제는, 그러한 이론들은 일반성이 결여한다는 점이었다. 그는 이 점을 실험과의 겉보기 불일치보다 훨씬 더 중대하게 받아들였고, 따라서 그런 이론은 받아들일 수 없는 것으로 여겼다.\*

이러한 태도 즉 젊은 적용성과 조화된 이론 구조를 가지지 않았다고 해서 명백한 실험 사실들마저 무시하는 자세는 이 태도를 누가, 얼마나 지니느냐에 따라 다르게 볼 수 있다. 기막히고 천재적인 것으로 볼 수도 있고 순진하고 모자란 것으로 볼 수도 있다. 젊은 아인슈타인은 과학적 진리에 대한 대단히 강력한 직관력을 가지고 있었기 때문에 그로서는 오류를 범할 수 없었던 것 같다. 그런데 아인슈타인이 중년에 이르러 바로 이 직관력을 총동원하여 양자론을 배격하였을 때, 물리학자들 가운데는 이러한 태도야말로 어리석음에 가까운 것이 아닌가 하고

---

\* Gerald Holton, "Mach, Einstein and the Search for Reality", pp. 651~652.

느낀 사람이 많았다.

독자들은 아인슈타인의 상대론에서 가장 잘 알려진 결과인 $E=mc^2$라는 공식—이것은 놀랍게도 거의 아인슈타인의 대명사처럼 되어 버렸다—에 대하여 아직 언급하지 않았음을 이상히 여길지도 모르겠다. 그 이유는 이것이 1905년 논문에 함축되어 있기는 하지만 이 공식과 이것의 정확한 해석이 이 논문에 들어 있지는 않았기 때문이다. 이 공식과 이것의 정확한 해석은 아인슈타인이 역시 같은 《물리학연보》에 실린 세 페이지의 주목할 만한 논문 「물체의 질량이 그 에너지 함유량에 의존하는가?」에 나타나 있다.

이 논문은 물리학에서의 연역 과정이 극치를 이루고 있는 가장 전형적인 논문이다. 아인슈타인의 다른 초기 논문들과 마찬가지로 이 논문에서도 수학적 표현이 거의 나타나 있지 않으며, 그 대신 "사고 실험"을 고안하여 이것을 주의 깊게 분석함으로써 결과를 얻는 방법을 쓰고 있다. 이 논문에서는 아인슈타인이 빛 방사 즉 감마선을 방출하며 방사성 붕괴를 하는 원자 또는 어떤 다른 입자를 가상했다.* 지금 이러한 붕괴의 실례(實例)를 많이 알고 있으나 1905년에는 방사능의 연구가 아직 초창기였고 아인슈타인이 가상했던 바와 같은 붕괴가 자세히 연구되어 있지 않았었다. 아인슈타인은 붕괴 과정에서 에너지와 운동량이 보

---

\* 이 붕괴를 다음과 같은 부호로 나타낼 수 있다.
A→B+r+r 여기서 A는 초기의 붕괴되는 입자이며 B는 생겨난 입자, 그리고 r는 빛의 양자를 의미한다.

존되어야 한다는 원리를 적용하고 로런츠 변환을 교묘하게 이용하여서 붕괴 후 원자는 처음 원자보다 질량이 작아진다는 결론을 얻을 수 있었다. 그뿐만 아니라 이때 손실된 질량의 크기는 바로 방사된 빛이 가져간 총에너지 $E$를 빛의 속도의 제곱으로 나눈 양과 같게 된다는 것인데 이를 공식으로 적어 보면 질량 손실을 m이라 할 때 $m=E/c^2$이 된다. 그가 표현한 대로 적어 보면 "한 물체가 방사의 형태로 에너지 $E$를 방출하면 이 물체의 질량은 $E/c^2$만큼 감소된다."*(원문에는 "에너지"에 대한 기호 "E" 대신에 "L"을 쓰고 있다). 논문의 마지막 한 문장을 제외하고는 이것이 그 논문의 전부라고 할 수 있다. 또한 이 논문의 마지막 문장은 아마도 물리학 문헌에 발표된 글 가운데 가장 역과장된 표현으로 보인다. "에너지 함유량이 크게 변하는 물체들(가령, 라듐염)을 가지고 이 이론의 실험적 검증을 성공적으로 수행하는 것이 불가능하지는 않을 것이다."

    본질적으로 보아 아인슈타인의 방정식은 당시까지는 예기하지 못했던 하나의 새로운 에너지 자원을 제시한 것이다. 물체가 질량을 가진다고 하는 단순한 사실만으로도 이 물체가 $mc^2$이라는 에너지를 가졌음을 말해 주는 것이 된다. 이 값은 광속도가 무척 크다는 점에 비추어 대단히 큰 값임을 알 수 있다. 일반적으로 이 에너지는 실용적으로 쓸 수 없다. 그 이유는—이것이 바로 아인슈타인 이전에 이러한 사실이 발견되지 못했던 이유가 되겠는데—사용할 수 있는 형태의 에너지 즉 빛, 열

---

\* *The Principle of Relativity*, p. 71.

등등으로 이것이 쉽게 바뀌지 않기 때문이다. 그러나 한 방사능 입자가 가령 빛을 방출하면서 붕괴될 시 이러한 전환이 자연적으로 일어나게 되며, 이때 일부 질량 에너지가 방사 에너지로 전환된다. 이것이 바로 아인슈타인이 앞에 인용한 문장을 적을 때 염두에 두고 있던 현상이다. 오늘날 이러한 에너지 변환의 극단적인 예를 들 수 있는데, 이는 좀 더 최근에 발견된 기본 입자들에 관한 것으로 모든 질량이 방사 에너지로 완전히 바뀌는 경우이다.* 이 경우 본래의 입자는 자발적으로 소멸되고 이것의 모든 질량 에너지가 전부 방사 에너지로 전환된다. 이때 몇 개의 감마선 입자 즉 대단히 에너지가 큰 광자들이 나타나는데, 이들 에너지의 총합은 소멸된 입자의 총질량 에너지와 같아진다. 또 하나의 흥미로운 경우로는 질량을 가진 두 입자가 서로 부딪쳐 완전히 소멸되면서 광자들을 내게 되는 경우가 있다. 이러한 경우의 예로서 제일 먼저 연구된 것은 전자와 이것의 "반입자"(反粒子)인 양전자(陽電子, positron)의 상호 소멸이다. 양전자는 1932년 미국 물리학자 앤더슨(Carl David Anderson, 1905~1991)이 우주선에서 발견하였다(그는 이 업적으로 1936년에 노벨상을 받았다). 이것의 존재는 1930년 영국 이론 물리학자 디랙(Paul Adrien Maurice Dirac, 1902~1984)이 예측하였다. 그는 처음으로 상대론과 양자론을 본격적으로 결합하려는 시도를 통해, 이 두 이론의 조화를 위해서는 반입자의 존재가 필연적이라는 결론에 이르렀다. 반

---

* 하나의 예로, 이른바 중성 $\pi$ 중간자—$\pi^0$ 입자—의 붕괴를 들 수 있다. $\pi^0 \rightarrow r+r$ 형태의 붕괴가 이루어지면 각각의 광량자는 $\pi^0$정지 에너지의 절반씩을 가지고 나간다.

입자는 어떤 입자와 동일한 질량을 가지며, 만약 그 입자가 전하를 띠고 있다면 반입자는 그와 반대 부호의 전하를 지닌다. 모든 입자에는 반입자가 존재하지만, 그중에서도 전자와 양전자 쌍이 가장 먼저 발견되었다. 전자와 양전자가 정지한 상태에서 만나면 서로 소멸하며 두 개의 광자를 만들어 낼 수 있다. 이때 생성된 광자 각각은 $mc^2$의 에너지를 가지며, 여기서 m은 전자(또는 양전자)의 질량을 의미한다.

아인슈타인 관계식이 적용되는 또 하나의 매우 중요한 경우로서 "핵융합"이 있다. 언젠가는 이것이 가장 중요한 값싸고 오염 없는 동력원이 될 것이다. 이것의 가장 간단한 예를 든다면 중성자 하나와 양성자 하나가 결합해서 중양성자—중수소의 원자핵—를 이루는 경우인데 이때 광자의 형태로 일정 분량의 에너지가 방출된다. 아인슈타인의 원리에 따르면, 이때 에너지양이 감소했다고 하는 사실은 중양성자의 질량이 이것의 구성 성분—즉 중성자와 양성자—들의 질량 합보다 작아야 함을 의미한다. 이러한 질량의 차이는 실제의 현상으로 나타나고 있으며 이 질량 차이를 중양성자의 "결합 에너지"(binding energy)라고 부른다. 이것을 결합 에너지라고 하는 이유는 중양성자를 다시 구성 성분으로 분해하기 위하여 최소한 이만한 크기의 에너지가 공급되어야 하기 때문이다[중양성자는 적당한 에너지를 가진 광자의 작용을 받아 중성자와 양성자로 갈라질 수 있는데 이러한 과정을 "광붕괴"(photodisintegration)라고 한다]. 모든 안정된 원자핵은 중성자들과 양성자의 융합 결과로 형성된 것이다. 이는 앞서 말한 내용을 통해 알 수 있다. 그리고 앞서 말한 점 때문에 이 원자핵들의 질량은 구성 요소의 질량 총합, 즉 이들을 구성하는 중성자와 양성자 질량의 총합보다 작아야 한다는 것은 명백하다. 고전 물리학으로서는 이러한 질량 손실을 설명할 방법이 없으나 아인슈타인의 공식은 여기에 대하여 아주 간단하고 자연스럽게 설명해 주고 있다. 원자핵들이 융합되어 만들어질 때 일정량의 에너지, 즉 질량이 방출되고 따라서 만들어진 원자핵은 이들의 성분 요소들보다 더 가벼워진다.

원자핵의 융합과 여기에서 에너지가 방출된다는 사실로 인하여 또 하나의 중요한 문제가 해명되었다. 즉 어떻게 하여 태양을 포함한 여러 별이 그렇게 오랫동안 그리고 그렇게 강렬하게 "연소"(burning)를 계속할 수 있느냐, 다시 말해서 어떻게 그렇게 많은 방사 에너지를 방출할 수 있느냐 하는 문제이다. 여기에 대하여 제일 먼저 제안된 가장 단순한 설명은 태양이 불타고 있는 커다란 석탄이라는 것이다. 그러나 이러한 안일한 생각은 옳은 설명이 못 된다. 태양이 에너지를 실제로 방출하고 있는 비율에 따라 타들어 간다고 할 때 이 덩어리가 얼마 만에 다 타 버릴 것인지 계산해 보면 곧 알 수 있다. 태양계의 연령은 수십억 년이지만, 태양이 다 탈 때까지 요하는 시간은 불과 1,500년 정도다. 그 다음에 제안된 무척 정교한 설명으로는 1854년 독일 물리학자 헤르만 헬름홀츠의 학설이 있다. 헬름홀츠는 태양이 기체들의 집합으로 형성되었다고 하는 현재까지도 인정받는 학설을 이용하였다. 이 학설에 의하면 태양은 이 기체들이 덩어리로 뭉치기 시작하면서—이렇게 뭉치는 이유에 대해서는 천문학자들 사이에서 지금도 의견이 일치하지 않는다—만들어졌다고 한다. 천체로 만들어지기 이전의 이러한 기체 구름들은 이른바 "우주 먼지"(cosmic dust)라고 불렸다. 주로 수소와 헬륨(helium)으로 구성되었고 철과 같은 무거운 원소들이 약간 섞여 있다. 이들이 덩어리로 뭉치는 과정에 들어가게 되면 이들 입자 상호 간 작용하는 중력 때문에 이 과정이 계속 진행될 것이고, 기체 입자들이 중력을 받아 별의 중심을 향하여 충돌할 때 에너지의 일부가 빛의 형태로 방출된다는 것이다. 그러나 만일 이것이 천체에서 일어나는 유일한 과정이라고 한다면 태양은 대략 2,000만 년 이상의 연령을 가질 수 없음이 곧 밝혀졌다. 그 후 방사능이 발견되자 태양 에너지가 방사능 붕괴에 의한 것일는지도 모른다는 의견이 등장하게 되었다. 만일 태양이 순수한 우라늄으로 만들어진 것이라면 태양은 수십억 년을 통하여 실제 관찰되는 비율에 따라 에너지를 내뿜을 수 있다는 계산이 나온다. 그러나 태양은 우라늄으로 구성된 것이 아니라 실제로 수소나 헬륨과 같은 가벼운 원소들로 구성되어 있다. 그리하여 1920년대에 이르기까지 이 문제는 더 이상 진전을 보지 못하고 있었다. 그러던 중 조지 가모프(George Gamow, 1904~1968)가 당시 새로 등장한 양자 역학의 이론을 사용하여 핵융합 반응이 실제로 별 내부의 온도에서 일어날 수 있을 것이라는 제안을 하였다. 이렇게 하여 해결의 실마리가 나타났다(이보다 여러 해 전에 이미 영국의 천문학자 서 아서 에딩턴은 아인슈타인의 공식이 이 문제를 해결할 열쇠가 되리라는 것을 명백히 깨닫고 분명히 지적한 사실이 있다. 그러나 핵융합의 실질적인 메커니즘을 정량적으로 이해하기 위해서는 양자 역학이 필요하다). 1939년 베테(Hans Albrecht Bethe, 1906~2005)와 카를 프리드리히 폰 바이츠제커(Carl Friedrich von Weizsäcker, 1912~2007)는 각자 독립적으로 이러한 핵로에서 일어나는 핵화학적 내용, 즉 그 구체적인 반응을 상세히 밝혔다. 이리하여 태양 에너지 발생의 설명은 대략 완성되었다. 몹시 적은 양의 질량 감소가 대단히 큰 에너지를 방출하기 때문에 이러한 학설에서 태양의 수명이 길다는 점을 설명하는 것은 문제가 되지 않는다. 이리하여 1905년에 나온 세 페이지에 달하는 아인슈타인의 논문은 현대 물리학에서 가장 수확을 많이 본 논문 중 하나가 되었다.

이 모든 실험적 확인은 훨씬 나중에야 이루어졌다. 상대론에 대한 아인슈타인의 1905년 논문들을 향한 초기의 반응은 대체로 냉담하거나 부정적이었다. 인펠트의 말을 빌리면 다음과 같다.

> 이 새로운 아이디어들이 어떠한 충격을 던져 주었던가? 처음에는 아무런 충격도 나타나지 않았었다. 요즘은 흔히 중요한 결과들이 매우 빨리 인식되고 있으며 특히 어떤 혁명적인 새 논문이 나오면 연달아서 그 아이디어를 더욱 상세히 개발한 논문들과 이것을 수학적으로 정리한 논문들이 홍수처럼 쏟아져 나온다. 그러나 아인슈타인의 논문이 발표되고 난 직후에는 이 같은 논문들의 홍수가 쏟아지지 않았다. 이러한 논문들이 나오기 시작한 것은 그 후 약 4년이 지나서였다. 이 기간은 과학적 인정이라는 입장으로 볼 때 결코 짧은

시간이 아니다. 내가 알기로는 이 시기에 아인슈타인의 논문을 무척 주의 깊게 검토하면서 새로운 과학의 탄생을 예견한 물리학자들이 있었다. 내 친구 로리아(Loria) 교수가 내게 말해 준 바로는, 그의 스승이었던 크라쿠프(Cracow) 대학의 비트코프스키(Witkowski) 교수(그는 위대한 교사이기도 하였다)가 아인슈타인의 논문을 읽은 후 로리아에게 다음과 같이 외쳤다고 한다. "새 코페르니쿠스가 탄생했어! 아인슈타인의 논문을 읽어 봐." 그 후 로리아 교수는 어느 물리학 회합에서 막스 보른(Max Born, 1882~1970)을 만나 아인슈타인에 관해서 이야기하고 그의 논문을 읽었는지 물었다. 그랬더니 보른뿐만 아니라 그 회합에 나온 누구도 아인슈타인의 이름조차 들은 적 없다는 것이었다. 이들은 곧 도서관으로 가서 《물리학연보》 제17권을 서가에서 꺼내어 아인슈타인의 논문을 읽기 시작하였다. 그 즉시 막스 보른은 이 논문의 중대함과 이것을 형식에 맞추어 일반화하여야 한다고 인식하였다. 후에 상대성 이론에 대한 보른 자신의 연구 결과가 이 분야의 학문에서 중요한 초기의 업적으로 남게 되었다.*

푸앵카레는 전자의 질량에 대한 카우프만의 초기 실험 결과를 본 후 상대성 원리 자체에 대하여 회의를 느끼기 시작하였다. 1906년에 그

---

* Leopold Infeld, *Albert Einstein, His Work and Influence on Our World*, p. 44.

가 적은 바에 따르면 "실험 결과가 말해 주는 바로는 에이브러햄의 이론(전자에 관한 하나의 모형으로서 로렌츠 것과는 다르다)이 타당해 보인다. 상대성 원리는 일반적으로 인정되고 있는 것과 같은 엄격한 가치를 가진 것으로 보이지는 않는다."라고 하였다.* 푸앵카레는 이러한 논쟁이 완전히 해결되기 전인 1912년에 세상을 떠나고 말았는데 1905년부터 그가 죽을 때까지 그는 상대성 원리에 대한 글을 자주 쓰고 강의도 하였다. 그러나 그의 어떠한 강의에서도 그가 아인슈타인의 공헌을 언급한 일은 없고 오히려 물리학의 다른 분야에서 아인슈타인의 업적을 기록한 예는 있다.** 그러나 그가 죽기 1년 전인 1911년에 그는 마침 취리히 공과대학 교수직의 물망에 오르고 있던 아인슈타인을 위하여 다음과 같은 추천서를 쓴 일이 있다.

> 아인슈타인은 내가 알고 있는 가장 창의적인 한 학자입니다. 젊은 나이임에도 그는 이 시대의 가장 뛰어난 학자들 가운데서 이미 대단히 영예로운 지위를 확보한 사람입니다. 무엇보다도 그에게 감탄한 점은 그가 새로운 개념에 적응하고 이로부터 모든 결과를 이끌어 내는 데 있어서 놀라운 능력이 있다는 점입니다. 그는 고전적인

---

\* Stanley Goldberg, "Henri Poincarè and Einstein's Theory of Relavity," p. 938.

\*\* 푸앵카레는 사적인 기록을 남긴 것이 전혀 없으므로 상대성 이론에 대한 아인슈타인의 업적을 공공연히 무시한 이유는 알 수 없다. 이 점에 대한 논의와 또한 상대성 이론에 대한 유럽 물리학자들의 반응을 분석한 것으로 Stanley Goldberg, "In Defence of Ether," Russel McCormach, ed., *Historical Studies in the Physical Sciences 1970*, pp, 88~125 참조.

원리들에 집착하지 않으며 일단 물리학 문제에 당도하면 여기에 얽힌 모든 가능성을 손쉽게 파악합니다. 그렇게 그에게는 실험으로 검증될 수 있는 새로운 현상들이 머리에 즉각 떠오릅니다. 그렇다고 해서 언젠가 그의 예측을 실험적으로 검토할 때 모두 옳다고 입증되는 것은 아닙니다. 그는 가능한 모든 방향에서 문제를 탐구하고 있기에, 그가 따라가는 대부분의 길이 결국 막다른 데에 이를지도 모릅니다. 하지만 그 많은 시도 중 하나쯤은 옳은 방향일 가능성이 있고, 사실 그것이면 충분합니다. 바로 이것이 우리가 택해야 할 연구의 자세입니다. 수리물리학의 기능이란 단지 의문을 제기하는 것이며 여기에 대한 해답을 줄 수 있는 것은 오직 경험뿐입니다. 미래는 이제 점점 더 아인슈타인의 진가를 보여 줄 것이며 이 젊은 대가를 붙잡아 놓을 수 있는 대학은 그것만으로도 많은 영예를 얻으리라 확신합니다.*

상대성 이론에 대한 로런츠의 이해는 점점 더 발전하였으며 1915년에는 그의 고전이라 할 수 있는 《전자 이론(*The Theory of Electrons*)》에 다음과 같은 각주를 추가했다.

지금 이 마지막 장을 다시 쓴다면, 나는 아인슈타인의 상대성

---

* 여기에 대한 프랑스어 원본은 헬렌 듀카스가 제공해 주었다. 이것을 최초로 발표한 문헌은 Carl Seelig, *Albert Einstein*, Zürich : Europe Verlag, 1960, pp. 228~229이다.

이론을 훨씬 더 높이 평가할 것이다. 이 이론 덕분에, 움직이는 계에서의 전자기 현상에 대한 이론은 내가 이전에는 상상하지 못했던 수준으로 간결하고 명료해졌다. 내가 이 점에 실패하게 된 주된 원인은 변수 t["에테르"(ether)계에서 관측되는 시간]만이 진정한 시간이라고 인정될 수 있으며 국소 시간 $t'$는 단지 보조적인 수학적 양에 지나지 않는다는 생각에 너무 깊이 집착해 있었기 때문이다. 반면 아인슈타인의 이론에서는 $t'$가 t와 동등한 역할을 하고 있다. 다시 말해서 변수 $x'$, $y'$, $z'$, $t'$들로 현상을 기술하고자 할 때 이 변수들을 변수 x, y, z, t들로 기술하는 때와 똑같이 취급해야 할 것이다.*

로런츠가 이 각주를 적을 때 그의 나이는 62세였다. 그는 아주 젊은 나이에 네덜란드에 있는 한 조그마한 대학촌 레이덴(Leyden)에 온 후 1928년 그가 별세할 때까지 그곳에 머물렀다. 아마도 나이 문제가 중요한 것인가 보다. 로런츠와 푸앵카레가 마이컬슨-몰리 실험으로 물리학이 위기에 직면했다고 느끼고 이것에 도전했을 때 그들의 나이는 모두 40대 후반이었다. 어느 의미에서 그들은 고전 물리학을 내던져 버리기에는 이미 너무 많이 알고 있었고, 또한 이 때문에 많은 관심에 몰두해 있었다. 아인슈타인은 그가 첫 번째 논문을 발표했을 때 나이 스물

---

\* H. A. Lorentz, *Theory of Electrons*, p. 321.

여섯 살밖에 되지 않았었다. 사실상 이론 물리학에 있어서는 그의 발견뿐만 아니라 모든 위대한 발견들은—극히 예외적인 몇몇 경우를 제외하고는—모두 30세 미만의 사람들이 이루어 내었다. 그리고 기성세대 사람들 대부분은 이들의 발견을 대할 때 로런츠 같은 성격과 융통성이 없었으며 이를 가질 수도 없었다. 로런츠는 한편으로 그의 생애가 끝날 때까지도 에테르에 대해서 계속 "유익한 일면을 가진 개념"이라고 언급하기를 그치지 않았던 사람이었다.*

또한 1919년 가을, 누구보다도 먼저 아인슈타인에게 전보를 보내어 영국의 일식 관측 파견단이 아인슈타인의 일반 상대론에 의한 예측을 확인했다는 소식을 알려 주었다. 로런츠와 아인슈타인은 그들의 나이와 배경과 기질에서 커다란 차이를 가지고 있었으나 우애 속에서 서로 간 깊이 경탄하는 관계가 되었다. 이러한 관계는 로런츠의 생이 끝날 때까지 지속되었고, 아인슈타인은 생이 다할 때까지 이 우정을 소중하게 여겼다. 여기에 반하여 앨버트 마이컬슨은 아인슈타인이 실험 물리학자로서 크게 존경하던 사람이었으나 끝까지 아인슈타인의 이론을 싫어했고 믿지도 않았다. 이들이 처음이자 마지막으로 1931년에 서로 만났을 때 마이컬슨—이때 그의 나이는 79세였다—은 아인슈타인에게

---

* 로런츠의 생각에 머물러 있었던 모호성의 일면을 다음 인용문에서 찾아볼 수 있다. "에테르에 대하여 말하자면…… 설혹 이것이 유일한 일면을 가진 개념이기는 하지만, 만일 아인슈타인이 이 개념에 집착했더라면 그는 그의 이론을 이룩하지 못했을 것이 확실하다고 본다. 그렇기에 우리는 그가 재래식의 진로를 따르지 않았음을 고맙게 여겨야 한다." H. A. Lorentz, *Problems of Modern Physics : A Course of Lectures Delivered in the California Institute of Technology* [1922], H. Bateman, ed. (Boston 1927), pp. 220~221.

자기 실험이 그런 "괴물"을 만들어 내는 일에 관여된 데 유감스러운 생각마저 든다고 말하였다.*

---

* Gerald Holton, *Einstein and the 'Crucial' Experiment*, p. 973.

# 9장

# 4차원 공간-시간

아인슈타인의 진로를 베른에서 베를린까지 이끌어 준 발단은 스위스의 물리학자들이 특허국 사무실에서 허비되고 있던 그의 재능을 인식하는 데서 비롯되었다. "1905년 아인슈타인이 베른에서 발표한 연구 결과들을 본 스위스의 여러 대학에 있던 물리학자들은 이러한 연구를 하는 사람에게 특허국의 말단 직원의 업무를 맡긴다는 것은 있을 수 없는 일이라고 여겼다. 그 후 얼마 안 있어 아인슈타인이 취리히 대학교에서 강의하게 하려는 시동이 있었다."라고 필립 프랭크는 썼다.*

그런데 여기서 아인슈타인과 알프레드 클라이너(Alfred Kleiner) 교수 —취리히 대학교의 지도적 물리학자이며 거기서 아인슈타인을 제청하는 주역이었던 교수—는 곧 난관에 봉착하게 되었다. 규정대로라면 무급 강사로 얼마간 봉직하지 않고는 누구도 교수로 임명될 수 없었기 때

---

* Philipp Frank, *Einstein : His Life and Times*, p. 74.

문이다. 이 무급 강사란 묘한 직책이었다. 이 자리에 있는 사람은 아무런 책무를 지지 않을뿐더러 대학에서도 그에게 봉급을 지급할 책임을 지지 않는다. 무급 강사는 자기가 하고 싶어 하는 강의를 할 수 있고 학생들은 약간의 수강료를 내고 이를 듣게 되어 있으나 이 정도는 생계를 유지할 수입이 될 수 없었다. 그렇게 아인슈타인은 특허국의 자리를 그대로 지키면서 겸직하게 되었다. 그러나 이러한 모든 규정에도 불구하고 1909년 아인슈타인은 결국 취리히 대학교의 특별 교수 직책으로 채용되었는데, 어마어마한 칭호에 비하여 그리 대단한 직책은 아니었다. 사실 그의 봉급은 특허국에서 받은 정도에 불과한 데 반하여 그는 베른에서 지내던 것처럼 비교적 저렴한 생활비로 지낼 수 없게 되었다. 대학 교수란 직책은 불가피한 사회적 고정 지출이 필요했기 때문이다.

아인슈타인은 언제나 취리히를 매우 좋아하였다. 그러나 1910년 가을에는 프라하(Prague)에 있는 독일 대학교(German University)에 이론 물리학 교수 자리가 생겼다. 이것은 아인슈타인에게는 승진과 다름 없었다. 1888년까지는 프라하에 대학이 한 개만 있었다. 그곳은 중부 유럽에서 가장 오래되었고, 교수들 강의에서는 독일어와 체코어 모두가 사용되었다. 그러나 독일인과 체코인 사이에 정치적 불화가 그칠 사이 없이 일어나자, 오스트리아 정부에서는 언어에 따라 이 대학을 두 개로 나누었다. 독일어를 사용하는 측에서는 체코인들을 "민족적으로 열등"하다고 공공연히 얕보고 있었으므로 이러한 분리는 오히려 적대감정만 더욱 고조시켰을 뿐이다. 당시에는 오직 공인된 교회에 소속되는 사람만이 국립대학에서 가르칠 수 있다고 하는 규정이 있었다. 이는 프란츠 요제프(Franz Josef) 황제가 제정한 것이었다. 열두 살 이래 아무런 정식 종교도 없었던 아인슈타인은 1911년 프라하에 왔을 때 당시 오스트리아에 있던 유대교의 정식 호칭인 "모세교"를 믿는다고 선언했다. 아인슈타인은 프라하에서 유대인 문인 서클과 꽤 많은 접점이 있었다. 이들 가운데는 프란츠 카프카(Franz Kafka, 1883~1924), 후고 베르크만(Hugo Bergmann, 1883~1975), 막스 브로트(Max Brod, 1884~1968) 등이 속해 있었다. 특히 막스 브로트는 4년 후 그의 소설《티코 브라헤의 구원》에서 티코의 보조원이며 과학에서 그의 적대자였던 요하네스 케플러(Johannes Kepler, 1571~1630)를 기술하는 데 젊은 아인슈타인의 성격을 모델로 하였다. 1912년 아인슈타인은 프라하를 떠나 취리히 공과대학의 교수로 돌아왔다. 이 시기에 그는 물리학의 여러 분야를 강력히 추구해 나가고 있었다. 여기서 상대성 이론의 발전에 초점을 두어 이야기하고자 한다. 후에 양자 물리학에 대하여 다시 언급하겠는데 아인슈타인은 같은 시기에 이 분야에서도 기본적이고 결정적인 업적을 이루어 가고 있었다.

기묘하게도 상대론에서의 다음 발전은 아인슈타인이 아닌 취리히 공과대학에 있던 그의 옛 스승 헤르만 민코프스키가 이루어 내었다. 그는 1864년에 태어난 러시아계 독일인으로 자기의 중요한 업적을 이루고 난 2년 후인 1909년에 서거하였다. 민코프스키는 자신의 강의에서 느낀 인상 때문에 아인슈타인에게 그다지 좋은 기억을 가지지 못하였다. 그는 그 후 괴팅겐 대학교로 옮겨 갔다. 괴팅겐으로 말하면 당시, 그리고 그 후 여러 해 동안 수학에서는 세계적 중심지였다. 지금 말하는 특수 상대성 이론은 대체로 민코프스키의 수식적 형태인데 그 이유는 이것이 형태적으로 간단하고 수학적으로 아름답기 때문이다. 이 시기까지도 아인슈타인은 순수 수학에 혐오감을 느꼈으며 여러 해 동안 그는 민코프스키의 "4차원 세계의 관점"이 달갑지 않았다. 그가 이것의 형태적인 우수성을 완전히 수긍하게 된 것은 민코프스키 업적의 전반적인 일반화라고 볼 수 있는 그의 중력 이론의 최종적 형태 발견 후라고 할 수 있다. 아인슈타인이 1916년에 쓴 《상대론(Relativity)》은 널리 읽히는 훌륭한 책인데 이 책의 「민코프스키의 4차원 공간」이라는 장의 서두에서 아인슈타인의 초기 태도를 엿볼 수 있다. 그는 "수학자가 아닌 사람들은 4차원이란 말을 듣게 되면 마치 어떤 신비 사상을 접할 때 느끼는 것과 흡사한 전율에 사로잡히게 된다."라고 서두를 시작하며 곧 다음과 같이 덧붙인다. "그렇기는 하지만 우리가 살고 있는 세계가 4차원 공간-시간 연속체라고 하는 말 이상으로 평범한 말은 없다."\* 이것이 "평범한" 말인가 아닌가 하는 것은 어느 면에서, 어떠한 범위 내에서 움직이고 있는가에 달렸다고 말할 수 있다. 여기서 아인슈타인이 말하고자 했던 바는, 우리가 수학자가 아닌 한 우리가 그렇게 하고 있다는 것조차도 미처 의식하지 못하면서 사물에 대한 4차원적 기술 방법

---

\* *Relativity*, p. 55.

을 이미 채택하고 있다는 것이 틀림없다. 어떤 사람을 어떤 지정된 위치에서 지정된 시간에 만나기로 약속할 때 우리는 4차원적 표현을 하는 것이다. 만남의 자리는 엄밀히 말해서 세 개의 공간 좌표 x, y, z와 네 번째 좌표, 즉 네 번째 차원인 시간 t로 지정될 수 있기 때문이다. 이러한 점은 상대성 이론과 아무런 관계도 없다. 뉴턴 역학도 4차원을 이용하여 아주 완전하게 이루어질 수 있다. 단지 그렇게 한다는 것이 별다른 의미를 지니지 못할 뿐이다. 그 이유는 뉴턴 물리학에서 시간이란 "절대적"인 것이며 그 값은 기술하는 데서 어떤 관성계(inertial frame)—균일하게 움직이는 기준계—를 사용하느냐에 따라 달라지지 않기 때문이다. 따라서 하나의 관성계에서 다른 관성계로 옮겨 주는 변환식은 세 개의 공간 차원에 대해서만 관여될 뿐이다. 네 번째 방정식은 결국 한 관성계에서의 '시간'이 다른 관성계에서 관측한 '시간'과 같다는 사실만을 말해 줄 뿐이다. 특수 상대성 이론의 로런츠 변환에서는 공간 및 시간 두 가지가 다 변환하게 된다. 이러한 의미에서 이들은 동일 자격을 가졌다고 볼 수 있다. 따라서 이들을 4차원 내에 묶어 취급하는 것이 자연스럽다. 이것은 사실 아인슈타인이 그의 1905년 논문에서 은연 중에 이루어 놓은 것이지만 이러한 변환을 정확한 기하학적 방법으로 어떻게 "구상화"하는가를 밝힌 것은 민코프스키이다.

누구나 알고 있는 바와 같이 유클리드 기하의 유명한 피타고라스 정리는 직삼각형의 빗변 길이의 제곱은 다른 두 변 길이 제곱의 합과 같다는 것이다. 이 정리를 다음과 같이 이용할 수 있다. 제일 먼저 두 개의 축―즉 "원점"이라고 부르는 한 점에서 직각으로 서로 만나는 두 개의 직선―을 형성한다. 그리고 원점을 통과하는 임의의 선분을 하나 그린다고 할 때 이 선분의 길이를 다음과 같은 방법으로 구할 수 있다. 이 두 축에 수직으로 이 선분의 투영을 내려 이들을 각각 투영 x, y라 한다. 이렇게 되면 선분은 두 변이 x, y가 되는 직삼각형의 빗변이 된다. 따라서 이들 제곱의 합 $x^2+y^2$은 피타고라스의 정리로 선분의 길이를 나타낼 수 있게 된다. 수학자들은 이러한 선분을 "벡터"(vector)라 부르고 x와 y를 선택한 축에 대한 이 벡터의 "성분"이라고 한다.

이러한 과정에는 한 가지 임의의 요소가 들어 있다. 즉 축을 임의로 선정할 수 있다는 점이다. 벡터만을 제자리에 남겨둔 채로 이 두 축을 함께 얼마만큼 회전시킨다면 새로운 축이 형성되며, 이 벡터의 성분도 새로운 값 $x'$, $y'$을 가지게 된다. 그러나 아무리 이렇게 회전시켜도 벡터의 길이는 변하지 않는다. 따라서 $x'$, $y'$의 제곱들의 합은 x와 y 제곱들의 합과 같다. 이러한 합은 축의 회전에 대하여 "불변량"인 것이다. 이러한 과정을 쉽게 3차원으로 일반화할 수 있다. 이미 설정된 두 개의 축에 수직으로 세 번째 축을 설정하면 된다. 그리하여 3차원 벡터는 세 개의 성분 x, y, z로 표시되며 이 벡터의 길이는 이 세 성분 제곱들의 합으로 주어진다. 이 길이는 또한 3차원 내의 회전에 대하여 불변량이다.

이것으로 끝날 필요는 없다. 적어도 상상 속에서 이 세 축에 수직인 또 하나의 축을 추가할 수 있고 4차원 벡터를 정의할 수 있다. 이 네 개 성분 제곱의 합은 이 벡터의 "유클리드 길이"(Euclidean length)

라고 불리는데, 이것은 또한 4차원 내에 회전에 대해서 불변량이 된다 (이러한 과정을 머릿속에 그리기 어렵다는 것은 별개의 문제이다). 보는 바와 같이 공간-시간 내에서 발생하는 하나의 "사건"은 네 개의 성분, 즉 x, y, z 및 t로써 기술될 수 있다. 그런데 $x, y, z$는 "길이"의 차원을 가졌고 $t$는 "시간"의 차원을 가졌으므로—한편은 "미터"(meter), 다른 한편은 "초"(seconds)—t 대신에 ct를 도입함으로써 기술 방법을 통일시킬 수 있다. c는 여기서 진공 상태에서의 광속도이다. 이렇게 하면 속도와 시간의 곱은 길이의 차원을 가진다. 네 개의 좌표 x, y, z 및 ct는 모두 동일한 물리적 차원—미터—을 가지게 된다. 얼핏 보기에는 4차원상의 한 "사건"의 길이를 네 개 성분들 제곱의 합으로 취하는 것이 마땅하리라고 생각된다. 이러한 유클리드 길이는 축들의 회전에 대하여 불변량이 된다. 그러나 상대성 이론이 말해 주는 바에 의하면 물리적 의미가 있는 변환을 4차원 내에서의 보통의 회전이 아니고 바로 로런츠 변환이다. 지금 잘 알려진 것은 [그리고 이 점은 1905년의 논문에 있는 하나의 각주에서 아인슈타인이 암시한 것이지만 별로 강조되지는 않았었다] 로런츠 변환으로 불변량이 되는 양은 $s^2=x^2+y^2+z^2-c^2t^2$이라는 점이다. 여기서 시간과 공간 성분이 서로 반대 부호를 가졌다는 점을 곧 알 수 있다. 또한 그렇기에 이 "길이"가 반드시 정(正)의 수치를 가져야 할 필요는 없다. 만일 시간 성분의 제곱 값이 공간 성분 제곱의 합보다 작으면 이 값이 정(正)일 것이고 그 반대일 때 이 값이 부(負)가 되며 또한 0이 될 수도 있다. 이 마지막 경우가 아인슈타인이 지적했듯이 바로 진공 속에서의 빛의 운동 방정식이다. 이 방정식은 로런츠 변환으로 연결되는 모든 기준계에서 동일한 형태를 가진다는 것이 상대성 원리의 한 면모이다. 아인슈타인이 자기의 각주에서 지적하였던 바가 바로 이것이었다. 그러나 민코프스키는 한 걸음 더 나가서 상대성 이론의 기하를 명백하게 하는 공헌을 하였다. 그는 로런츠 변환이 4차원 공간 내에서 어떤 특수한 회전과 같은 역할을 한다고 주장하였다. 이 회전은 수학자들이 말하는 허수 각의 회전이라고 할 수 있다. 0°에서 360°까지 나타나는 보통의 각과 달리 이러한 각도 속에서 -1의 제곱근이 포함되어 있다.* 다시 말하면 민코프스키의 4차원 공간에서는 "의사(擬似) 유클리드"(pseudo-Euclidean) 기하라고 하는 것이 성립한다. 여기서 의사 유클리드라고 하는 이유는 "길이"가 항상 정수가 되지 않기 때문이다. 민코프스키는 4차원에서의 입자의 궤도를 표시하는 말로서 세계선이라고 하는 재미있는 표현을 도입했다. 세계선상의 모든 점은 세 개의 공간 좌표와 한 개의 시간 좌표로 표시되어, 만일 한 입자의 세계선을 안

---

* 수학적 관념을 말로 기술할 때 흔히 그 말 자체가 표현하려는 관념보다 더 복잡해지는 경우가 많은데 이것이 바로 이러한 경우에 속한다. 민코프스키가 말하는 것은 만일 우리가

$$X_4 = i\,ct$$

라고 쓸 때—여기서 $i = \sqrt{-1}$ 이고 따라서 $i^2 = -1$ 이다—로런츠 변환은 다음과 같이 각 $\varphi$ 만큼 회전시킨 것으로 표현할 수 있다.

$$x' = x\cos\varphi - x_4 \sin\varphi$$
$$x'_4 = \sin\varphi + \cos\varphi$$

여기서 $\varphi$는 $v/c = i\tan\varphi$를 만족한다. 이것은 $\varphi$가 여기서 "허수" 각이라는 점을 제외한다면 보통의 회전을 나타내는 방정식과 완전히 동일한 형태이다.

다면 공간과 시간 내에서의 이 입자에 대한 세계 역사를 추적할 수 있게 된다. 민코프스키의 방법이 가지는 커다란 이점은 조금만 숙련되면 로런츠 변환의 결과를 구상화하는 데 용이하며 전기장 또는 자기장과 같은 양들이 한 관성계에서 다른 관성계로 바뀔 때 어떻게 변환할 것인가를 쉽게 말해 줄 수 있다는 점이다. 이에 물리적으로 새로운 것은 없지만 이 수학적 형식은 아인슈타인의 원 논문에 주어진 데 비하여 훨씬 더 우미하고 간편하다.

1908년 민코프스티는 쾰른(Cologne, Köln)에서 개최된 80회 독일 자연과학자 및 의사 총회에서 청중을 열광시킨 강연을 하였는데 그 제목은 「공간과 시간」이었다. 이 강연이야말로 상대성 이론을 지도상에 올려 준 강연이라고 할 수도 있다. 그는 다음과 같은 말로써 강연을 시작했는데 이 말은 그 후 널리 인용되고 또한 왜곡되어 왔다. "내가 여기서 제시하려는 공간과 시간에 대한 관점은 실험물리학의 토대 위에서 형성된 것이며, 바로 그 점에서 이 이론의 강력한 설득력이 나온다. 이 관점은 기존의 근본적인 개념을 전면적으로 바꾸는 것이다. 이제 공간 그 자체, 시간 그 자체는 더 이상 독립적인 실재로서 의미를 가지지 않으며, 오직 이 둘의 결합만이 하나의 자율적인 실재로 남게 될 것이다."* 당시 이 강연록을 읽어 본 듯한 몇몇 과학소설가, 시인, 소설가 및 철학자들에 의하여 이 말은 제멋대로 해석되기도 하였다. 상대론의 4

---

\* 이 강연 전문이 *The Principle of Relativity*에 수록되어 있다. 이 문장은 이 책 p. 75에 수록되어 있다.

차원적 성격 때문에 시간에 있어서 미래와 과거로 왔다 갔다 할 수 있다는 것 따위의 여러 설이 나돌았다. 그러나 이러한 것들은 모두 옳지 못한 해석이다. 각자는 모두 자신의 로런츠 기준계에 소속되어 있으며 상대성 이론에 관한 한 미래는 어디까지나 미래이고 과거는 또한 어디까지나 과거이다. 좀 더 그럴싸한 질문으로 다음과 같은 의문을 제기해 볼 수 있다. 로런츠 변환으로 연결되는 모든 관측자에게 인과의 서열이 동일하게 보이겠는가, 즉 나의 로런츠 기준계에서 사건 B가 사건 A 다음에 일어났다고 할 때 로런츠 변환에 의하여 공간과 시간이 변환되는 모든 다른 기준계에 있는 사람들에게도 B가 A 다음에 일어난다고 관측되겠는가 하는 의문이다. 정답은 역시 인과의 서열이 동일하게 보인다는 것이다. 로런츠 변환식으로는 다음과 같은 사실을 증명할 수 있다. 즉 어느 한 기준계에서 두 개의 사건이 어떤 주어진 시간 서열에 따라 발생했다면 로런츠 변환으로 연결되는 모든 관측자에게도 같은 시간 서열에 따라 관측된다는 것이다. 이것은 또한 공간적으로 서로 다른 위치에서 일어나는 두 사건에 대해서도, 만일 이들이 빛의 신호를 교환할 수 있는 거리에 놓여 있기만 한다면 성립한다. 근래에 이러한 의문은 물리학자 조지 수다르샨(George Sudarshan, 1931~2018)과 제럴드 파인버그(Gerald Feinberg, 1933~1992)가 각각 독립적으로 제기한 새로운 추론과 더불어 다시 등장하게 되었다. 이들은 항상 빛보다 빨리 움직이는 입자들의 이론적 존재 가능성을 고찰하였다. 앞서 보아 온 바와 같이 보통 입자들은 광속 이상의 속력으로 가속할 수 없지만 여기서 제기된 의문은 광속 이하의 속력으로 감속될 수 없는 새로운 종류의 입자들 —파인버그가 명명한 바로는 "타키온"(tachyon)—이 존재하지 않겠느냐 는 것이다. 만일 이들이 존재한다면 이 가상적인 빛보다 빠른 대상들의 존재로 인하여 인과 서열에 관한 관념에 위배되는 일이 발생하지 않겠 는가? 이 이론에서 이러한 상황은 피할 수 있을 것으로 보인다. 그렇지 만 이 이론 자체가 전혀 모순 없이 성립될 수 있겠는가 하는 점은 명백 하지 않다. 타키온을 실험적으로 찾아볼 방법은 제안되었지만 아직도 타키온이 나타나지는 않았다. 여기서 유명한 시(詩) 한 수를 되새겨 보 지 않을 수 없다.

광채(Bright)라고 불리는
빛보다 빠른 젊은 여인이 있었다.
어느 날 집을 나가
상대론적인 길을 걸은 그녀는
그 전날 밤에 돌아왔다.

아쉽게도 아인슈타인이 타키온에 대하여 어떻게 생각할 것인지는 알아낸 방법이 없다. 그러나 민코프스키 논문에 대한 그의 첫 번째 반 응은 그리 열광적이지 않았다. 그에게는 지나치게 다듬어 놓은 듯 보였 던 수학적 형식이 오히려 물리학을 감추어 버린다고 느껴졌기 때문이 다. 1914년에 노벨 물리학상을 받은 독일의 저명한 물리학자 막스 폰 라우에(Max von Laue, 1879~1960)가 1911년 처음으로 특수 상대성 이론에 대한 상세한 수학 교과서를 출판하였을 때 아인슈타인은 농담조로 다음과 같이 논평하였다. "라우에의 책은 나 자신도 거의 이해되지 않아." 사실상, 당시 아마도 가장 위대한 수학자였을 괴팅겐 대학교의 데이비드 힐버트(David Hilbert, 1862~1943) 교수는 언젠가 이렇게 말하였다. "우리 수학촌인 괴팅겐 거리를 지나가는 어떠한 소년을 붙들고 물어보아도 4차원 기하학에 대하여 아인슈타인보다는 더 잘 이해하고 있습니다. 그렇지만 이것은 아인슈타인이 만들었지, 수학자들이 만든 것은 아닙니다." 힐버트는 둘러싸고 있던 수학자들을 보고 다음과 같이 물었다. "어째서 아인슈타인이 공간과 시간에 대하여 우리 세대에서 가장 독창적이며 심오한 것들을 말할 수 있었는지 아십니까? 그것은 시간과 공간에 관한 모든 철학과 수학에 대하여 그가 전혀 배운 바가 없기 때문입니다."[*]

---

[*] Frank, *op.cit.*,p.206 참조.

# 마하의 원리

1911년에 쓴 아인슈타인의 논문 「중력이 빛의 진행에 미치는 영향에 관하여」는 그가 상대론에 대하여 작성한 논문 가운데 "간단한" 수학만을 사용한 마지막 논문이다. 이 논문은 특수 상대론에 관한 1905년의 논문들과 그의 대표작이라고 볼 수 있는 1916년의 일반 상대성 이론의 완성된 형태* 사이에서 교량적 위치를 차지한다.

아인슈타인의 1916년 논문에 나오는 "4차원 기하학"에 대해서는 "거리를 걸어가는 모든 소년"이—설혹 괴팅겐 거리의 소년이라 할지라도—쉽게 읽을 수 있을 것이라고 말할 사람은 아무도 없다. 오늘날 물리학을 전공하는 어느 학생이 이 논문을 읽으려 한다면 어떻게 할까. 그는 아마 리만 기하학(Riemannian geometry), 텐서 해석(Tensor calculus), 크리스토펠 기호(Christoffel symbols), 그리고 중력 문제를 다

---

* 1916년 논문 「일반 상대성 이론의 기초」의 영문 번역은 *The principle of Relativity*, pp. 111~164에 실려 있다.

루고자 아인슈타인이 빌려 왔거나 고안해 낸 별별 이상스러운 수학적 방법에 대하여 당시의 물리학자들보다 더 많은 기초 지식을 갖추고 시작할 것이다. 설혹 이러한 기초를 갖춘 사람에게도 이것은 상세히 읽어 나가기가 매우 힘들고 어려운 논문이다. 아인슈타인 시대 대부분 학자들에게는 이것을 읽기가 사실상 불가능한 일이었다. 일반 상대론의 이론적·실험적 발전에 밀접히 관여하였고 이 이론을 가장 먼저 이해한 사람 중의 하나인 서 아서 에딩턴이 한 번은 온 세상에서 일반 상대성 이론을 이해하는 사람이 단지 세 사람밖에 없다는 것이 사실이냐는 질문을 받았다. 여기에 대하여 에딩턴은 "그 세 번째 사람이란 누구요?"*라고 반문했다고 한다.

중력이란 (정상적인 조건 아래서는) 자연계에서 우리가 아는 가장 약한 힘이다. 가령 양(陽)으로 대전(帶電)된 하나의 양성자가 다른 하나의 양성자를 밀어내는 전기적 반발력과 이들을 서로 당기게 하는 중력을 비교해 보자(이 비교를 위하여 우리는 전기력에 대한 쿨롱의 법칙과 중력에 대한 뉴턴의 중력 법칙을 가정한다. 현대 이론에 의하면 이 법칙들은 둘 다 완전히 정확한 것은 아니지만 이러한 논의를 할 목적으로는 충분히 정확하다). 이렇게 해 보면 전기적 힘이 중력에 비하여 약 $10^{36}$배나 더 강하다는 것을 알 수 있다(이러

---

\* Eugene Guth, "Contribution to the History of Einstein's Geometry as a Branch of Physics", *Proceedings of the Relativity Conference in the Midwest 1969*(New York, 1970), p. 185. 구드는 일반 상대성 이론의 역사에 대하여 재미난 이야기들을 말해 주고 있다. 찬드라세카르(S.Chandrasekhar, 1910~1995) 교수는 에딩턴을 잘 알고 있던 분인데 이 이야기를 에딩턴 자신에게서 들었다고 나에게 말한 일이 있다.

한 표기 방식에 따르면 100만이 $10^6$으로 표시됨을 상기하라). 다시 말하면 정상적인 상황에서는 양성자의 물리학을 고려할 때 중력을 완전히 대상에서 제외하더라도 높은 정밀도를 유지할 수 있다.[가령 새로 발견된 펄사(pulsar)와 같은 천체물리학적 현상은 "비정상적인 상황"의 예가 된다]. 그렇다면 어째서 행성의 운동은 전기가 아닌 중력에 의해서 지배되는가 하는 의문을 가질지도 모르겠다. 가장 직선적인 대답은 행성들이 본질적으로 전기적 "중성"을 나타내고 있기 때문이다. 얼핏 보기에 전기적 영향을 받지 않는다는 말과 전기적 중성이라는 말이 동어반복으로 들릴지 모르지만, 이것은 전기와 중력 사이의 심오한 차이를 지적해 주는 말이다. 우리가 이미 언급한 바와 같이 전하(電荷)는 양성, 음성 또는 중성—양성과 음성의 동량—을 가질 수 있다. 어느 쪽을 양성—또는 음성—으로 택하느냐 하는 것은 단지 역사적 규약으로 정해졌을 따름이다. 중요한 점은 전자와 양성자가 서로 같은 크기의 반대 전하를 가졌다는 실험적 사실이며—규약에 의하여 전자의 전하를 음성으로 정한다—정상적 물질의 세 번째 성분인 중성자는 순전하량(net charge)이 0이다. 그러므로 소속된 모든 전자를 가지고 있는 정상적인 원자는 전기적으로 중성이 된다. 그리고 이러한 원자들로 구성된 물체, 가령 행성은 전체적으로 보아 전기적 중성에 매우 가깝다(위에서 예로 든 두 개의 양성자는 둘 다 양성으로 대전되어 있어서 서로 반발하는 힘을 미친다). 또한 전기적으로 중성인 물체들은 일차적 근사에 의하면 서로 간에 아무런 전기적 영향을 미치지 않는다. 따라서 대전된 입자들이 관여할 때 전기적 힘이 중력보다 월등하게 강하지만 행성들의 운동에 있어서는 전기가 아무런 역할도 하지 않는다. 한편 중력의 크기를 결정해 주는 것은 입자의 질량이다. 뉴턴의 보편 중력 법칙에 따르면 한 입자는 그것의 전하량에는 무관하게 우주의 다른 입자에 이끌리는 힘을 받게 되는데 이 힘의 크기―현대적인 용어로 말하여 그 "결합 상수"―는 이 두 질량의 곱에 비례한다. 하나하나의 양성자가 가지는 질량은 극히 작지만―약 $10^{24}$분의 1gm (중성자의 질량도 거의 같다)―가령 태양을 예로 든다면 이 속에 대단히 많은 입자를 포함하고 있어서 (대략 $10^{57}$개의 양성자) 이 모든 질량을 모두 합한 효과로 행성에 거대한 중력을 작용하게 되는 것이다.

우리가 논의해 온 "질량"이란 용어는 서로 같지 않은 두 가지 의미로 사용되었음을 주목해야 한다. 그 하나는, 어느 물체가 주어진 힘에 반응하는 정도를 나타내는 물체의 성질로서 "관성 질량"이라고 불리는 것이다. 이것은 뉴턴의 법칙 F=ma, 즉 힘은 "관성 질량"과 발생한 가속도의 곱과 같다는 법칙에 따라 힘과 관계된다. 이 질량을 실험적으로 측정하는 데 있어서 중력은 아무런 역할도 하지 않는다. 예를 들면 양성자의 관성 질량을 측정할 때 양성자가 전기적 힘에 반응하는 정도를 관측하면 된다. 질량이 가진 또 다른 하나의 의미는 중력 질량이다. 이것은 두 입자가 중력에 의하여 서로 당기는 힘의 정도를 나타낸다. 선천적으로 볼 때 이 두 가지 질량이 서로 동일한 값을 가져야 할 이유는 없다. 그러나 뉴턴이 보편 중력 법칙을 체계화한 이래 이 두 질량의 값이 완전히 동일하거나, 또는 대단히 비슷한 값을 가진다는 사실이 알려져 왔다. 이러한 점을 말해 주는 하나의 매우 단순한 관측 사실은 공기의 저항이 없는 경우, 가령 진공 중에서 실험할 때는 모두 낙하한다는 사실이다(이 가속도가 바로 로켓 비행에서 잘 알려진 "g"라는 값이며 대략 $9.8m/sec^2$ 정도가 된다). 이 사실은 물체가 가진 "질량"의 값이 얼마이든 관계없이 성립한다. 지구의 중력장 내의 운동 방정식을 보면 물체의 "중력 질량"과 "관성 질량"이 서로 상쇄되고, 오직 지구의 "중력 질량"만이 남아 있게 된다.* 중력에서의 이런 기묘한 상황은 아인슈타인 이전에도 이미 인식되고 연구되기는 하였으나—헝가리의 귀족 외트뵈시(1848~1919)는 금세기 초에 관성 질량과 중력 질량의 동일성을 고도로 정밀하게 측정하는 데 생애를 바쳤다. 또한 지난 수년 동안에 수행된 딕키(Robert H. Dicke)의 실험으로는 이 두 질량은 약 1,000억분의 1 이내의 범위에서 동일하다는 사실이 밝혀졌다—아무도 이 점이 특별히 주목되어야 할 가치가 있다고 생각하지 않았다. 그러나 아인슈타인에게는 이러한 동일성이 우연이 아니며 배후에 반드시 무엇인가가 있

---

* 좀 구체적으로 말하자면 "관성 질량" m을 가지는 물체에 힘 F가 작용할 때의 뉴턴의 운동 법칙은

$$F=ma$$

이다(여기서 a는 물체가 받는 가속도: 역자주). 한편 뉴턴의 보편 중력 법칙을 따르면 중력은

$$F = \frac{GmM}{r^2}$$

으로 주어지는데 여기서 m과 M은 "중력" 질량들이며 G는 보편 중력 상수이다. 지구 표면상에서는 r을 지구의 반경으로, M을 지구의 질량으로 대치할 수 있다. 그러므로 만일 관성 질량과 중력 질량이 동일하다면, 지구 표면 근처에 있는 물체들은 모두 일정한 가속도 g을 가지고 낙하한다는 결론이 된다(여기서 g의 값은 $GM/r^2$이다: 역자주).

으리라는 느낌이 들었다. 후에 역사적 사실을 말하는 어떤 글에서 그는 다음과 같이 기록하고 있다. "관성 및 중력 질량의 동일성의 법칙이라고 말할 수 있을 이 법칙에서 나는 대단히 중요한 의미를 느꼈다. 이 동일성이 지속된다는 데에 나는 극도로 놀랐고 이 속에는 반드시 관성과 중력을 더욱 깊이 이해할 수 있는 열쇠가 있으리라 생각했다. 나는 외트뵈시의 훌륭한 실험 결과를 알기 이전에도 이것이 엄격히 성립하리라는 점에 대해서는 별로 큰 의심을 품지 않았다. 내 기억에 의하면 나는 그때까지도 이 실험에 대하여 알지 못하고 있었다."*

아인슈타인의 1911년 논문은 이러한 관찰을 좀 더 일반적으로 체계화하려는 시도였다. 그러나 당시까지도 아인슈타인은 뉴턴의 중력 이론을 여전히 포기하지 않고 있었으므로 이 시도에서 완전한 성공을 거두지는 못하였다. 그는 기존의 뉴턴 이론에 새로운 몇 개의 부가적인 원리를 더해 서로 잘 융화되지 않는 혼합체를 만들었었다. 그러나 이때 그가 도입했던 몇 가지 개념들은 아직 존속하고 있으며 아인슈타인의 사고의 발전 과정을 보여 준다는 점에서 이 논문은 특히 흥미롭다. 엄격하고 완성된 형태였던 1916년 논문에서는 볼 수 없는 아인슈타인 고투의 흔적을 이 논문에서는 찾아볼 수 있다. 1911년 논문에 도입된 중요한 새로운 아이디어는 후에 "등가성 원리"라고 알려진 것인데, 이것도 일종의 상대성 원리이기는 하지만 전혀 새로운 성격이다. 이것이 말

---

\* *Essays in Science*, p. 80.

해 주는 바는 하나의 관측자 또는 측정 장치에 대한 균일하고 일정한 가속도의 효과는 균일한 중력의 장 내에 정지한 관측자가 느끼는 중력의 효과와 구별될 수 없다는 것, 다시 말해서 이 두 가지 효과는 구별될 수 없다는 것이다. 이것은 이 두 가지 효과가 동등하다는 의미다. 앞으로 논의할 것을 대비하여, 그리고 어떠한 오해가 없도록 이와 같이 서술된 등가성 원리는 특수 상대성 이론과 양립할 수 없다는 점을 여기서 강조해 두고자 한다. 그 이유는 뉴턴 법칙을 따르면 균일한 중력장 내에 놓인 물체가 임의의 속도로 가속되어 광속보다도 빠를 수 있다는 데 있다. 현실적으로는 자연계에 완전히 균일한 중력장은 없으며 단지 근사적으로 매우 균일하다고 볼 수 있는 중력장이 있을 뿐이다. 그러므로 이 원리를 옳게 해석하려면 우리는 다음과 같이 생각해야 한다. 만일 어떤 주어진 점을 중심으로 매우 작은 영역이 있다고 가정할 때, 중력장은 이 영역 내에서 아주 조금 변할 것이다. 이 영역의 크기를 더욱 작게 줄이면 이 중력장의 변화도 원하는 만큼 얼마든지 작게 줄일 수 있다. 이와 같은 무한소 영역에서는 이 지역의 중력장을 균일하게 가속되는 좌표계로 대치시킬 수 있다. 이렇게 되면 균일한 가속이 단지 무한소의 영역에서만 일어날 수 있으며 입자의 속도가 광속을 능가할 수 없게 되므로 특수 상대론과의 모순은 제거된다.

이 등가성 원리가 의미하는 바를 쉽게 이해하기 위하여 "아인슈타인 엘리베이터"(Einstein elevator)라는 것을 타고 있다고 상상해 보자. 이것은 폐쇄된 허공의 상자다. 이 상자 지붕에는 밧줄이 달려 있다. 외부의 누군가 가령 "위쪽"으로 일정한 힘을 가하면서 끌어당길 수 있는 밧줄이다. 이러한 엘리베이터에 타고 있는 사람은 자신이 "아래쪽"으로 힘을 받는 것처럼 느껴지는데, 등가성 원리가 말해 주고 있는 것은 이때 아래쪽으로 느껴지는 힘은 정지된 엘리베이터 안에 적당한 크기의 균일한 중력장이 있기에, 아래쪽으로 작용하는 힘과 동일하다는 점이다. 엘리베이터에 타고 있는 사람은 자신이 이 중 어떤 상황인지 알 수 없다. 이것은 사실상 중력과 관성력을 동일시하는 것이므로 이 법칙에는 중력 질량과 관성 질량의 동일성이 함축되어 있다.

아인슈타인은 등가성 원리를 이용하여 대단히 흥미로운 다른 결과들을 도출하였다. 여기서는 이 중 특히 한 가지, 즉 중력에 의해서 빛이 휘어진다는 사실만을 논해 보고자 한다.

이제 다음과 같은 상황을 상상해 보자. 밧줄에 매달린 엘리베이터가 위쪽으로 크기가 일정한 힘을 받아 일정한 가속도를 가지고 끌려 올라간다. 우리는 엘리베이터 밖의 "정지된 관측계"(rest frame)에 있으며 이 관측계에 대하여 엘리베이터는 가속되고 있다. 이 정지된 관측계에서 이제 한 줄기 빛을 엘리베이터 안으로 쏘아 보낸다고 하고—조그만 창문을 통해 들어간다고 생각해도 좋다—이 빛이 엘리베이터 바닥과 평행한 경로를 지나간다고 생각하자. 우리에게 관측되는 현상은 엘리베이터 바닥이 위쪽으로, 즉 빛이 지나는 경로 쪽으로 가속되고 있다는 사실이다. 정지된 관측계에 있는 우리에게는 빛이 직선을 따라 움직이는 것으로 보이지만 엘리베이터 안에 있는 사람들에게는 이 빛이 엘리베이터 바닥 쪽을 향하여 곡선으로 휘어지는 것처럼 보일 것이다. 그런데 그들이 만일 자신들이 위로 끌려 올라가고 있다는 사실을 "알지 못한다면" 어떻게 될까. 등가성 원리에 따라 그들은 자기들이 있는 공간에 균일한 중력장이 있다고 느낄 것이며, 또한 이 중력장이 빛을 아래쪽으로 굽혀 곡선 경로를 따르게 만든다고 생각할 것이다. 얼핏 보면 이것은 상당히 어색한 일이다. 왜냐하면 뉴턴 관점에서 볼 때 오직 질량을 가진 물체들만이 중력의 영향을 받기 때문이다. 그러므로 등가성 원리와의 모순을 피하기 위해서는 중력장을 통과하는 빛이 중력 질량을 가진 것으로 보여야만 한다. 한편 이러한 사실은 아인슈타인이 지적한 바와 같이 특수 상대론의 질량-에너지 관계식 $E=mc^2$에 의하여 기대되는 점이다. 태양열이 지구를 데우고 있는 점으로 보아도 알 수 있듯이 빛은 에너지를 수반한다. 아인슈타인이 논한 바에 의하면 만일 빛의 에너지양이 $E$라고 한다면 여기에 대응하는 중력 질량은 $E/c^2$이어야 한다.

여기서 강조되어야 할 점은 등가성 원리만으로 중력장에 의하여 빛이 굴절되는 정도를 일의적으로 결정할 수 없다는 사실이다. 이것은 단지 빛이 중력에 영향을 받아야 한다는 점만 제시해 줄 뿐이다. 이 점을 인식한 아인슈타인은 1911년 논문에 뉴턴 중력장에서의 빛의 경로를 계산하기 위하여 뉴턴 중력 법칙을 사용하였다. 후에 그가 뉴턴의 중력 법칙이 수정되어야 한다는 사실을 알게 되면서 그 역시 이 계산을 다시 할 수밖에 없었다. 이때는 그의 1916년 논문에 나타난 중력 동력학을 이용하였다. 우리가 여기서 그의 첫 번째 계산을 먼저 이야기하는 이유는 이것이 이 과제에 대한 유용한 입문이 되기 때문이다. 아울러, 어떻게 과학적 관념들이 앞 단계에서의 시행착오를 겪고 매번 조금씩 발전해 나가는가를 이것이 잘 설명해 주고 있기 때문이다.

1911년 논문의 끝부분에서 아인슈타인은 빛이 등가의 중력 질량을 가지리라고 하는 그의 생각이 실제로 실험적 검증을 받을 수 있다는 점을 지적하였다. 이 실험적 검증 방법에 대하여 우리는 아인슈타인이 제시한 방법을 잠깐 제쳐 놓고 동등한 내용을 가진 독일의 수학자이자 측량사였던 졸트너(Johann Georg von Soldner)가 제시한 것을 설명하기로 한다. 졸트너는 놀랍게도 1801년에 이미 같은 효과를 제안했는데 이 점에 대해서 아인슈타인은 전혀 알지 못하고 있었다.* 졸트너가 이때 이미 이러한 제안을 했다는 것은 믿기 어려운 사실이지만, 빛에 대한 초기의 모든 이론이 빛을 일종의 입자들로 된 것으로 보았다는 사실을 감안할 때 이것은 납득이 간다. 이러한 빛의 입자 이론이 무너지고 빛은 여러 가지 경우에 전자기 복사의 파동들로 이루어진 것처럼 행동한다는 사실이 실험적으로 "입증"되었다고 생각하게 된 것은 19세기에 이르러서였다. 우리는 지금 빛이 입자적 성격과 파동적 성격 두 가지를 함께 나타내고 있음을 알고 있으며, 이러한 외견상의 패러독스는 양자론에 의하여 해명된다는 것이 현대의 대부분 물리학자들의 생각이다.

---

* 졸트너의 논문은 *Annalen der Physik*, Vol 5 (1921). 593에 필리프 레나르트(Philipp Lenard, 1862~1947)의 긴 소개문과 함께 수록되었다. 레나르트는 유명한 실험 물리학자로서 일찍부터 열렬한 나치 당원이 되었는데 졸트너의 논문을 재수록한 동기는 아인슈타인이 한 일이 이미 "아리안족"(Aryans)에 의하여 훨씬 먼저 이루어진 것이라는 자기주장을 내세우기 위함이라고 말했다.

그런데 졸트너가 빛을 연구하던 때는 빛의 파동적 성격이 알려지기 직전이었다. 졸트너가 한 일은 사실상 빛의 입자설을 제시한 책인 뉴턴의 《광학(Opticks)》에 있는 첫 번째 "문항"에 대한 해답을 상세히 만들어 본 것뿐이었다. 뉴턴의 이 문항은 "빛으로부터 일정한 거리만큼 떨어져 있는 물체들은 빛에 작용을 미칠 것인가? 그리고 이 작용으로 빛을 굽히지 않을 것인가? 또 이 작용은 최단거리에서 가장 강하지 않을 것인가?"라는 질문이다. 여기서 뉴턴이 최단거리라고 함은 빛을 굽혀 줄 중력 질량의 무게 중심으로부터의 최단거리를 의미한다. 졸트너는 먼 별에서 발출된 광입자가 태양 주변을 가까이 통과할 때 이것이 지나게 될 경로를 계산하였다. 그는 광입자의 관성 질량, 그 값이 얼마가 되든지 간에, 이것의 중력 질량과 상쇄된다고 가정하였으므로 광입자 자체의 질량은 알 필요가 없었다. 이 문제에서 요구되는 유일한 질량은 그가 이미 알고 있던 태양의 질량이었다.

광입자의 경로가 굽는다는 사실을 관측하는 방법으로서 졸트너는 다음과 같은 것을 제안하였다. 우선 지구가 공전 궤도의 어느 특정한 위치에 와 있다고 하고, 이 위치에서는 우리가 관측하려는 별빛이 태양을 가까이 통과하지 않고 도달된다고 하자. 이때 우리는 망원경을 이용하여 별의 "참" 위치를 정해 둔다. 이제 지구가 더 움직여서 별 자체는 움직이지 않지만, 이 별에서 오는 빛은 지상에 도달하기 위하여 태양 주변을 가까이 통과해야만 한다고 하자. 졸트너의 계산에 의하면 이러한 빛은 태양 쪽으로 오목하게 굴절된다. 이 경로는 우주선의 경로처럼 태양 주위를 활처럼 휘어 돌아 지나간다. 이 효과를 다소 과장하여 말한다면 별의 "참" 위치가 실제로는 태양 뒤에 있는 경우에도 여기서 나오는 빛을 받기 위해서는 망원경의 방향을 바꾸어 태양 주변으로 향해 놓아야 한다는 의미이다. 망원경의 방향을 바꾸어야 한다는 것은 별의 위치가 그만큼—이 경우에는 태양 바깥쪽으로 작은 각도만큼—옮겨진 것으로 보인다는 것을 의미한다. 우리의 시선은 태양 둘레를 접해서 지나가게 되고 별은 이 시선의 연장선에 있는 것으로, 즉 태양을 벗어나 있는 것으로 보이게 된다. 이때 굴절되는 각도는 졸트너의 계산에 의하면—아인슈타인의 계산도 마찬가지였다—오직 태양의 성질, 즉 태양의 질량에만 의존할 뿐 빛을 발하는 별에는 관계가 없으므로 자신의 빛이 태양 주변을 통과하는 모든 별은 그 위치가 동일한 각도만큼 이동된 것으로 보일 것이다. 이 계산에서 예측된 각도는 매우 작다. 이 각도는 83초(약 $1/50°$)에 지나지 않는다. 보통의 상황에서 태양열이 너무도 강하기 때문에 이 실험을 실제로 수행하는 것은 불가능하다. 태양 쪽으로 망원경을 향한다는 것은 한낮에 태양 근처를 본다는 것인데 물론 아무런 별도 보이지 않는다. 그러나 1911년, 아인슈타인은 개기 일식 때 "태양 쪽에 있는 항성들을 볼 수 있으므로 이 이론의 실험적 검증이 가능할 것"이라고 제안했다. 그는 또 "목성에 있어서는 이 효과(목성 주변을 지나오는 별빛에 가해주는 효과)가 태양의 경우의 $1/100$ 정도에 이른다(목성은 질량이 작으므로 더 작은 효과를 나타낸다)"라고 부언하고 다음과 같이 결론짓고 있다. "여기서 제기된 문제에 대하여 천문학자들의 큰 관심이 필요하다. 이론 자체를 떠나서 현재 우리가 마련할 수 있는 장비로 빛의 진행에 대한 중력의 영향을 관측할 수 있을는지가 우선 문제되기 때문이다."*

사실상 1914년 전쟁이 일어나기 직전에 독일 천문학자들로 구성된 한 연구 파견단이 이러한 관측을 목적으로 개기 일식이 예상되던 러시아로 떠났다. 그러나 이들은 미처 관측을 시작하기도 전에 전쟁 포로가 되고 말았다(수주 후에 이들은 몇몇 러시아 장교들과의 교환 조건으로 석방되었으나 장비는 몰수당했다). 이들이 만일 측정을 수행하였더라면 그 관측 결과가 아인슈타인의 흥미를 자극했을 것은 틀림없으나, 당시 그의 관념 진전을 보아 이것이 그를 아주 놀라게 하지는 않았을 것이다. 다시 말하면, 이 연구 파견단이 관측한 값은 1911년에 그가 예측한 효과의 두 배의 크기가 되었을 것이다. 이것은 물론 1911년 논문의 가정들 가운데 적어도 일부는 옳지 않다는 것을 말해 주는 것이지만, 사실상 아인슈타인은 이 실험 결과를 보지 않고도 이 점을 곧 파악하였다.

여기서 자세한 이야기로 들어가기 전에 몇 가지 일반적인 사항을 말해 두고자 한다. 이미 언급한 바와 같이 아인슈타인의 생애에 있어서 그의 수학적 추상의 수준이 "양자적 도약"이라 할 만큼 크게 비약한 것이 이 무렵이었다. 이와 더불어 그는 또한 이에 못지않을 철학적 사고의 비약을 한 것처럼 보인다. 이 비약은 그 후 그의 과학관에 영속적인

---

* *The Principle of Relativity*, p. 99

영향을 주게 되었다. 아인슈타인의 초기 논문들은 물리 현상의 의미에 대한 예리한 통찰력에 바탕을 두고 있는 듯하다. 매우 새롭고 혁명적인 내용을 담고 있는 경우에서도 이 논문들은 물리 현상과 밀접히 관계되어 있다는 짙은 인상을 주고 있다. 그러나 일반 상대론에 접근하게 되는 그의 비약적 사고에는 현상과의 연관이 몹시 간접적으로 나타난다. 그의 지침이 된 것은 실험 사실들이 아니고—이론이 발표된 수년 후에야 실험이 수행되었다—철학적·인식론적 원리들이었다. 그가 철학적 또는 형이상학적 편견에 영향을 받았다고 말할 비평가도 있을 것이다. 그러나 이러한 것들이 그의 손에 들어오자 놀라운 위력을 자랑하는 물리학 이론으로 인도해 주었다는 사실 덕에, 그는 물리적 우주를 이해하는 인간 정신의 선천적 능력을 깊이 신뢰하게 되었다. 1933년 6월, 그는 옥스퍼드(Oxford) 대학에서 허버트 스펜서 강의(Herbert Spencer lecture)를 하였는데 여기서 그는 "이론 물리학의 방법"(Method of Theoretical Physics)이라고 스스로 칭한 내용을 분석하려고 시도했다. 그의 이 강의 제목은 다소 적합하지 않은 면이 있다. 왜냐하면 그가 여기서 말하고 있는 것은 이론 물리학을 하는 그의 방법인데 이 방법은 당시 다른 어느 물리학자의 방법과도 거의 완전히 다른 것이었기 때문이다. 사실상, 좀 색다른 의미에서 본다면 그의 "방법"은 뉴턴 이래 뉴턴을 포함하여 우리가 생각할 수 있는 어느 물리학자의 방법과도 별로 공통점을 가지지 않고 있으며 오히려 완전히 형태(shape)와 형상(form)을 강조하는 플라톤(Platon, B.C. 427~347)의 철학적 태도와 더 많은 공통점을 가진다.

지금까지의 경험을 통해 볼 때 자연은 생각할 수 있는 가장 단순한 수학적 관념들의 구현이라는 사실을 우리가 믿는 것이 합당하다. 자연 현상 이해의 관건이 되는 개념들과 이들 사이의 합법적 관계를 발견하기 위해서는 순수한 수학적 구성(construction)에 의존해야 한다고 나는 확신한다. 경험은 적절한 수학적 개념들을 암시해 주기는 하지만 이들이 경험으로부터 도출되는 것은 아니다. 경험은 물론 수학적 구성의 물리적 효용성에 대한 유일한 기준으로 남아 있다. 그러나 창조적 원리는 수학에 있다. 그러므로 나는 어떤 의미에서 고대인들이 꿈꾸어 왔듯이 순수한 사고는 실재를 포착할 수 있다는 것이 사실이라고 믿는다.\*

일반 상대성 이론의 지침이 되는 철학적 원리는 절대 공허 공간이 물리적 실체로서 무의미하다는 아인슈타인의 확신이다. 그는 때때로 "공간은 사물이 아니다."라고 말하였다. 공간과 시간은 오직 자와 시계에 의해서만 그 의미를 부여받을 수 있다. 우리가 보아 온 바와 같이 이것은 특수 상대성 이론의 형성에 있어서 핵심적인 역할을 한 관념이다. 그러나 이것은 일반 상대성 이론에서 좀 더 세련된 모습으로 재등장한다. "특수 상대론"은 이것이 오직 한 종류의 운동—직선상을 일정한 크기의 속도로 움직이는 균일한 운동—만을 취급하므로 "특수"라는 말을

---

\* *Essays in Science*(여기에 이 강의가 전부 재수록되어 있다). p. 17

붙인다. 뉴턴 자신도 이러한 운동이 그가 알고 있던 물리학 법칙들의 관점에서는 정지한 상태와 구분될 수 없음을 믿었다. 그러나 그의 관점에서 가속도는 전혀 다른 어떤 것이었다. 우리가 가속될 때—밀리거나 끌릴 때—에는 우리가 이것을 느낄 수 있다. 그러므로 우리가 "빈" 공간 안에서도 어떤 절대적인 의미에서 가속도를 측정할 수 있다는 주장을 해도 당연한 것으로 보인다.

뉴턴이 가장 자주 인용할 실례는 회전에 관한 것이다. 가령 끈으로 두 물체를 연결하여 이것을 어떤 중심점 주위로 회전시킨다고 상상해 보자. 이때 각 물체가 줄을 잡아당기는 것은 일상 경험을 통해 잘 아는 사실이다. 그러므로 우리는 이 줄을 당기는 힘의 크기를 측정함으로써 이 회전체가 놓인 공간에서의 절대 가속도를 얻을 수 있으리라는 생각을 할 수 있으며 뉴턴 역시 이렇게 생각하였다. 이러한 모든 것은 우리가 뉴턴의 관점으로 회전체에 작용하는 힘을 분석해 보기 전에는 당연하게 보일는지 모른다. 여기에 관한 하나의 명확한 예로서 전파 신호를 중계하는 동위 인공위성의 정지된 궤도를 생각해 보자. 우리가 잘 아는 바와 같이 이러한 궤도를 만들기 위해서는 인공위성을 적도와 평행한 방향으로 발사하여, 북극에서 볼 때, 이것이 지축을 중심으로 회전하는 비율이 적도의 지점들이 회전하는 비율과 같아지도록 한다. 이렇게 하면 적도에서 볼 때 이 인공위성은 적도의 한 고정된 지점 위에 가만히 떠 있는 것으로 보인다. 적도에서 인공위성을 관측하는 사람은 뉴턴의 관점에서 볼 때 인공위성이 가속도를 가지지 않으므로—머리 위에 가만히 떠 있다―뉴턴의 법칙에 따라 여기에 작용하는 힘은 없어야 한다고 주장하게 된다[여기에서는 뉴턴의 법칙이 가속되는 좌표계를 포함하는 모든 좌표계에서 동일한 형태로 성립해야 한다는 생각을 전제로 하고 있다. 이것은 아인슈타인의 일반 상대론적 입장이지만 뉴턴 역학에서는 가속되지 않는 좌표계 즉 관성계를 가상하고 여기에 대해서만 뉴턴의 법칙이 성립한다고 본다. 저자가 여기서 말하는 뉴턴의 관점은 이러한 관점이 아니고 뉴턴의 법칙이 모든 좌표계에서 성립해야 한다고 보는 관점임을 주의해야 한다: 역자주]. 그러나 우리는 중력이 인공위성을 아래로 당기고 있다는 사실을 알고 있으며, 따라서 이 힘을 비길 만큼 위로 미는 힘이 있어야 한다는 결론에 도달한다. 초급 물리학책들을 보면 이 힘에 이름도 붙여 주고 있다. 이것이 바로 "원심력"이다. 물리학의 초보자들은 이 "힘"을 나타내는 방정식까지 배우고 있지만 이들은 흔히 어딘가 못마땅해 보이는데 그것도 무리가 아니다.

물리학에 나오는 다른 모든 힘과는 달리 이 원심력은 주위에 있는 다른 어떤 물체들의 영향으로 나타나는 것처럼 보이지 않는다. 가령 중력은 질량을 가진 물체들이 주위에 있음으로써 발생하며 전기력은 전하를 가진 물체들이 있음으로써 발생한다. 그러나 원심력은 한 물체와 공간과의 관계에서 나타나는 듯이 보인다. 아인슈타인은 일반 상대론에 관한 1916년 논문에서 이러한 상황이 얼마나 기괴한 것인가를 예를 들어 설명해 주고 있다. 그는 하나의 우주를 가상하고 이 속에 변형이 가능한 소성(塑性) 물질로 구성된 두 개의 같은 구(球)가 들어 있다고 생각하였다. 이제 뉴턴 물리학에 의하면 이 두 개의 구가 외부적인 물체들의 영향을 완전히 벗어나 있고 또한 이들 상호 간의 영향이 서로 똑같다고 하더라도 하나의 구는 완전한 구형을 유지하고 있음에 반하여 다른 하나의 구는 타원체 형태로 변형될 수 있는 상황이 가능하다. 이러한 타원체 형태로 변형될 수 있는 상황이 가능하다. 이러한 상황은 하나의 구가 가만히 정지해 있고 다른 하나는 스스로 축을 중심으로 자전할 때 일어난다. 회전하는 구는 "원심력"을 받아 팽창한다고 보이며, 이것이 바로 뉴턴 이론의 관점이다. 그러나 원심력을 일으키는 원인이 무엇이냐고 할 때 뉴턴의 관점에서는 빈 공간 또는 절대 공간에 대한 구의 회전이라고밖에 대답할 수 없다. 사실상 많은 초급 물리학책에서는 흔히 이 힘을 "가상적인 힘"이라고 부르고 있는데, 이것은 일단 회전이 정지하면 이 힘이 없어지기 때문이다. 그렇다면 무엇 때문에 이러한 힘을 도입할 필요가 있는 것인가? 뉴턴의 관점에서 본다면 해답은 명백하다. 이 힘이 없으면 힘과 가속도를 연관시키는 뉴턴의 법칙이 성립하지 않기 때문이다. 이 점은 위에 언급한 동위 인공위성이 잘 설명해 주고 있다. 인공위성에 작용하는 "실제의 힘"은 중력뿐이다. 그러므로 원심력이 도입되지 않는다면 뉴턴 법칙에 의하여 인공위성은 땅으로 떨어지리라고 예상되지만, 실제는 그렇지 않다.

 이와 같은 뉴턴의 관점을 최초로 비판한 사람은 뉴턴 시대의 사람이었던 아일랜드 철학자 버클리(George Berkeley, 1685~1753) 주교였다는 사실이 우리의 흥미를 끈다. 뉴턴의 《프린키피아》가 출간되고 20년

이 지났을 때 버클리는 놀라우리만치 현대적인 용어를 사용하여 힘을 절대 공간의 영향에 기인시키는 것이 잘못이라는 주장을 하였다. 그리고 그는 이러한 힘의 발생 원인이 멀리서 회전하고 있는 별들의 영향일는지도 모른다고 암시하였다. 당시 학자들은 이것을 터무니없는 생각이라고 일축했다. 사실 뉴턴의 중력 이론에는 이러한 관념이 삽입될 여지가 전혀 없었다. 이러한 논의는 19세기 말에 이르기까지 거의 묵살되어 왔다. 현대적 사고의 진정한 선구자이며 젊은 아인슈타인에게 결정적인 영향을 미친 사람은 오스트리아의 물리학자, 철학자, 생리학자이며 대박학(大博學)이었던 에른스트 마하였다. 마하는 물리학자가 아닌 사람들에게 이른바 "마하수"(Mach number)라는 것으로 알려진 사람이다. 가령 마하1이라고 하는 것은 표준 상태의 온도와 압력 아래서 소리가 공기로 뻗어 나가는 속력이다. 비행체—항공기의 날개—의 공기 유체 역학에서 이 값은 비행체가 음속으로 움직이는 데 해당하는 것으로서 중요한 의미이다(마하는 이 문제에 대하여 중요한 실험적 연구를 하였는데 이 업적으로 인하여 마하수라는 이름이 붙게 되었다). 그러나 당시의 사람들에게 마하는 지대한 영향력을 가진 지성인이었다. 1882년 프라하에서—그는 이곳의 독일대학에서 초대 총장을 지냈고 아인슈타인도 1910년에 이 대학으로 왔었다—마하의 강의를 들었던 윌리엄 제임스(William James, 1842~1910)는 다음과 같이 쓰고 있다. "순수한 지성적 천재의 인상을 나에게 그토록 강하게 준 사람은 아무도 없다. 그는 모든 것을 읽었고 모든 것을 생각했던 것처럼 보였다. 그의 지극히 단순한 태도와 얼굴에 피어오르는 자신 있는 미소는 정말 매혹적이었다."*

마하는 물리학의 기초에서 무서운 비판적 통찰력을 가졌었다. 그는 이 통찰력으로 물리학에서 "형이상학적"이라고 여겨지는 모든 요소를 제거하는 일에 착수하였다. 그가 형이상학적이라고 생각했던 것은 감각적 경험과 직접적인 연관이 없는 모든 요소를 말한다. 그러나 그의 판단에도 결함이 없는 것은 아니었다. 그는 자기 생애가 거의 끝날 무렵―그는 1916년에 서거했다―까지 원자의 개념을 배격했다. 그리고 아인슈타인도 일반 상대론을 완성한 후 가장 단순한 형태로서의 "마하주의"(Machism)는 거부하였다. 1917년 아인슈타인은 특허국 시절의 친구였던 베소―그들이 취리히에서 학생으로 공부할 때 베소는 아인슈타인에게 처음으로 마하의 저서들을 소개했었다―에게 편지를 보냈다.

프리드리히 아들러(Friedrich Adler, 1827~1908)가 그에게 준 원고를 언급하면서 아인슈타인은 "그는 가련한 마하의 말(馬)을 지치도록 타는군!" 하고 논평했다. 여기에 대해서 충실한 마하주의자인 베소는 1917년 5월 5일에 대답하기를 "마하의 그 작은 말을 우리가 모욕해서는 안 되네. 이놈이 그래도 자네를 업고 상대성이라고 하는 험난한 고비길을 넘겨다 주지 않았는가? 그리고 또 누가 아는가? 그 어지럽게 얽혀 있는 양자 문제의 진흙 길에서도 이놈이 아인

---

* Gerald Holton, "Mach, Einstein and the Search for Reality." p. 664에 인용되어 있다. 이 논문은 아인슈타인과 마하의 관계를 깊이 논의하고 있다.

슈타인이라는 돈키호테(Don Quixote)를 업고 거뜬하게 건너다 주지 않을는지!" 여기에 대한 아인슈타인의 1917년 5월 13일의 대답은 무엇인가를 말해 준다. "내가 마하의 그 작은 말을 견책하는 것은 아니야. 그러나 내 이야기를 들어 보게. 이놈은 유해한 해충들을 잡아내는 데는 명수이지만 살아 있는 것은 아무것도 낳지를 못하거든."\*

베소가 1897년 아인슈타인에게 준 책은 마하의 《역학(*Science of Mechanics*)》이었다. 이것은 현대 물리학 발전에 있어서 가장 중요한 비판적 저작 중의 하나이며 이것이 잡아낸 "해충"이 바로 뉴턴의 절대 공간 개념이다. 이 책은 페이지마다 논쟁적인 분노로 넘쳐흐르고 있으며 아인슈타인이 언급한 바에 의하면 마하의 "불후의 회의(懷疑)와 독립 정신"\*\*으로 충만하다. 이 책의 한 전형적인 문구를 보자.

> 여기에 나타난 것을 잠깐 돌이켜 본다면, 다시 한번 뉴턴은 사실만을 추구한다고 스스로 내세우는 의도와 어긋나게 행동하고 있음이 드러난다.
> 아무도 절대 공간과 절대 운동에 관한 것들에 대하여 무어라고 단언할 자격이 없다. 이들은 순수한 사고, 순수한 정신의 소산일 뿐

---

\* *Ibid.*, p. 657
\*\* Paul Arthur Schilpp, ed., *Albert Einstein, Philosopher Scientist*, p. 21.

이며 경험으로 이루어진 것이 아니다. 역학의 모든 원리는 우리가 자세히 보아 온 바와 같이 물체들의 상대적인 위치와 운동에 관한 경험적 지식이다. 설혹 지금 이들이 유효하다고 인정되는 영역 안에서도 이들은 실험적 검증의 선행 없이는 받아들여질 수 없었고 또 그렇게 받아들여진 것도 없다. 아무도 이러한 원리들을 경험의 영역 밖으로 확장할 자격을 가지고 있지 않다. 사실상 이러한 확장이란 무의미하다. 아무도 이것을 이용하기 위해 선행되어야 할 지식을 가지고 있지 않기 때문이다.*

물론 과학적 관념들을 비판할 수 있다는 것과 새로운 것을 창조할 수 있다는 것은 별개이며, 하나의 개인에게 이 두 가지 기능이 반드시 함께 부여된다고도 말할 수 없다. 만일 마하가 그의 《역학》을 출간하던 당시—이것은 1883년인데 그가 45세 때였다—그가 좀 더 젊었더라면 그가 일반 상대성 이론을 발견했을는지도 모른다. 사실 그는 이것을 발견하진 못하였지만, 그가 이룩한 중요한 공헌은 버클리 주교의 아이디어를 재천명하였다는 점이다. 즉 우주에서 멀리 있는 물질들은 가속되는 물체의 행위에 영향을 줄 수 있다는 것, 이는 "원심력"의 물리적 설명을 가능하게 해 준다는 것인데 이 이론을 지금은 마하의 원리라고 부른다. 특히 마하는 뉴턴의 회전하는 고립된 물체의 예가 합당하지 않은

---

* Arnold Koslow, *The Changeless Order*, p. 143에 인용되어 있다.

것으로 보았다. 실제로 멀리 있는 별들의 영향을 우리가 제거할 수 없으므로 우주에는 고립된 물체가 있을 수 없다고 생각되었기 때문이다. 우리가 경험할 수 있는 범위 내에서는 "텅 빈 우주"는 있을 수 없다. 따라서 가령 아인슈타인의 구(球)와 같은 어떤 물체가 빈 우주에서 회전하면 어떻게 될지는 아무런 실험적 증거도 있을 수 없다는 것이다. 마하가 말한 바는 다음과 같다.

> 나에게는 단지 상대적인 운동만이 있다고 여겨진다. (…) 한 물체가 항성들에 대하여 상대적으로 회전하면 원심력이 생긴다. 이것이 항성들을 향해 회전하지 않고 다른 물체들에 회전할 시에는 원심력이 생기지 않는다. 나는 전자의 경우를 회전이라고 부르는 데 반대하지는 않겠으나 단, 이렇게 하기 위해서는 회전이란 항성들에 대해 상대적으로 회전하는 것만을 의미한다는 점을 명백히 해야 한다.\*

아인슈타인은 처음부터—그의 회상록에서 말하는 바에 의하면\*\* 1908년에 이미—등가성 원리와 마하의 원리를 포함하는 중력 이론을 형성하기 위해서는 특수 상대성 이론이 만족스러운 토대가 되지 못함을 인식하고 있었다. 그 이유는 특수 상대론이 가속도, 그리고 이와

---

\* D.W. Sciama, *The Physical Foundations of General Relatirity*, p. 81에 기재된 마하의 *History and Root of the Principie of the Conservation of Energy*에서 인용하였다.

\*\* "Notes on the Origin of the General Theory of Relativity." *Essays in Science*, p. 78.

연관된 중력의 효과들을 포함할 만큼 포괄적인 공간과 시간의 기하학적 구조 위에 이루어진 것이 아니기 때문이다. 이에 대한 기본적인 점은 아인슈타인이 자주 들었던 간단한 예를 통해 이해할 수 있다. 넓적한 원반을 하나 생각하고 이것이 중심점 주위로 회전하고 있다고 하자. 이것이 바로 회전하는 바퀴다. 고전 물리학에 의하면 설혹 이것이 돌고 있는 경우라 하더라도 이 원반의 기하학적 성질은 유클리드 기하를 따른다. 이 경우에 유클리드 기하를 따른다는 의미는 우리가 원반의 둘레를 측정하고 이것을 원반의 지름으로 나눌 때 그 답이 항상 "파이"($\pi$) 수치가 된다는 것이다(여러 유효숫자까지 적으면 $\pi$의 값은 3.1415927…이다). 이것은 유클리드 우주의 어떠한 원(圓)에 대해서도 성립한다. 그러나 상대론에 의하면 고정된 원의 중심점에 있는 관측자가 측정할 때 원의 둘레는 회전하고 있으므로 로런츠 수축을 받게 된다. 반면에 원의 지름은 원주가 돌아가는 속도에 수직하므로 로런츠 수축을 받지 않는다(연필로 그린 실제의 원에서는 지름을 그은 선이 약간의 폭을 가지게 될 것이고 이 폭은 로런츠 수축을 받게 된다. 그러나 우리는 여기서 폭을 가지지 않는 선으로 그어진 이상적인 지름을 가진 이상적인 원을 생각하고 있다). 그러므로 상대론에 따르면 측정된 원주와 지름 사이의 비는 $\pi$가 아니며, 이는 가속도가 고려되는 경우 그 기하학적 성질이 이미 유클리드 기하에서 벗어남을 의미한다.

 시계에 대해서도 비슷한 이야기가 적용된다. 중심점에서 관측하는 사람에게는 원주에 놓인 시계 또는 원주와 중심 사이의 어떤 위치에 놓인 시계는 중심점에 있는 시계보다 "늦어질" 것이다. 그러므로 이 원반

위에서는 특수 상대성 이론에서 생각하는 성질의 어떤 하나의 공간-시간 좌표계를 설정할 수 없다. 자(尺)와 시계를 여러 군데 설치하게 되면 중심점에 있는 관측자가 볼 때 원반상 위치에 따라 각기 서로 다른 정도로 자가 수축하고 시계가 늦어진다. 이러한 딜레마는 특수 상대론을 직접 일반화하여 가속도 운동까지 포함하려던 아인슈타인에게 커다란 장애물이었다.

> 등가성 원리가 요구하는 비선형 변환(가속도를 포함하도록 로렌츠 변환을 일반화시키는 것)을 취하게 되면 좌표의 단순한 물리적 해석에 치명적 결과가 나타나리라는 사실을 나는 곧 알게 되었다. 이 치명적 결과는 좌표의 간격들이 이상적인 자나 시계에 의하여 측정되는 결과들을 직접적으로 나타낸다고 말할 수 없다는 점이다. 이러한 점을 알게 되자 나는 많은 고심을 하였다. 물리학에서 좌표가 일반적으로 무엇을 의미하는가를 이해하는 데 오랜 시간이 걸렸다. 나는 1912년에 이르기까지 이 딜레마에서 벗어날 길을 찾지 못했었다.*

"딜레마에서 벗어나는 길"을 수학적으로 숙련되지 않은 독자들에게 설명하기란 쉽지 않다. 그러나 이것은 공간과 시간, 그리고 우주에 대한 우리의 관념을 매우 중대하게 수정한 것이므로 최소한 이것의 기

---

* *Ibid.*, p. 81.

본 사상만이라도 전달하려고 시도해 보겠다. 우선 여기서 간략한 개요를 말하고 뒤에 다시 상세히 다루기로 한다. 아인슈타인의 새로운 견해의 요점은 공간-시간의 기하와 중력 사이에 지금껏 아무도 상상하지 못했던 관련성이 있다는 것이다. 아인슈타인의 1911년 논문에서 빛이 휘어진다는 내용을 논의할 때 이미 이러한 사실은 암시되었다. 간단히 말해서, 기하의 전모(全貌)는 이 기하에서의 "직선"이 어떠한 성격을 가지는지가 중요하며, 또한 우리는 궁극적으로 어떠한 선이 직선이냐 아니냐 하는 것은 빛과 빛의 방향을 보아 결정한다. 만일 빛이 중력장 내에서 유클리드 기하를 따르지 않는다면 우리가 가진 물리적 기하의 개념들이 수정되어야 한다. 실제로는 앞서 이미 지적했듯 중력은 대부분 상황에서 우리가 아는 가장 미약한 힘이므로 이러한 효과는 크지 않다. 그러나 경우에 따라서는, 예를 들어 태양 때문에 빛이 굴절되는 경우와 같이, 이러한 작은 효과가 측정 가능한 것이 된다. 그런데 1911년 논문에서는 뉴턴의 중력을 별도로 주어진 것—알려졌으면 확정된 어떤 것—으로 취급했기 때문에 만족스러운 결과를 얻지 못했다. 그리고 앞서 논한 바와 같이 뉴턴의 보편 중력 법칙은 등가성 원리를 설명할 수 없다는 점과, 절대 공간에서의 작용에 의존한다는 사실 때문에 만족스러운 법칙이 못 된다.

아인슈타인의 새로운 이론에서는 뉴턴의 중력 방정식들이 한 조(組)의 새로운 방정식들로 대치되고 있는데, 이들은 좌표계가 가속 중이든, 균일한 운동을 하고 있든 관계없이 모든 가능한 좌표계에서 형태가 변하지 않는다는 성질을 가진다. 아인슈타인은 이들이 이러한 일반적 불변성(invariance)에 어긋나지 않는 것 가운데 가장 간단한 수학으로 보일 것을 가정함으로써 이 방정식들에 도달하였다. 따라서 일단 절대 공간이 물리학에서 아무런 역할을 하지 않는다는 전제일 때, 본질적으로 이 방정식들은 하나의 지정된 형태로 귀착되어 버린다. 그리고 이 방정식들이 공간-시간의 기하적 성격을 결정한다. 중력이 없는 곳—무거운 물체들에서 대단히 멀리 떨어진 곳—에서의 기하는 특수 상대론의 민코프스키 세계(Minkowski world)의 의사 유클리드 기하이다. 이 기하는 "평평하다"고 불리는데, 그 이유는 빛이 유클리드의 공리를 따른 직선으로 진행되기 때문이다. 그러나 중력이 있는 곳에서는 공간-시간의 기하적 성격이 변해 흔히 공간-시간이 "뒤틀렸다"라든가 "굽었다" 같은 말로 표현된다. 이 말은 중력장이 발생하는 물질 근처에서 빛이 전파될 때 이 빛이 그리는 형태들이 유클리드 기하를 만족하지 않는다는 것을 의미할 뿐이다. 그렇지만 빛이 여전히 이러한 새 기하학에서 직선의 역할을 담당하는 곡선인 측지선을 따라 진행한다는 말은 그대로 성립한다.* 예를 들면 지구 표면의 위도나 경도를 따라 그린 대원들은 이

---

* 이에 대하여 중요하고 다소 전문적인 이야기를 좀 할 필요가 있을 것 같다. 1916년 논문에서 아인슈타인은 빛뿐만 아니라 물체들도 중력장 내에서 측지선을 따라 움직인다는 것을 하나의 가정으로 설정하였다. 그러나 1938년, 인펠트 및 호프만(Banesh Hoffmann)과의 공동 연구에서 그는 이러한 가정이 어떤 의미에서는 필요하지 않음을 보일 수 있었다. 여기서는 물체라는 것이 공간-시간상에서 중력장이 무한히 강해지는 점, 즉 하나의 "특이점"이라고 추상적으로 취급되었다. 그가 보일 수 있었던 것은 중력장 방정식의 해(解)에 포함되는 특이점들은 오직 측지선에만 있게 된다는 것이며, 따라서 "입자들"은 필연적으로 이 궤도만을 따르게 된다는 것이다. 이 연구는 아마도 아인슈타인의 업적 가운데 모든 물리학자가 그 중요성에 대하여 의견의 일치를 볼 수 있는 마지

구면 기하의 "측지선"들이다. 몇 가지 단순한 경우에 대해서는 아인슈타인의 방정식들을 근사적으로 풀 수 있다. 가령 중력 효과가 약한 경우의 근사에서는 새로운 기하적 해석을 해야 하지만 이 방정식들은 뉴턴의 법칙들로 환원된다. 그러므로 행성 운동의 대략적인 구조는 뉴턴의 법칙들로 거의 정확하게 주어질 수 있다. 그러나 태양 주위를 지나는 빛에 대해서는 뉴턴 이론이 기술하는 것과의 사이에 측정될 수 있을 만한 크기 차이가 있다. 이 공간은 태양의 중력에 의하여 충분히 "굽어" 있어서 빛의 측지선은 뉴턴 이론의 예측과 충분한 차이를 가진다. 사실상 새 이론에 따르면 별에서 나오는 빛이 태양 표면 가까이 통과하게 될 때 이 별의 위치는 1.74초만큼 이동된 것으로 보인다. 이 값은 1911년 아인슈타인의 논문에서 뉴턴 이론을 사용하여 예측한 값의 두 배이다.[*]

---

막 연구인 것 같다. 그리고 그가 여기서 성공했다는 사실은 다른 것 못지않게 그에게 물질을 궁극적으로 기술하려는 자기 목표에 옳게 접근하고 있다는 확신을 준 것으로 보인다. 그는 자신의 나머지 목표, 즉 중력 이외의 다른 힘들까지 포함하는 이론을 끝내 수행하지 못하였다. 물리학자들 대부분은 양자론의 요소를 포함하지 않고는 이것이 이루어지지 못할 것으로 믿고 있는데, 아인슈타인은 여기에 대한 준비가 없었다. 그는 여생을 거의 완전한 고립 속에서 이러한 방향으로 홀로 연구해 나갔다(아인슈타인의 만년 연구에 대한 이러한 점들을 상기시켜 준 프리먼 다이슨에게 감사한다).

[*] 여기에서의 예측과 1911년 논문의 예측 사이의 차이는 단순한 수학적 차이가 아니고 전체적인 이론적 기반에 기인한다는 사실을 주목하는 것이 중요하다. 1916년 이론에서 빛이 휘어지는 원인의 일부는 공간 기하의 수정에 기인하며 다른 일부는 중력장 내에서 시계가 천천히 간다는 사실에 기인한다. 이 두 번째 이유에 대해서는 후에 다시 고찰하기로 한다. 1911년 논문에서는 시계가 천천히 가는 것에 기인하는 부분은 잘 예측되었으나 공간 기하의 변화에 기인하는 부분은 고려되지 않았다. 따라서 시계가 늦어지는 것을 확인하는 실험들은 단지 등가성 원리만을 확인하는 것이고 빛이 휘어지는 결과는 공간과 시간—공간-시간—의 기하가 중력에 의하여 결정된다는 관념을 확인해 준다고 말할 수 있다. 이것이 바로 이 실험을 반복하고 가다듬는 데 그렇게 많은 노력을 들이고 있는 이유이다.

# 제1차 세계 대전과 빛의 굴절

1914년, 아인슈타인이 취리히에서 베를린으로 옮겨 간 후 얼마 안 되어 전쟁이 일어났다.

 제1차 세계 대전 시기는 그에게 있어서 대단히 어려우면서도 행복한 시기였다. 1914년 그가 베를린으로 온 얼마 후에 그는 부인과 헤어졌고 부인은 어린 두 아들과 함께 취리히로 돌아갔다. 그러나 전쟁 중에 아인슈타인은 베를린에 살고 있던 그의 친척들을 다시 찾게 되었다. 어쩌면 그의 친척들이 그를 다시 찾았다고 말하는 편이 옳을는지 모르겠다. 상당히 부유하고 착실한 그의 친척들은 오랫동안 그를 무책임한 떠돌이로 생각해 왔었다. 하지만 그가 왕립 프로이센 과학아카데미 회원이 되자 그들은 자신들이 그의 친척이라는 점을 기쁘게 생각하였다. 이것은 적어도 두 가지 면에서 아인슈타인에게 다행한 일이었다. 아인슈타인은 종종 건강이 좋지 않았는데 그 원인의 일부는 말할 것도 없이 영양실조였다. 그는 다시 독신이 되었고 불규칙하게 식사했다. 그마저도 전시의 베를린 식당들에 의존하고 있었다. 그는 사촌 루돌프(Rudolph Einstein)의 집에서 영양을 잘 섭취할 수 있었고 또한 루돌프의 딸 엘자(Elsa)와 우정을 나눌 수 있었다. 얼마 전에 남편을 잃고 두 딸과 함께 사는 엘자는 친절하고, 모성적이며, 유쾌한 대화를 좋아했고, 즐거운 가정을 꾸미는 데 관심 많은 여자였다.* 1919년 아인슈타인이 그녀와 결혼했을 때 베를린 학계에서는 그녀가 그에게 어울릴 만큼의 "지성"이 없다며 다소 비난하였다. 그러나 필립 프랭크가 말했듯이 "만일 아인슈타인이 이러한 비난의 말을 따라 자신에 어울릴 지성을 찾으려 했다면 도대체 어떤 여자와 결혼할 수 있을 것인가?" 무릇 위인의 결혼 생활에는 그 또는 그의 아내가 어떤 사람이든 간에 어려운 문제가 있기 마련이다. 니체(Friedrich Wilhelm Nietzsche, 1844~1900)가 언젠가 말했듯이 "결혼한 철학자란, 한마디로 말해서 꼴불견이다."** 어쨌든 아인슈타인의 두 번째 결혼이 행복한 것이었다는 사실과, 그의 사촌이 그가 연구를 위해 필요로 하는 평온한 가정생활을 매우 현명하게 제공했었다는 증거는 너무도 많다.

아주 어린 시절부터 아인슈타인은 평화주의적인 사람이었다. 한마디로 그는 전쟁과 군인에 대한 것이라면 무엇이든 미워하고 경멸하였다고 표현할 수밖에 없다. 제1차 세계 대전이 발발했을 때 그는 그 유

---

* Philipp Frank, *Einstein: His Life and Times*, pp. 123~124.
** *Ibid.*, pp. 125~126.

명한 문명 세계에 고하는 선언문에서 어떠한 관계도 맺기를 거부하였다. 이 선언문은 결국 독일 문화와 독일 군국주의를 함께 인정해야 한다는 취지로 결론을 맺었다. 여기에는 93명의 저명한 독일 예술가, 과학자, 작가(이 중에는 프랭크도 포함되었다)들이 서명하였다. 사실 그는 다른 나라에 있던 평화주의자들과 제휴하려고까지 노력했다. 이 중 한 사람이 《장 크리스토프(Jean-Cristope)》의 저자인 로맹 롤랑(Romain Rolland, 1866~1944)이었는데 그는 프랑스에서 미움을 사 주네브(Geneva, Geneve) 근교에 살고 있었다. 아인슈타인은 1915년 9월, 취리히에 있는 자기 아들을 만나 보고 오는 길에 그를 방문했다. 롤랑은 이 방문에 대한 인상을 그의 일기에 다음과 같이 기록했다.

아인슈타인은 그다지 크지 않은 키에 넓고 길쭉한 얼굴을 가진 젊은 사람이다(당시 그는 36살이었다). 높은 이마 위에는 회색이 듬성듬성 섞인 아주 검은 머리카락이 뻣뻣하고 곱슬곱슬하게 나 있다. 그의 코는 뭉실뭉실하고 오똑하며 입은 작고 입술은 두툼하다. 뺨은 통통하고 턱은 둥근 편이다. 그는 짧게 잘 가꾼 콧수염을 달고 있다. 그는 독일어를 섞어서 프랑스어로 말하는데 다소 더듬거린다. 매우 활기가 넘치며 웃기를 좋아한다. 그는 매우 심각한 사상에 대해서도 재미있게 비틀어 말하곤 한다.

아인슈타인은 그가 현재 살고 있고 또한 그의 제2의 조국(어쩌면 제1의 조국)이 되는 독일에 대해 놀랄 만큼 솔직히 말한다. 어느 독일인도 그만큼 자유롭게 행동하고 이야기하는 사람은 없을 것이다. 다른 사람이었더라면 아마 무시무시했던 지난해 동안의 고립에 치를 떨 것이다. 그러나 그는 그렇지 않다. 그는 그저 웃고 있을 뿐이다. 그는 전쟁 중에 그의 가장 중요한 과학적 업적을 써낼 수 있었다고 한다. 나는 그가 그의 독일인 친구들에게 자기 의견들을 이야기하는지, 그리고 그들과 함께 그것을 토론하는지를 물어보았다. 그는 그러지 않는다고 하였다. 그는 자아에 만족하는 그들에게 도전하기 위해 소크라테스식 방법으로 질문하는 일은 삼간다고 한다. "사람들이 그런 것을 별로 좋아하지 않거든요." 하고 그는 덧붙인다.*

아인슈타인 자신은 친구인 물리학자 파울 에렌페스트(Paul Ehrenfest, 1880~1934)에게 다음과 같이 썼다.

유럽은 제정신이 아닌 것처럼 믿을 수 없는 짓을 벌였습니다. 이럴 때 우리는 우리가 얼마나 안타까운 동물인지를 새삼 깨닫게 됩니다. 나는 그저 조용히 평화로운 연구와 명상만을 추구하며 단지 가련함과 역겨움을 느낄 뿐입니다. 나의 친한 천문학자 프룬디치(Erwin Finlay Freundlich)—불운했던 1914년 연구 파견 대의 인솔자—는 러시아에서 일식을 관찰하는 대신 전쟁 포로가 될 형편입니

---

* Otto Nathan and Heinz Norden, *eds., Einstein on Peace*, p.14.

다. 나는 그가 걱정됩니다.*

아인슈타인은 전쟁 동안 줄곧 "평화로운 연구"를 계속하였다—그는 1915년에서 1918년 사이에 약 39편의 논문을 썼다—그러나 이미 언급한 바와 같이 전쟁이 끝나기까지 일반 상대성 이론을 시험해 볼 기회는 전혀 없었다. 물론 언젠가는 태양에 의하여 빛이 휘어진다는 아인슈타인의 이론을 검증하고자 시도하리라는 것은 의심의 여지가 없었다. 그러나 전쟁이 끝난 직후인 1919년에 영국에서 두 팀의 연구 파견대가 이를 검증하러 떠나게 된 것은 분명히 서 아서 에딩턴의 덕이다. 에딩턴은 일반 상대론과 이것이 지니는 혁명적인 함축성을 이해하는 데 많은 관심이 있었다[더욱이 에딩턴은 퀘이커(Quaker)** 교도였으므로 이러한 연구 파견이 전쟁으로 인하여 균열된 국가 간의 과학적 제휴를 다시 이룩하는 데 기여할 것이라는 점을 특별히 의식한 것이다]. 에딩턴은 처음부터 일반 상대성 이론에 거의 매혹되어 있었다. 사실 그가 이 이론의 진실성을 얼마나 깊이 믿고 있었는지 설명해 주는 예로서 다음과 같은 이야기가 있다. 영국 왕실 천문학자(Astronomer Royal) 프랭크 다이슨 경(Sir Frank Watson Dyson)에게 에딩턴 그룹 중 한 사람이 "만약 관측 결과가 아인슈타인이 예언한 값의 두 배가 된다면 어떻게 될 것인

---

\* *Ibid.*, pp. 14~15.
\*\* 역자주: 조지 폭스(George Fox, 1624~1691)가 창시한 기독교 일파인 프렌드회(Society of Friend)의 회원으로 평화를 절대적으로 신봉한다.

가?" 하고 물었을 때 다이슨은 "그러면 에딩턴은 아마 미쳐 버릴 것이고 당신은 혼자 집으로 돌아가야 되겠지요."라고 대답했다.*

에딩턴은 상대성 이론에 관한 그의 유명한 저서 《공간, 시간 및 중력(Space, Time and Gravitation)》에서 1919년에 일어난 사실에 대해 더할 수 없이 잘 묘사하고 있다.

> 미신을 지키던 시대에는 중요한 실험을 수행하려는 자연 철학자들이 길일을 택하기 위해 점성가에게 상의했었다. 그런데 현대 천문학자에게 빛의 무게를 측정할 가장 좋은 날짜를 택해 보라고 한다면 아마 5월 29일을 대 줄 것이다. 이 날짜를 택하는 데는 합리적인 근거가 있다. 태양이 황도를 1년에 한 번씩 공전하는 중에 때로는 밝은 별들이 총총한 부분을 지나고 때로는 별빛이 밝지 못한 부분을 지난다. 그런데 유별나게도 5월 29일에는 밝은 별들이 꽉 들어찬 히아데스(Hyades) 성단의 일부를 지나게 되는데 이것은 태양의 경로 가운데서 가장 좋은 배광(背光)을 주게 될 위치이다. 그런데 만일 이 문제가 역사상 다른 어느 시기에 제기되었더라면 바로 이 길일에 개기 일식이 일어날 기회를 포착하기 위하여 어쩌면 수천 년을 기다려야 되었을지도 모른다. 그런데 무슨 기막힌 요행 때문인지 일식이 바로 1919년 5월 29일에 일어난 것이다.

---

* Eugene Guth, "Contribution to the History of Einstein's Geometry as a Branch of Physics," *Proceedings of the Relativity Conference in the Midwest 1969* (New York, 1970), p. 186.

1917년 3월 영국 왕실 천문학자 다이슨은 영국의 천문학자들에게 이 기회를 환기했다. 이에 두 조그만 연구 파견대가 준비되기 시작했다. 한 조는 북부 브라질에 있는 소브랄(Sobral)로, 에딩턴이 이끄는 다른 한 조는 서부 아프리카의 기니아 만(Gulf of Guinea)에 있는 프린시페(Principe)섬으로 각자 떠나게 되었다. 이 두 지역이 다 개기 일식 경로에 속한 곳이었다. 또 에딩턴은 한 천문학자와 함께 커다란 망원경과 성능이 좋은 촬영 기구들을 가지고 1919년 봄에 프린시페섬에 도착하여 그곳에서 한 달 이상을 보내었다.

일식이 있던 날 날씨는 별로 좋지 않았다. 개기 일식이 시작되었을 때 태양의 광관에 둘러싸인 달의 어두운 원반이 구름 사이로 보였는데, 그것은 마치 별이 보이지 않는 날 밤 이따금 달이 구름 사이로 나타나는 것과 같았다. 그러나 여기에 대해서는 전혀 속수무책이며 그저 계획대로 일을 진행하면서 최선을 다할 수밖에 없었다. 한 관측자는 사진 감광판을 부지런히 계속하여 갈아 끼웠으며 또 한 사람은 어떻게 해서든지 망원경의 동요를 막기 위해 대물렌즈 정면에 스크린을 설치한 채 필요량만큼의 노출 간격으로 계속 촬영해 나갔다.

위로 아래로 주변으로 나타나는 듯 사라지는
상자 속의 마술 그림자놀이

태양이라는 촛불 주위로

오고 가는 환영(幻影)들의 모습이여.

　우리는 그림자 상자에 정신을 바짝 집중시켰다. 나중에 사진을 보고 알게 된 것이지만 그 위에서는 기막힌 장관이 펼쳐지고 있었다. 화려하고 강렬한 불꽃이 태양 표면 위쪽으로 10만 마일이나 펼쳐져 있었다. 우리는 이 광경을 잠시도 쳐다볼 겨를이 없었다. 우리는 오직 엷은 어둠이 기묘하게 깔린 풍경과 간간이 관측자들이 서로 부르는 소리에 깨어지는 자연의 정적과 302초 동안 친 메트로놈(metronome) 소리만 의식할 뿐이었다. 우리는 모두 16장의 사진을 얻었는데 그중 한 장에는 5개의 별이 상당히 정확하게 상(像)을 맺고 있어서 관측을 분석하는 데 매우 적절하였다. 우리는 일식이 지난 며칠 후 바로 그 자리에서 이 상(像)들을 마이크로미터(micrometer) 장치로 측정하였다. 문제는 태양 중력장의 영향을 받은 별의 겉보기 위치가 태양이 없을 때 사진에 포착된 별의 정상적 위치와 비교해서 얼마큼 차이를 가지는지 측정하는 일이다. 별의 위치가 정상일 때의 사진들은 이러한 비교를 위하여 이미 1월 중에 영국에서 같은 망원경으로 찍어 두었었다. 두 경우의 사진을 측정 장치 위에 포개어 놓고 대응하는 상들이 서로 가까이 위치하도록 조정하고 나서 두 직각 방향으로 상(像) 간의 미소한 거리 차를 측정하였다. 이것으로부터 별들 간의 상대적 변위가 얻어질 수 있는 것이다…….

여기서 얻어진 결과로 하나의 뚜렷한 변위를 얻었는데 이 값은 아인슈타인의 이론과 잘 일치했으나 뉴턴 이론의 예측과는 맞지 않았다. 결과 분석에 쓰인 재료가 희망했던 것보다는 훨씬 빈약하였어도 필자에게는(전혀 선입관을 가지지 않았다고 볼 수는 없겠으나) 이것이 확증된 것으로 믿어졌다.[*]

프린시페에서의 실험은 1.61초(실험 오차 범위 30초) 크기의 각이 측정되었고 소브랄에서는 1.98초(실험 오차 범위 12초)의 값이 측정되었는데 이 두 측정값 모두 아인슈타인이 예측한 1.74초와 원만하게 일치한다. 이 증거가 무척 확실하다고 생각되어 1919년 11월 런던에서 있었던 왕립 학회(Royal Society)[**]와 왕립 천문학회의 합동 회의에서 이것이 발표되었다. 문제의 중요성과 왕립 학회가 초창기에 뉴턴과 가졌었던 연관성을 생각해 본다면 이 회합의 분위기가 심상치 않았으리란 것은 짐작이 되고도 남는다. 이러한 분위기는 그때 회합에 참석했던 앨프리드 노스 화이트헤드(Alfred North Whitehead, 1861~1947)가 잘 묘사하였다.

회의장 전체의 흥미로운 긴장감이란 그리스 연극과 흡사한 것이었다. 우리는 지고한 사건이 전개되면서 시현되는 신의 판결에 대

---

[*] Sir Arthur Eddington, *Space, Time and Gravitation*, pp. 113~22 *passium*.
[**] 역자주: 왕립 학회는 1660년에 창설되었는데 뉴턴은 1672년에 평의원에 선출되었고 1703년에 회장으로 선출되었다.

하여 우리 모두 자신들의 소견을 피력하였다. 전통적인 의식에 맞춘 무대 자체에도 극적인 요소가 있었다. 회의장 뒷면에 걸려있는 뉴턴의 초상화는 가장 위대한 과학적 사고의 성취물이 두 세기 이상 지난 지금 첫 번째의 수정을 받게 되었음을 상기해 주었다. 아인슈타인 개인에 관한 흥미도 이만저만한 것이 아니었다. 위대한 사색의 모험이 마침내 해안에 무사히 닻을 내렸던 것이다.*

자기 이론에 대한 첫 번째 실험적 확증에 관하여 아인슈타인 자신이 보여 준 반응에 대하여 이를 관찰한 두 개의 기록이 있다. 첫 번째 것은 1919년 아인슈타인이 일식 관측 파견대의 소식을 받은 직후 그와 함께 있었던 그의 제자 일스 로젠탈 슈나이더(Ilse Rosenthal-Schneider)의 회고이다.

그는 갑자기 토론을 멈추더니 (…) 창턱에 놓여 있는 전보를 집어 나에게 건네면서 말했다. "여기 재미있는 것이 있네." 그것은 일식 관측 결과를 알리는 에딩턴의 전보였다. 내가 그의 계산값과 일치된 결과를 보고 기쁨을 감추지 못했을 때 그는 조금도 동요하는 빛이 없이 말했다. "이론이 옳다는 것은 이미 알고 있었네." 만약 그의 예측에 대해 실험적 확증이 안 되었더라면 어떻게 하였겠느냐고 내가

---

* Alfred North Whitehead, *Science and the Modern World* (Cambridge, 1933), p. 13.

묻자. 그는 "그러면 나는 거룩한 하느님을 원망했겠지만 그래도 이 론이 성립함에는 틀림없네."라고 대답했다.*

그리고 1919년 9월 27일 로런츠에게서 "에딩턴이 태양 주변에서 별의 변위를 발견했다."라는 전보를 받은 직후—결과가 공식적으로 알려지기 전에 로런츠는 에딩턴의 데이터 분석 결과를 전해 들었다—아인슈타인은 당시 뤼세른(Lucerne)의 요양소에 있던 그의 어머니에게 엽서를 보냈는데, 대부분이 집안의 일에 대한 내용이었지만 그 서두는 "오늘 즐거운 소식을 보냅니다. 로런츠가 저에게 전보를 보내왔는데 영국 연구 파견대가 태양에서 빛이 휘어진다는 것을 정말로 확인했다고 합니다."라는 말로 시작되었다.

이제 일반 상대성 이론에 대한 좀 더 최근의 증거를 음미해 보기로 하자. 1952년까지 성공적으로 수행된 몇몇 일식 측정 결과를 여기에 제시해 보는 것이 재미있을 것 같다.** 첫째는 관측을 지원한 관측소, 둘째는 관측 장소와 관측 연도와 월일, 그리고 셋째는 관측 결과 및 측정 오차(초 단위로 기록)를 말한다.

---

\* Gerald Holton, "Mach, Einstein and the Search for Reality, " p. 653에 인용되어 있다.

\*\* 이 표는 D.W Sciama, *The Physical Foundations of General Relativity*, p. 71에서 발췌한 것. 사이어머 교수는 지금 옥스퍼드대학에 근무하는데, 1954년 관측 파견대에 참가했으나 날씨로 인해 사진을 한 장도 얻지 못했다. 이것은 사이어머 교수의 책에 나온 데이터의 일부에 불과하지만 이것만으로도 실험 결과들의 성격 및 국제적 관심을 알 수 있다.

| | | |
|---|---|---|
| 그리니치 — 오스트레일리아(1922. 9. 21) | 1.77 | 0.40 |
| 포츠담 — 수마트라(1929. 9. 21) | 1.82 | 0.20 |
| 스테른베르그 — 소련(1936. 6. 19) | 2.73 | 0.31 |
| 센다이 — 일본(1947. 6. 19) | 2.13 | 1.15 |
| 예르게스 — 브라질(1952. 5. 20) | 2.01 | 0.27 |
| 예르게스 — 수단(1952. 2. 25) | 1.70 | 0.10 |

 측정값이 다소 넓게 "분산되어" 있는 사실은 정확한 천문학적 관측이 실제로 얼마나 어려운가를 말해 준다. 만약 이것이 그렇게도 기본적인 이론에 대한 유일한 증거라고 한다면 다소 이 이론에 대해 불안감을 가질 수도 있다. 그러나 앞으로 보게 되겠지만 서로 완전히 다른 현상들에 관계되는 독립적인 증거들이 많이 있다. 또한 이 이론은 전체적으로 지극히 아름답고 조화로운 모습을 이룬다. 아인슈타인도 아마 이렇게 표현했을지 모르겠지만 이것은 마치 큰 어른께서 삼라만상의 운행에 관한 궁극적 비밀들을 감싸고 있는 신비의 구름을 잠깐 벗겨 주신 것만 같다. 그리하여 우리는 아인슈타인의 천재성이 있기에 새로운 시야가 열린 것이다.
 이로써 아인슈타인 자신은 사사로운 개인으로서 그의 생애를 마감한 셈이다. 태양에 의하여 별빛이 휜다는 사실이 공개적으로 알려진 거의 바로 그날부터 그는 이미 대중적인 존재가 되었고, 하나의 센세이션의 상징이 되었다. 이러한 변화는 또한 독일에서 일어난 첫 번째의 격

렬한 반(反)유대 운동—이때의 상황은 거의 내란에 가까운 상태였다—
과 때를 같이 했다. 이때 이미 아인슈타인과 "유대인 물리학"을 지탄하
는 움직임조차 일어나고 있었다. 《런던 타임즈(*The Times*)》가 그에게 일
반 독자를 위한 상대론의 해설을 부탁했을 때 그는 이러한 상황을 마음
에 두고 있었던 것 같다. 그는 1919년 11월 28일에 실린 그의 글에 추
신하여 다음과 같이 적었다.

> 나의 생애와 개성에 관하여 귀(貴) 지상에 나타났던 기사 중의 일
> 부는 이것을 쓴 필자의 자유로운 상상력에 기인합니다. 독자들의 즐
> 거움을 위하여 여기에 상대성 원리의 또 하나의 예를 들겠습니다.
> 오늘날 나는 독일에서는 "독일 학자"로, 그리고 영국에서는 "스위스
> 유대인"으로 불리고 있습니다. 그런데 만일 내 운명이 고약하여 증
> 오의 대상이 된다면 반대로 나는 독일인에게 "스위스 유대인"으로,
> 영국인에게 "독일 학자"로 불릴 것입니다.*

---

* *Essays on Science*, p. 60

# 기하와 우주론

앞서 언급한 바와 같이 아인슈타인 중력 이론의 중요한 결과는 중력을 끼치는 존재 즉 행성이나 태양 같은 중력체에 의한 효과가 공간의 기하, 더 일반적으로는 공간과 시간의 기하를 수정한다는 것이다. 이것이 의미하는 바에 대해서는 공상과 혼돈에 빠지기가 쉬우므로 논의를 다소 구체적으로 하는 것이 중요하다. 유클리드 기하에서는 모든 삼각형의 세 각의 합이 정확히 180°이다. 이것이 바로 유클리드 기하에서 삼각형이 의미하는 것이다. 그렇지만 우리가 땅 위에 막대기로 물리적인 삼각형을 그려 놓고 이 삼각형의 세 각의 합이 180°인지 묻는다고 하자. 엄밀히 말하면 그렇지 않다는 것이 정답이다. 왜냐하면 땅 표면은 지구의 일부분이고 지구는 하나의 구(球)이며 구면상에 그린 삼각형의 세 각의 합은 180°가 아니기 때문이다(독자는 지구의를 하나 구해서 북극을 정점으로 하고 적도를 밑변으로 하는 삼각형을 그려 보는 것이 좋다. 그렇게 하면 이러한 삼각형의 세 각의 합이 180°보다 크다는 것을 곧 발견하게 된다). 자연계에서 구성된 어느 삼각형이 유클리드 도형이냐 아니냐 하는 것은 결국 물리적 측정의 문제이다. 비유클리드 기하(non-Euclidean geometries)의 존재에 대한 문제는 18세기 말과 19세기 초에 독일 수학자 요한 카를 프리드리히 가우스(Johann Karl Friedrich Gauss, 1777~1855)가 제기하였다. 가우스, 그리고 그 후 야노스 볼리아이(Johann Bolyai, 1793~1856)는 비유클리드적이면서도 완전히 합리적인 기하들을 구성하였다. 이들 기하에서는 삼각형의 세 각의 합이 180°가 되지 않더라도 모든 올바른 정리들이 증명된다. 이러한 작업은 19세기 독일 수학자 베른하를트 리만(George Friedrich Bernhard Riemann 1826~1866)에 의해 더욱 확장되었다.

이러한 상황을 다음과 같이 요약할 수 있다. 기하에는 세 종류의 형태가 있다. 첫째는 180°의 삼각형으로 특징되는 낯익은 유클리드 기하이다. 이것은 평평한 평면상의 기하이기 때문에 "평면형" 기하라 부른다. 다음은 리만에 의해 연구된 기하로 삼각형의 세 각의 합이 180°보다 크게 되는 경우이다. 이 기하는 "타원형"(elliptic) 또는 "정"곡률의 기하라 부르는데 구가 그 예이다. 마지막은 가우스와 그의 후계자들에 의한 "쌍곡면"(hyperbolic)의 기하인데 여기서는 세 각의 합이 180°보다 작다. 우리는 이런 도형을 깔때기와 같은 "부"곡률의 기하에서 볼 수 있다.

1900년에 괴팅겐에 있던 독일 천문학자 카를 슈바르츠실트(Karl Schwarzschild, 1873~1916)는 하나의 별에서 오는 빛이 지구 공전 궤도상 서로 멀리 떨어진 두 점에 도달하는 것을 이용하여 공간의 기하학적 성질을 실제로 측정하려 하였다. 이렇게 하면 거대한 삼각형이 이루어지는데, 슈바르츠실트는 이것의 세 각의 합을 구하여 공간의 "곡률"이 어떻게 되는가를 알아보려 하였다. 그는 어떤 특정된 이론을 염두에 두고 있었던 것이 아니고 단지 이 의문 자체에 대한 호기심에서 이를 시도한 것이다. 그가 기록한 바로는 다음과 같다.

> 생각하기에 따라서는 우리가 여기 기하학적 요정(妖精)의 나라에 있다고도 볼 수 있다. 그러나 이 요정 이야기의 진미는 우리가 아직 이것이 어떠한 것이 될지 잘 모르고 있다는 데 있다. 따라서 우리는 여기서 이 요정 나라의 경계를 얼마나 멀리 밀고 나가야 하는지 즉 공간의 곡률이 얼마나 작다고 보아야 하는지, 이 곡률의 반경이 얼마나 큰지를 먼저 알아보아야 하겠다.*

그는 여러 별에 대해서 측정을 수행하였으나 그가 도달할 수 있었던 결론은 설혹 공간이 굽어 있다고 하더라도 그 곡률의 반경은 대단히 커야 한다는 것뿐이었다(무한히 큰 곡률의 반경이란 평면 기하 즉 정의에 의하여 유클리드 기하에 대응한다). 하나의 고정된 점질량(點質量)을 중력원으로 하는 경우에 대하여 아인슈타인의 중력장 방정식을 처음으로 정확하게 풀어낸 사람이 바로 슈바르츠실트—그는 그가 죽던 해인 1916년에 이

---

* Paul Arthur Schilpp, ed., *Albert Einstein: Philosopher-Scientist*, p. 323에 있는 H.P. Robertson, "Geometry as a Branch of Physics"에서 인용하였다.

것을 풀었다—라는 사실은 그럴 만한 일이다. 이것은 중력 물리학의 많은 문제에 있어서 대단히 좋은 근사가 되며 지금도 "슈바르츠실트 해법"은 중력 물리학에서 기본적인 중요성을 지니고 있다. 이 근사로 의하여 태양을 하나의 고정된 점질량으로 삼을 때 태양보다 가볍고 쉽게 움직이는 행성의 운동에 대한 중요한 성격들이 모두 잘 설명된다.

독자들은 아마 지금쯤 공간에 대한 상대론적 수정이 의례 시간—즉 시계의 행위—에 대한 수정도 동반한다는 사실에 익숙해 있으리라 본다. 따라서 아인슈타인의 중력 이론에 의하면 시계를 중력장 내에 놓을 때 그 동작이 달라진다는 것은 전혀 놀라운 사실이 아니다. 그러나 이러한 사실은 내가 아는 한 슈바르츠실트를 비롯한 19세기 기하학자들로서는 전혀 예기치 못했던 일이다. 줄거리만 이야기하자면, 중력장 내에 있는 시계는 중력의 효과가 없는 곳에 있는 동일한 시계와 비교하여 "늦다". 그리고 중력이 커질수록 시계는 더욱 늦어진다. 회전하는 바퀴의 가장자리에 놓인 시계와 바퀴의 중심에 정지해 있는 동일한 시계를 비교하여 읽어 보면 이러한 일이 어떻게 일어나는가를 우리가 쉽게 실감할 수 있다. 쉽게 설명하기 위해 어떤 불안정한 소립자—일정한 시간이 지나면 붕괴하는—의 생존 기간(life time)을 시계로 택했다고 보자. 우리가 본 바와 같이 회전하는 입자의 생존 기간은 같은 입자가 정지해 있을 때의 생존 기간보다 길다. 바퀴의 중심에서 볼 때 바퀴는 더욱 빨리 회전시키면 시킬수록 입자는 더 오래 생존하는 것으로 보인다. 그런데 회전하는 바퀴 위에서 보는 관측자에게는 이 입자가 정지된 것으로 보일 것이다. 그러나 그는 바퀴로부터 밀쳐지는 힘을 받는다. 등가성 원리에 의하면 그는 이 힘을 바퀴로부터 밀어내는 중력으로 간주할 수 있다. 바퀴의 중심에 있는 관측자는 무중력 공간에 있는 데 반해 그는 중력장 안에 있으므로 생존 기간이 길어진다고 말할 것이다. 일반 상대성 이론에 의하면 임의의 형태로 만들어진 시계가 임의의 중력을 받을 때도 같은 결과가 됨을 알 수 있다.

사실상 그의 1916년 논문에서 아인슈타인은 이와 같은 예측을 확인해 줄 천문학적 데이터에 관해 언급하고 있다. 그는 오늘날 "중력의 적색 편의"로 알려진 것을 마음에 두고 있던 것이다. 원자 내의 전자들이 한 궤도에서 다른 궤도로 건너뛸 때 특정된 진동수, 즉 빛깔을 가진 빛을 발한다. 이 스펙트럼은 화학적 성분을 판별하는 데 쓰이고 있으며, 특히 19세기 아래 스펙트럼선은 태양은 물론 별들 속에 있는 원소들을 판별하는 데 사용되었다. 이러한 원자 내의 진동은 또한 일종의 시계로 볼 수 있으며 일반 상대성 이론에 의하면 이 원자들이 별 표면의 강한 중력장 내에 있게 되면 이들이 더 느리게 진동해야 한다. 그런데 붉은색의 빛이—가령 푸른색의 빛보다—진동수가 작으므로 이 원자에서 나오는 빛은 결국 붉은색 쪽으로 다소 편의되어야 한다. 아인슈타인은 이러한 효과가 그가 논문을 쓸 당시에 이미 관측되었는지도 모른다고 생각했다. 오늘날 우리는 이 효과를 별빛의 스펙트럼 특성(spectral characteristics)에 변화를 주는 여러 복잡한 천문학적 효과들로부터 분리하는 일이 처음 예상보다 훨씬 어려운 일임을 알게 되었다. 사실 천문학자들이 별에서 아인슈타인의 적색 편의를 정말로 관측해 냈다고 믿게 된 것은 오래지 않은 일이다. 한편 이러한 아인슈타인의 효과는 지구상에서 행해진 몇 개의 극히 정교한 실험들에서 의심할 여지 없이 측정되었다. 이 실험은 파운드(Roscoe V. Pound, 1870~1964) 교수가 이끄는 하버드 대학 연구진과 영국 하웰(Harwell)의 연구진에 의하여 각각 독립적으로 수행되었다.

하버드 대학의 제퍼슨 연구소(Jefferson Laboratory)에는 높이 22m의 탑이 있다. 이것은 다시 말하면 탑의 바닥이 꼭대기보다 지구 중심에 22m 가까이 있어서 바닥에서의 중력장이 꼭대기에서보다 약간 더 세다는 이야기가 된다. 아인슈타인의 이론에 의하면 이 차이로 인하여 극히 작은 정도(1015분의 1)의 빛의 편의가 발생한다. 수년 전까지만 해도 이 정도 작은 진동수의 편의는 실험 기술의 한계를 벗어나는 것이었다. 그러나 양자 광학에 의한 새로운 방법들에 의하여 이제 이것을 측정할 수 있게 되었고, 파운드와 그의 공동 연구원 및 하웰의 연구진이 이 작업을 실제로 수행해 내었다. 정확히 이야기하자면 파운드와 그의 연구진이 검출한 것은 적색 편의가 아니라 청색 편의였다고 말해야 한다. 이 점은 그리 이해하기에 어렵지 않다. 만일 빛이 양자로 이루어졌다고 생각해 보면 이 빛이 탑의 바닥 쪽으로 떨어질 때, 마치 하나의 공이 지구로 떨어지는 때와 같이 이것의 에너지는 증가한다. 다음 장에서 설명하겠지만 에너지 증가는 빛의 진동수의 증가를 의미하며 또한 푸른색의 빛이 가령 붉은색의 빛보다 진동수가 높으므로 푸른색 쪽으로의 편의가 일어난다. 한편 태양에서 출발하여 지구로 오는 빛은 지구의 중력장이 태양의 중력장보다 약하기 때문에 에너지를 잃는 결과가 되며, 따라서 이런 빛은 적색 편의를 하게 된다. 가령 태양에 사는 사람이 지구에서 오는 빛에 대하여 실험하게 되면 파운드 실험의 경우에서처럼 청색 편의를 관측할 것이다. 왜냐하면 빛은 중력장이 약한 곳에서 강한 곳으로 이동하기 때문이다. 이와 같은 실험에서 파운드와 그의 공동 연구자들은 아인슈타인의 예측을 정확도 1% 이내로 확증했다. 이 실험은 다음과 같은 묘한 방법으로 가능해졌다. 원자핵이 어느 한 상태에서 다른 상태로 천이할 때는 정확히 정해진 에너지값을 갖는 광자를 방출한다. 이 광자는 또한 이러한 천이의 역과정에 의하여 같은 종류의 원자핵에 재흡수될 수도 있다. 그런데 하버드 대학 실험에서와 같이 빛이 방출체에서 흡수체로 가는 동안에 그 파장이 변하게 되면 이 흡수 과정에 영향을 미친다. 흡수체는 더 이상 방출체와 "공명"을 일으키지 않아 흡수가 약해지며 이것을 관측함으로써 빛의 진동수에 변동이 있었음을 알 수 있게 된다. 이러한 실험이 가능하기 위해 극복되어야 했던 정말로 어려운 문제점은 물질 내에 있는 원자핵의 동요로 인하여 이것이 방출하는 빛의 진동수를 정확히 결정하기 어렵다는 사실이다. 그런데 이 원자핵들을 결정 속에 고정시켜 동요를 없애는 방법을 독일 물리학자 뫼스바우어가 1958년에 발견했다. 이 "뫼스바우어 효과"는 적색 편의를 측정하는 현대적 방법의 핵심을 이룬다.

아인슈타인은 1916년 논문에서 두 가지의 예측을 하였고, ─태양 중력장에 의해 빛이 휘어지리라는 것과 적색 편의가 있으리라는 것인데, 두 가지가 모두 확인되었다—한 가지 추론을 하였다. 이 추론으로 19세기 중엽 이후 행성 천문학에서 천문학자들 간에 수수께끼로 내려오던 문제 하나가 해결되었다. 태양의 중력장이 행성의 운동에 미치는 유일한 힘이 아니라는 사실은 뉴턴 시대부터 천문학자들에게 잘 알려져 왔다. 행성들은 그들 상호 간의 인력으로 인하여 어느 정도 서로 간의 운동에 영향을 미치고 있다. 처음에는 이 "섭동"들이 비록 그 값은 작아도 이러한 효과가 서로 중첩되어 계가 불안정해질 수도 있지 않을까 생각되었다. 이렇게 되면 결국은 태양계나 그 일부가 허물어져 행성들은 빈 공간으로 떨어져 나가거나 혹은 태양과 충돌할는지도 모른다는 것이다. 그러나 18세기 말, 라플라스는 뉴턴 법칙의 한 특별한 성격으로서 이러한 일이 일어날 수 없다는 사실을 증명하였고 또한 섭동하는 궤도는 단순한 타원형의 닫힌 곡선이 아니라는 것도 밝혔다. 1845년에는 프랑스의 천문학자 르베리에(Urbain Jean Joseph Leverrier, 1811~1877)가 수성—태양에 가장 가까운 행성—의 관측 궤도를 실제로 분석해 봄으로써 이것의 궤도가 닫히지 않았음을 발견했다. 수성이 태양 주위를 한 바퀴 돌아올 때마다 이것은 출발했던 자리가 아닌 다른 위치로 돌아온다. 이를 오랫동안 관찰한다면, 이 궤도는 단순한 타원이 아니고 서로 이웃한 여러 타원으로 구성된, 마치 꽃잎과 같은 모양을 가졌음을 알 수 있다. 이러한 효과를 표시하는 데 흔히 쓰이는 방법은 궤도에서 태양에 가장 가까운 점—근일점들을 모아 이 점들의 시간에 대한 변화, 즉 해가 지나면서 이들이 어떻게 변하는가를 보는 것이다. 알려진 바로는 수성의 근일점은 무척 미소하지만 측정할 수 있게 이동한다. 한 세기(世紀)당 43초 정도로 이동하고 있다. 그러나 알려진 모든 소행성에 의한 섭동 효과들을 모두 고려하고 뉴턴의 중력 이론을 써서 계산해 보면 이 값보다 훨씬 작은 값밖에 나오지 않는다. 한동안 천문학자들은 태양 주위에서 이러한 효과를 일으키는 숨겨진 행성—르베리에는 이것을 벌컨(Vulcan)이라고 명명까지 했다—이 있으리라고 생각했다. 그러나 20세기 초기에 이르러서까지 이러한 행성은 발견되지 않았고 천문학자들은 뉴턴의 중력 법칙을 의심하기 시작했다.

아인슈타인의 중력 이론의 또 하나 놀라운 사실은 이것이 수성의 근일점 전진을 정확하게 예측했다는 것이다. 이 이론은 또한 다른 행성 궤도들에 대해서도 같은 효과를 예측했지만, 이 궤도들은 태양으로부터 더 멀리 떨어져 있기에 이 효과는 훨씬 더 작다. 여기에 관련하여 아인슈타인을 분명 기쁘게 해 주었을 하나의 각주를 달기로 하자. 1968년에 미국 물리학자 샤피로와 그의 공동 연구자들은 레이더(radar) 기술을 이용하여 소행성 이카루스(Icarus)의 궤도를 추적할 수 있었다. 그들은 여기서 상대론의 결과와 대체로 일치하는 근일점의 전진을 발견하였다(샤피로와 그의 연구진은 또한 태양 중력장에 의하여 빛이나 레이더 같은 전자기파가 휘어진다는 아인슈타인의 예측을 새로운 방법으로 검증하였다. 가령 수성과 같은 어느 행성이 태양과 일직선에 놓였을 때 레이더 신호가 태양을 스치고 지나가서 행성에 부딪힌 후 다시 돌아오게 하는 실험을 하였는데, 여기서도 실험 결과는 이론과 대체로 일치하고 있다).

아인슈타인의 이론이 제시하고 있는 중력의 기하에는 더욱 심오한 일면이 있다. 태고로부터 인류의 숙제로 내려온 우주론에 대하여 이것은 또한 새로운 시야를 열어 준 것이다. "코스몰로지"(Cosmology)—우주론—라는 말은 세계, 즉 우주를 의미하는 그리스어 코스모스(Kosmos)와 논의를 의미하는 로고스(logos)라는 말에서 나왔다. 즉 우주 전체로서의 구조와 진화에 관하여 강론한다는 것이다. 우주론은 이처럼 매우 어렵고 대담한 문제를 해결해 보려고 한다는 점과 실험 데이터가 극히 빈곤하다는 점 등 때문에 얼마 전까지도 과학보다는 과학 소설에 가까운 어떤 것으로 간주되었다. 과학의 부류에서는 마치 흰 양들 사이의 검은 양과 같은 대우를 받아 왔다. 그러던 것이 지금은 새로운 천문학적 발견들로 말미암아 이것이 모든 과학 분야 가운데서 하나의 가장 자극적이고 활발한 분야가 되었다. 이러한 변화는 적어도 중요한 부분에 있어서 1917년에 발표된 아인슈타인의 논문—「일반 상대성 이론에 대한 우주론적 고찰」*—에서 기인된 발전에 힘입고 있다. 그런데 재미있는 것은 지금으로서는 이 논문이 "틀렸거나 설혹 그렇지 않다더라도 몹시 낡은 것"으로 되어 버렸다는 사실이다. 1947년에 이렇게 말한 인펠트는 또 다음과 같이 부언했다. "내가 믿기로는 이 사실을 가장 먼저 인정할 사람은 아마 아인슈타인일 것이다. (…) 그러나 이 논문의 출현은

---

\* 원문 "Kosmologische Betrachtungen zur allgemeinen Relativitätstheorie"는 영역되어 *The Principle of Relativity*, pp. 177~188에 실려 있다.

이론 물리학 역사에서 지대하게 중요하다. 사실 이것은 근본적인 문제에 대한 오답이 별로 중요하지 않고, 흥미 없는 문제에 대한 옳은 해답보다 훨씬 더 중요할 수 있다는 또 하나의 경우라고 하겠다."*

아인슈타인의 논문은 뉴턴의 중력 이론을 있는 그대로 적용했을 때 얻어질 우주론에 대한 "비평"으로부터 시작된다. 우리가 여기서 "비평"이라는 말에 인용 부호를 붙인 이유는 다음과 같은 아이러니가 있기 때문이다. 아인슈타인의 논증에는 아무런 논리적 모순이 없었다. 우리가 만일 뉴턴 이론에 의해서 얻어질 우주론을 정확히 이해한다면—뉴턴 자신은 그렇게 하지 못하였다—그 결과는 우리가 지금 생각하는, 그리고 아인슈타인도 후에 인정한 실제의 우주론적 상황에 더욱 가까운 것을 얻게 된다. 아인슈타인은 논리적 모순 없이 논증하여 이러한 결과에 도달하였지만, 이 결과가 "비현실적"인 것으로 생각되어 이를 "비평"하였던 것이다. 뉴턴은 무한대까지 펼쳐져 있는 별들의 우주를 생각했고 이 별들은 평균적으로 균일하게 전 우주를 통하여 분포되어 있을 것으로 보았다. 이 별들은 그들 상호 간 인력에 의하여 상호 작용을 하게 된다. 뉴턴은 자기가 생각하는 정적이고 불변하는 무한대의 우주를 설명하고자 하였다. 여기서 아인슈타인이 지적한 점은—이것은 다른 사람들에 의해서도 인식되었던 점이다—뉴턴의 중력 법칙을 인정한다며 이러한 우주는 존재할 수 없다는 것이다. 우리가 지금 알고 있는 바에 의

---

* Leopold Infeld, *Albert Einstein: His Work and Influence on Our World*, p. 72.

하면―그리고 어떻게 하여 우리가 이것을 알게 되었는가는 뒤에 다시 설명한다―사실상 이러한 우주는 존재하지 않으며 실제로 우주는 현재 팽창하고 있다. 만일 뉴턴이 하려고만 하였더라면 그는 공간 내에서 진화하는 우주를 예측할 수 있었을 것이다. 하지만 그는 무모하게 정적인 우주를 설명하려는 오류를 범하고 말았다. 그런데 1917년 당시까지도 모든 천문학적 증거가 여전히 정적인 우주를 말해 주는 듯하였다. 따라서 아인슈타인은 이와 같은 우주관을 그의 중력 법칙 속에 맞추어 보려고 시도하였다. 그런데 그는 얼마 가지 않아서 그가 뉴턴을 반대하던 이유가 자신의 이론에서도 똑같이 적용되는 것을 깨달았다. 결국 하는 수 없이 그는 자신의 이론을 수정하였다. 이것이 바로 1917년 논문이 지닌 주요 골자이다. 그가 적은 바에 의하면

> 나는 나 자신이 걸어 온 거칠고 바람 부는 경로를 따라 독자들을 안내하려 한다. 그렇지 않고는 독자들이 이 여행의 종말에서의 결과에 큰 흥미를 느낄 수 없으리라고 보기 때문이다. 내가 도달하게 될 결론은 지금까지 옹호해 온 중력장 방정식들이 다소 수정되어야 한다는 것이다. 이렇게 함으로써 뉴턴 이론이 겪었던 바와 같은 근본적인 문제점들이 일반 상대성 이론을 바탕으로 제거될 수 있기 때문이다.[*]

---

[*] *The Principle of Relativity*, pp. 179~180

아인슈타인은 그의 본래의 중력 방정식 속에 "우주론적 항"(cosmological term)이라고 불리는 새로운 항을 하나 삽입하고 이 항의 값은 하나의 새로운 작은 상수(중력 상수 이외에)에 의하여 규정하였다. 이 "우주론적 상수"는 일반 상대론이 태양계를 포함하는 "국소적" 현상들에 관해서 이미 예측했던 사실들을 수정하지는 않는다. 아인슈타인은 수학자 그로머(J. Grommer)의 도움을 받아 이 방정식들의 해(解)로서 정적인 성격을 나타낸다고 보이는 해를 구할 수 있었다(얼마 후 에딩턴은 이 해가 정말로 정적인 것이 아니고 만일 우주의 어느 부분에 약간 동요하면 이것이 팽창 또는 수축하게 될 수 있다는 점을 보였다). 이 해에 따르면 우주는 공간 내에 있는 일정의 구(球)로서 이것은 평균적으로 작은 균일한 밀도를 가진 물질로 채워져 있다. 우주의 어느 점에서 출발한 빛은 이 우주관을 따르면 약 100억 년 후에는 출발점으로 되돌아온다. 거의 같은 시기에 네덜란드 천체물리학자 빌럼 더시터르는 이 방정식의 두 번째 해를 발견하였다. 이것은 다소 인위적인 상황에 대응하는 것으로, 물질의 평균 밀도는 0이 되고 여기에 대응하는 우주는―더시터르 우주―팽창한다고 하는 재미있는 성질을 가졌었다. 이것이 바로 팽창하는 우주에 대한 첫 번째 이론적 제시였다.

다음의 중요한 단계는 1922년에 이루어졌다. 여러 분야의 연구를 한 러시아의 과학자 알렉산드르 프리드만(Alexander Friedmann, 1888-1925)은 우주론적 항을 제거하여 아인슈타인의 원래의 방정식으로 바꾸어 놓은 후 이들이 0이 아닌 물질 밀도를 가지며 팽창하는 우주를 나타낼 해가 있음을 발견하였다. 처음에는 아인슈타인이 이 결과를 믿지 않았을 뿐 아니라 여기에 대한 공박조차 시도했다. 이 공박을 한 논문도 출간되었다.* 그러나 그는 곧 프리드만의 연구가 옳다는 것을 시인하고** 다른 우주론자들 대부분과 같이 우주론적 항을 불필요한 여분이라고 보아 떼어 버렸다. 현대 우주론에서는 대개 프리드만의 해를 이용한다(이 해는 한 개 이상이 있다). 1929년에 이르러서는 미국 천문학자 허블(Edwin Powell Hubble, 1889~1953)의 연구를 위시한 여러 연구를 바탕으로 우주가 정말 팽창하고 있음이 분명해졌다. 이 부분은 중요하므로 여기에 대하여 좀 더 이야기해 보자.

20세기 초까지는 천문학자들이 관측하였던 어떤 천문학적 대상(가령 성운)이 우리의 은하계(Milky Way galaxy) 밖에 있으리라는 확실한 증거가 없었다 ["성운"(nebulae)이라 함은 서로 모여 있는 수많은 별 집단을 말하는데 여기서 오는 빛을 대형 망원경으로 분해해 보지 않는 한 이것은 빛을 발하는 구름같이 보인다. 또한 별들 사이의 공간에는 기체 구름이 있는데 천문학자들은 이것을 네블러스(nebulas)라고 불러 구분한다. "성운"들은 실제로 "은하계"들이다]. 그러나 1912년 하버드 대학의 헨리에타(Henrietta Swan Leavitt, 1868~1921)의 연구와 조금 후의 할로 섀플리(Harlow Shapley, 1885~1972)의 연구에서 사실상 이러한 천체

---

\* *Zeitschrift Physik*, 11(1922), 326.

\*\* *Ibid.*, 16(1923), 228.

들이 은하계 밖에 있는 것임이 밝혀졌다[대단히 먼 대상들의 천문학적 거리를 결정한다는 것은 매우 기교가 필요한 일이다. 이에 대하여 이야기하려면 너무 옆길로 새는 듯하다. 단지 1952년에 천문학자 바데(Walter Bade, 1893~1960)가 섀플리의 방법을 새로 분석해 본 결과, 놀랍게도 이 먼 천체들까지의 거리는 섀플리가 생각했던 것보다 최소한 두 배 정도 멀다는 사실을 발견했다는 것을 말해 둔다]. 다음번의 중요한 단계는 1912년 이래 슬라이퍼(Vesto Melvin Slipher, 1875~969)가 이루어 냈다. 그는 로웰(Lowell) 관측소에서 이러한 먼 은하계들에서 오는 빛에는 "적색 편의"가 있다는 것을 관찰하게 되었다. 이것이 의미하는 것은 이러한 은하계에서 오는 별빛의 스펙트럼선들은 가까운 별들에 비해 붉은색 쪽으로 조금씩 이동되어 있다는 것이다. 1929년에 이르러 허블은 이 적색 편의가 대단히 단순한 법칙을 만족한다는 것을 보이게 되었다. 즉 은하계가 멀리 있으면 있을수록 이것은 더 많이 적색으로 이동되어 있으며 실제로 적색 편의의 정도는 거리에 비례한다는 것이다. 달려가는 물체—가령 사이렌을 울리며 지나가는 자동차—에서 나오는 소리의 높이가 달려 오거나 또는 정지된 물체에서 나오는 소리보다 더 낮은 것처럼, 달려가는 물체에서 나오는 빛도 도플러 적색 편의를 하게 됨을 알 수 있다. 그러므로 멀리 있는 천체—성운—들은 우리에게서 멀어져 가고 있으며 더 멀리 있는 것일수록 더 빠른 속도로 멀어져 가고 있고, 더 멀리 있는 것일수록 더 빠른 속도로 멀어져 가고 있다고 보는 것이 타당하게 여겨졌다. 지금도 이러한 관점에는 변함이 없다. 매우 멀리 떨어져 있는 천체들에서 나오는 빛 가운데에는 그 적색 편의가 정상적인 파장의 절반 이상이나 되는 것도 있다고 관측된다.

1927년 벨기에의 신부 르메트르(Georges Lemaître, 1894~1966)는 다음과 같은 의견을 제시하였다. 즉, 우주 내의 물질들이 대단히 높은 밀도를 가진 상태로 압축되었던 약 100억 년 전에 하나의 거대한 우주 폭발―故 조지 가모프의 용어를 빌리면 "대폭발"(big bang)―이 일어남으로써 이러한 팽창이 시작되었다는 것이다. 가모프와 그의 공동 연구자들, 그리고 후계자들은 지난 30년 동안 이 폭발을 원자핵 물리학을 통해 분석하여 우주에서 관측되는 물질과 복사의 분포를 설명하려 시도하였으며 상당한 성공을 거두고 있다(원자핵 물리학은 현대 물리학 분야 중에서 아인슈타인이 직접 기여하지 않은 극소수의 분야 가운데 하나라는 사실은 퍽 흥미롭다. 이렇게 된 원인은 의심할 여지 없이 현대적인 의미에서 원자핵 물리학이 시작된 1930년대에 아인슈타인은 이미 그의 통일장 이론에 완전히 몰두하고 있었기 때문이다). 지금으로서는 만일 현대 이론이 옳다고 인정한다면 우리 은하계 밖에 불균일하게 분포해 있는 퀘이사(quasars―QUASI-stellAR radio sources―)가 바로 이러한 태곳적 폭발의 잔류물이 아닌가 여겨졌다. 또한 최근에 발견된 것으로서 우주에 꽉 차 있다고 여겨지는 우주 "흑체" 복사도 이러한 잔류물로서 원래 폭발의 잔존 효과를 나타내는 것으로 보인다. 우주에 대한 전반적인 기하는 아직도 완전히 알려지지 않았다. 하지만 이것은 구와 같이 정곡률을 가지며 어떤 점에서 발사된 빛이 결국은 되돌아오게 될 성질을 가진 프리드만 기하가 되리라고 믿을 이유는 있다. 이것이 바로 우주가 "닫혔다"라는 말의 의미이다. 말할 필요도 없이 이러한 개략적인 설명으로서는 현대 우주론에 대한 부분적인 이해조차 어려울 것이다. 그러나 이것만으로도 일반 상대성 이론 속에 포함된 관념들이 얼마나 풍부한 의미를 가지는가를 지적해 주기에는 충분하다.

# 3부

## 양자론

# 13장

# 서두·아인슈타인과 뉴턴

과학사가들은 흔히 1666년을 고전 과학의 기적의 해(Annus mirabilis)라고 부른다. 이 해는 아이작 뉴턴이 물리학을 진정한 정량적 과학으로 변화시킨 해라고 할 수 있다. 1665년의 큰 재앙(Great plague)이라고 불리는 큰 전염병의 유행으로 캠브리지 대학이 휴교하게 되었다. 이때 뉴턴은 어머니가 사는 링컨셔(Lincolnshire)의 집으로 돌아와 재앙을 피하면서 그의 이론 속 기본 개념들 대부분을 최소한 자신만이라도 이해할 정도로 수식화하는 데 성공하였다(그중 많은 부분은 그 후 수십 년이나 발표되지 않았다). 이때 그의 나이는 24세였다. 후에 그는 이때를 회상하여 "그때는 창의적 활동에 있어서 나의 전성기였고 수학과 철학(자연과학)에 대하여 그 후 어느 때보다도 깊이 전념한 시기였다."*라고 말하고

---

* Frank E. Manuel, *A Portrait of Isaac Newton*, (Cambridge, Mass., 1968), p. 80에 인용되어 있다. 매뉴얼 교수의 이 우수한 전기에 대해서는 의견이 일치하지 않는 학자들도 있지만 필자에게는 이것이 감명을 주는 저술이다.

있다. 18개월이란 짧은 기간에 뉴턴은 역학의 기본 법칙 즉 뉴턴의 법칙들과 그것을 풀어 구체적인 결과를 얻기 위한 미적분학을 만들었을 뿐 아니라 보편 중력의 법칙과 광학적 발견들을 이룩해 내었다. 그의 광학적 발견 가운데서 가장 중요한 것은 태양의 "백색광"이 하나의 프리즘에 의해서 색채를 띠는 무지개로 분산된다는 것과 각 빛깔을 가진 빛은 프리즘에 의해 서로 상이하고 독특한 각도로 굴절된다는 것을 관찰한 점이다.

뉴턴은 물리학자로서의 필요한 자질을 모두 갖추고 있었다. 그는 주의 깊고 상상력이 풍부한 실험가였으며 천재적 수학자였다. 그는 한 가지 문제에 대해서 연일 집착할 수 있는 능력이 있었으며, 그가 해결하려던 해(解)가 얻어질 때까지 필요하다면 수년 동안이라도 이러한 노력을 계속할 수 있는 사람이었다. 1931년 아인슈타인은 뉴턴의《광학》신판 서두에 다음과 같이 적었다.

뉴턴은 행운아였으며 과학의 축복이었다. 시간적 여유가 있고 침착성을 가진 사람이라면 이 책을 읽음으로써 위대한 뉴턴이 젊은 시절에 경험한 경이들을 다시 한번 체험할 수 있을 것이다. 자연은 뉴턴에게 있어서 열려 있는 책이었으며 그 속에 적혀 있는 문자들을 그는 무척 쉽게 읽어 나갈 수 있었다. 경험한 자료들을 정리하는 데 사용했던 그의 개념들은 경험 자체로부터 그리고 그의 멋진 실험들로부터 자연발생적으로 흘러나오는 것 같았다. 그는 마치 장난감을 만지듯 실험해 나갔으며 이 실험들을 애정 어린 상세한 표현으로 기술해 놓았다. 그는 한 개인으로서 실험가와 이론가, 그리고 기계공을 모두 겸하고 있었으며, 또한 여기에 못지않은 예술적 표현력도 지니고 있었다.*

인간 뉴턴이 과학적 창조에서의 위대성에 어울릴 만한 인간적 위대성마저 함께 가졌다고 이야기할 수 있다면 얼마나 즐거운 일이겠는가? 그러나 그렇지는 못했다. 실제로 뉴턴은—한 광신적인 청교도로서 한 처녀를 죽인 것으로 보이며, 아마도 동성연애의 경향을 감추고 있던 사람이었는데—잔학하고 사소하였으며 분노를 쉽게 터뜨리는 성품을 지녔었던 것 같다[그의 이러한 포악한 성격은 그가 조폐국장(造幣局長)으로 있던 기간 동안 그의 앞에 판결받으러 온 가련한 화폐 위조범들과 훼손범들—당시 영국에서는 화폐 위조죄가 사형감이었다—에 대하여 생사여탈권을 마음껏 행사함으로써 발휘되었다]. 그는 연금술이나 성서 연대 연구를 위하여 적어도 물리학에 소모한 만큼, 혹은 어쩌면 이보다도 더 많은 시간을 소모하였다. 그리고 주로 그의 사회적 지위와 관련된 자신의 개인적 야망을 추구하는 일에 그는 거의 파렴치할 정도였다. 뉴턴이 보여 준 기적 중 하나는 그가 이러한 심리적 장애에도 불구하고—어쩌면 이러한 것들이 원인이 되어—그의 지적인, 그리고 심리적인 에

---

* *Ibid.*, p. 68.

너지를 그토록 강렬하게 과학적 발견에 연결할 수 있었다는 점이다.

우리는 천재에게 경외심을 느낀다. 더욱이 그의 업적이 그만 못한 사람들이었더라면 분쇄되고 말았을 위험 속에서 이루어졌기에 더욱 놀라고 만다. 사람을 분쇄해 버릴 만큼 큰 힘의 크기를 인식하고 나면 이를 극복하는 순수한 의지의 행위들에 탄복하게 된다. 뉴턴과 비슷한 정신 구조를 가진 사람들로서 알려질 만한 업적을 내지 못한 사람들은 얼마든지 있다.*

우리가 아인슈타인의 업적을 평가할 때, 뉴턴의 업적에 대하여 말할 때처럼 확신에 차 말하기에는 아직 좀 이른 느낌이 있다. 그러나 현대 물리학자들 중에서 1905년을 현대 물리학 기적의 해로 인정하는 데 동의하지 않을 사람은 별로 없을 것이다. 1905년 《물리학연보》에 발표된 아인슈타인의 4편의 논문들은 각기 서로 다른 방법으로 물리적 우주에 대한 우리의 견해를 변화시키는 결과를 낳았다. 그 논문들 중 둘은 "특수 상대성 이론"(Special theory of relativity)에 관한 것으로 그 형태와 주제에 있어서 같은 성질이다. 또 하나는 브라운 운동(Brownian motion)—액체에 떠 있는 미소한 입자들이 쉬지 않고 움직이는 현상—에 관한 것이고, 마지막은(실제로는 제일 먼저 실린 것인데) 양자 물리학의 기초였다.

---

* *Ibid.*, p 2~3

1949년 막스 보른은 이 업적에 대하여 모든 물리학자가 공통으로 느끼고 있는 바를 다음과 같이 능숙하고 위엄 있게 표현하였다.

> 모든 과학 문헌 가운데 가장 주목할 만한 책 한 권을 나에게 추천하라고 한다면 나는 《물리학연보》 제17권(네 번째 시리즈—1905년 도판)을 택할 것이다. 이 책은 아인슈타인이 쓴 세 편의 논문을 싣고 있는데, 그 하나하나가 모두 오늘날 대작으로 인정받고 있으며 물리학에서 새 분야의 기원을 이루고 있다. 이 세 논문들은 페이지 순으로 볼 때 광자 이론, 브라운 운동, 그리고 상대론에 관한 것이다. (…)
>
> 상대론이 마지막에 실려 있는데 이는 당시 아인슈타인이 시간과 공간, 동시성, 그리고 전기 역학 등 상대론적 관념에만 몰두하였던 것이 아님을 보여 준다. 설혹 그가 상대론에 대하여 한 줄의 글도 쓰지 않았더라도 그는 여전히 모든 시대를 관통한 가장 위대한 이론 물리학자 중 한 사람일 것이다. 그런데 사실은 이러한 가정 자체가 몹시 불합리한 것임을 자인하지 않을 수 없다. 물리적 세계에 대한 아인슈타인의 관념은 서로 연결되지 않고 조각조각으로 나누어질 수 없으며 또한 그가 그 시대의 기본적인 문제 중 하나를 생각하지 않고 지나쳤으리라고는 상상할 수 없기 때문이다.[*]

---

[*] Paul Arthur Schilpp, *Albert Einstein: Philosopher-Scientist*, p. 163에 있는 Max Born, "Einstein's Statistical Theories"에 수록되어 있다.

정말 유능한 사람이 아인슈타인의 심리학·정신분석학적 초상이 묘사한 일이 지금까지는 없다. 최근에 이르러서야 차츰 학자들의 손에 입수되고 있는 방대한 자료들—서신, 미발표 원고 등등—이 조금씩 정리되기 시작했다. *이 자료들로부터 어떠한 것이 알려지게 되든 간에 이미 하나 확실한 것은 이것들이 "포츠머스 문서들"(Portsmouth Papers)—뉴턴이 1696년에 캠브리지에서 런던으로 떠나면서 정리해 두었던 그의 유명한 비밀 상자 속에 들었던 것들—과 같이 세상을 놀라게 할 만한 것은 아니라는 점이다. 뉴턴의 이 상자는 결국 존 메이너드 케인즈(John Maynard Keynes, 1883~1946)의 수중에 들어가게 되었는데—이 속에는 연금술, 교회사[뉴턴은 당시 위험한 이교도로 간주되었던 유니테리언(Unitarian) 교파에 비밀리에 속해 있었다], 그리고 성서의 묵시 기록(apocalyptic Biblical writing)에 관한 거의 100만 단어에 달하는 수기가 들어 있었다. 뉴턴은 묵시 기록을, 그가 만든 프리즘 색채의 신비를 드러내 주는 것과 같은 이치의 과학적 증거로 생각하였다. 이리하여 다음과 같은 말을 하게 된 케인즈는 뉴턴의 진면목을 인식한 첫 번째의 현대 학자가 되었다.

---

\* 발표되지 않은 수백 통의 서신들 외에 "아인슈타인의 학생 시절부터 기록한 11권의 노트, 몇몇 개의 여행 일기, 발표된 논문 원고철(綴), 특히 그 초안들: 수십 편의 미발표된 원고들이 전해지고 있다. 이들이 보존하고 있는 것은 어느 의미에서 요행이라고 할 수 있다. 1932~1933년 겨울 미국 여행을 마치고 유럽에 발을 들인 아인슈타인은 히틀러 지지자들이 독일에서 실권을 잡았음을 알았다. 그 후 아인슈타인은 독일 땅에 다시 발을 들인 일이 없으며 서류들 대부분은 프랑스 대사관의 외교 경로를 통해 반출되었다." Gerald Holton, Influences on Einstein's Early Work in Relativity Theory, pp. 62~63

18세기 이래 뉴턴은 냉정하고 순수한 이성의 기반 위에서 사고하도록 가르친, 가장 처음이자 가장 위대한 현대 과학자요 냉철한 합리주의자라고 생각되었다. 그러나 나는 그렇게 보지 않는다. 뉴턴이 1696년에 마지막으로 캠브리지를 떠나면서 상자 속에 챙겨 두었던 내용물—이것은 그 후 다소 흩어지기는 하였으나 지금까지 전해지고 있다—을 숙고해 본 사람이라면 아무도 위처럼 생각하지 않을 것이다. 뉴턴은 이성의 시대를 연 첫 번째 인물이 아니었다. 그는 마지막 마술사였고, 바빌로니아인과 수메르인의 마지막 후예였다. 그는 1만 년 전, 인류의 지적 유산을 쌓기 시작했던 이들과 같은 시선으로 세상을 바라본 마지막 위대한 인물이었다. 1642년 성탄절, 아버지 없이 태어난 아이작 뉴턴은 동방 박사들이 찾아와 진심으로 경배했을 법한 마지막으로 경이로운 아이였다.*

　업적에서 볼 때 아인슈타인은 뉴턴과 겨룰 만한 유일한 현대 과학자이다. 반면에, 이 둘 사이에서 인간으로서의 공통점을 발견하기란 대단히 어렵다. 아인슈타인과 가까이 접해 본 사람이면 누구나 그의 고귀한 인간성에 감명하게 된다. 그의 "사람다움"—진부하게 들릴지 몰라도 그의 단순하고 사랑스러운 성품, 이것이 그를 말할 때 거듭 언급되는 표현이다. 그가 평생에 걸쳐 해 온 연구 활동에서는, 과학자들의 삶을 어

---

* Henry A. Boorse and Lloyd Motz, eds., *The World of the Atom*, pp. 93~101에 재록된 J. M. Keynes, "Newton the Man."

둡게 만들거나 때로는 완전히 망쳐 놓기도 하는 치열한 경쟁이나 과학적 창의성의 우위를 놓고 벌이는 다툼의 흔적을 전혀 찾아볼 수 없다. 물론, 누군가는 그가 이룬 업적을 보며 그런 것들을 굳이 필요로 하지 않았기 때문이라고 말할 수도 있다. 또 다른 이는 뉴턴과 달리 아인슈타인이 물리학이 "신사적인 도덕률"을 갖춘 전문 분야로 인정받던 시대에 살았기 때문이라고 해석할 수도 있을 것이다.(실제로 뉴턴 시대의 과학자들은 그들의 편지를 보면, 뉴턴 못지않게 비신사적인 경우가 많았던 것 같다). 그러나 이러한 해석은 옳지 않다. 뉴턴 역시, 적어도 그의 과학적 명성이 결코 흔들린 적이 없었다는 점을 생각해 보면, 그 같은 경쟁이나 다툼이 필요하지 않았다는 점에서 마찬가지였다. 그가 세상을 떠나기 훨씬 전인 17세기 말에 이르러서는 그가 역사상 가장 위대한 과학자들의 반열에 든다는 사실이 확고하게 인정되었다. 그럼에도 그는 그와 지적으로 대등하다고 보이거나 또는 그렇게 취급받기를 원하는 다른 모든 과학자들과 불화—그것도 가장 야만적인 사적 투쟁—의 관계에 있었다. 그는 자신을 신처럼 섬기려는 추종자를 가지거나 혹은 아주 신랄한 적대자를 가질 수 있을 뿐이었다. 그에게는 공동 연구자가 없었다. 아인슈타인도 같은 시대의 대부분 다른 과학자들과 과학적 견해 차이가 컸으나—특히 양자이론을 거부한 그의 말년에 더욱 그러했다—그는 그들을 대할 때 언제나 서로 존경하였다. 또한 아인슈타인 측에서는 새로운 발견이나 아이디어에 대하여 알게 되는 것을 큰 즐거움으로 여겼다. 하나의 전형적인 예로는 1924년 당시 알려지지 않은 프랑스 물리학자

루이 드 브로이(Louis de Broglie)의 박사 학위 논문에서 실험적 증명 없이 제안된 아이디어인 물질의 파동성의 중요성을 제일 먼저 인정한 사람이 바로 아인슈타인이었다는 점이다. 그는 후에 이 드 브로이파의 통상적인 해석을 거부하기에 이르렀지만 드 브로이는 그에 대하여 다음과 같이 쓰고 있다. "당시의 과학계는 아인슈타인의 말 한마디 한마디에 크게 좌우되고 있었다. 그의 명성은 그때 정점에 있었다. 이 지도적 과학자가 파동 역학의 중요성을 강조해 줌으로써 이것의 개발은 크게 촉진되었다. 그의 평가가 없었더라면 내 논문은 먼 훗날까지도 인식되지 못하였을 것이다."*

이들이 천재였다는 사실—이것이 무엇을 의미하는 것이든 간에—이외에 아인슈타인과 뉴턴 사이의 공통점으로는 과학 문제에 대한 이들의 믿기 어려울 만한 정신 집중 능력을 들 수 있다. 이것은 "힘든 연구" 능력—이들은 또한 이 능력도 있었다—과는 전혀 다른 것이었다. 일상적 의미에서 볼 때 이론 물리학자에게 힘든 연구란 흔히 장시간 동안 매우 지루하게 계산하는 것을 의미한다. 필자의 견해로는 이러한 연구에서보다도 문제 자체를 계산으로 환원될 수 있는 형태로 포착하는 과정에서 더욱 절실히 집중력을 요하는 것으로 보인다. 이론 물리학자들이 즐겨 말하는 바에 의하면 정확히 문제를 형성하는 것이 이것의 해답

---

* *The Natural Philosopher*, 3 (1964) p. 38에 실린 마틴 클라인(Martin J. Klein)의 "Einstein and the Wave-Particle Duality"에 인용된 것이다. 예일 대학의 클라인 교수는 양자론에 대한 아인슈타인의 공헌과 태도를 깊이 연구한 바 있다.

을 얻는 것보다도 훨씬 더 어렵다고 한다. 이론 물리학에서 진정으로 의미 있는 발견은, 통상적으로 정의된 "잘 구성된 문제"에서 비롯되지 않는다. 어떤 문제가 잘 구성되었다고 하려면, 그것을 표현할 언어가 존재해야 하며, 그 언어를 가능하게 하는 이론적 틀 또한 이미 갖춰져 있어야 한다. 물리학 교과서에는 상당한 창의적 사고를 요하는 문제가 자주 등장하지만, 그것들이 곧바로 "심오한 문제"인 것은 아니다. 이들 대부분은 기존의 공식과 아이디어를 조합함으로써 해결할 수 있는 범주에 머문다. 그러나 자연은 교과서가 아니다. 우리가 가령 뉴턴의 보편 중력 법칙이나 특수 상대성 이론의 발견과 같은 선례들을 추적해 나가 볼 수는 있지만 이러한 선례들을 훨씬 넘어서는 새로운 발견을 하고자 한다면 일종의 정신적 도약이 이루어져야 하며 이들은 때때로 전혀 예기치 못한 완전히 새로운 방법을 통해 달성된다. 케인즈 경은 뉴턴에 관한 그의 논설에서 뉴턴의 정신 집중 능력에 관하여 기술하고 있는데 이는 거의 문자 그대로 아인슈타인에게도 적용될 내용이다.

> 나는 그의 정신을 이해하는 열쇠가 그의 비범한 집중 성찰 능력 속에서 발견되리라 믿는다. 데카르트와 마찬가지로, 뉴턴 역시 그를 대성한 실험가로 보려면 볼 수 있다. 그가 소년이었을 때 그가 만든 고안품들에 관한 이야기는 더할 수 없이 우리를 현혹시킨다. 그의 망원경들이며 그의 광학 실험들이 그렇다. 이들은 그의 비범하고 다양한 기술 중 일부다. 그렇기에 대단히 중요한 업적들이기도 하지

만, 동시대 과학자들과 비교하면 그만의 독특한 재능이었던 것은 아니다. 그의 독특한 재능이란 그가 문제를 통찰하여 이것을 분명히 밝힐 수 있을 때까지 순수한 정신적인 문제를 지속적으로 염두에 둘 수 있는 능력, 바로 그것이었다. 그가 뛰어난 업적을 이룰 수 있었던 것은 그가 누구보다도 강하고 끈질긴 직관력을 가졌기 때문이라고 생각한다.

    순수한 과학적 혹은 철학적 사고를 해본 사람이라면 누구나 한 번쯤은 이런 경험을 했을 것이다. 우리는 어떤 문제를 마음속에 품고, 그것을 통찰하기 위하여 온 정신을 집중할 수 있다. 하지만 그 집중은 오래가지 못한다. 얼마 지나지 않아 마음속에서 그 문제가 희미해지고, 결국 아무것도 떠오르지 않는 백지 상태로 돌아가게 된다. 내가 보기엔, 뉴턴은 그런 상태에서도 문제를 마음에 붙들어 두는 능력이 남달랐던 것 같다. 하나의 수수께끼가 풀릴 때까지 몇 시간, 어쩌면 몇 주 동안 끈질기게 버텨 낼 수 있었던 것이다. 그리고 뛰어난 수학자였던 그는, 그 신비를 풀어냈을 뿐 아니라 자신이 의도한 방식으로 정교하게 표현하고 다듬는 능력도 갖추고 있었다. 하지만 뉴턴을 특별하게 만든 진정한 힘은, 무엇보다도 탁월한 직관력이었다. 드 모르간(Augustus de Morgan, 1806~1871)은 이렇게 말했다. "그는 추측을 즐겼으며, 실제로 증명할 수 있었던 것보다 더 많은 것을 알고 있었던 것 같다." 내가 앞서 말했듯이, 증명이란 그 자체로 어떤 가치를 갖든 간에, 발견의 도구가 아니라, 나중에 덧붙여진 장식에 불과하다.*

뉴턴과 마찬가지로 아인슈타인도 개개의 문제에 대하여 한 번에 수년 동안 정신을 집중시킬 수 있었고 또한 실제로 그렇게 했었다. **아인슈타인이 후에 회고한 바에 의하면 특수 상대성 이론의 최종적 구성과 원고 작성은 불과 5~6주밖에 걸리지 않았다고 한다. 그러나 여러 증거들을 미루어 볼 때 이 이론은 거의 10년 동안의 예비적 사고가 필요했던 것 같다. 일반 상대성 이론과 중력 이론을 완성하는 데는 잘못된 출발로 인하여 보낸 시간까지 고려하면 거의 7년이 걸렸으며 그는 또한 통일장 이론—중력과 전자기 이론을 결합하려는 시도—을 30년 이상이나 끊임없이 붙들고 싸웠다. 더욱이 그가 잘못된 길을 쫓고 있다고 믿고 있던 동시대 과학자들의 비판적인 반대 속에서도 그 자신은 신념을 잃지 않고 이것을 지속하였다. 그리고 아인슈타인의 초기 업적들—일반 상대성 이론 논문들이 나오기까지—에는 케인즈가 뉴턴에서 본 바와 같은 놀랄 만한 "직관적" 통찰이 가득 담겨 있다. 한 가지 중요한 차이점은 이들을 표현하는 데 있어서 뉴턴은 특히 《프린키피아》에서 두드러지게 나타나는 바와 같이 기하학 교과서에서와 같은 철저한 객관

---

\* Keynes, *op. cit.*, p. 95

\*\* 아인슈타인은 자기 보조원에게 다음과 같이 말한 일이 있다. "신이 재능을 나누어 주신 방법은 참으로 냉혹해. 나에게는 당나귀 같은 고집만을 주셨을 뿐 다른 것은 아무것도 안 주셨거든. 그리고 날카로운 후각하고 말이야." Klein, *op. cit.*, p.46에서 인용하였다.

적 형식을 취하였다는 점이다. 여기에 비해 아인슈타인의 초기 논문들을 읽어 보면 마치 어떤 한 사람의 사고 과정을 더듬어 가는 듯한 느낌마저—어쩌면 잘못된 느낌이겠지만—든다. 가령 "4년 전에 발표된 글에서 나는 빛의 전파가 중력에 영향을 받는가 하는 문제에 대한 해답을 얻어 보려 하였다. 그런데 이 과제에 대한 지난번 해명이 나에게 만족스럽게 여겨지지 않아 이것을 다시 한번 고찰해 보려 한다…"와 같은 표현들이 그의 논문에 수두룩하다.* 우리는 이 논문들이 하나의 "인간"에 의해 쓰였다고 끊임없이 느끼며 우주의 수수께끼와 신비에 도전하는 그의 "인간적인 고군분투"를 목격하고 있다는 생각도 들게 된다.

또한 이 초기의 논문들은 놀라울 정도로 비수학적인 특성이 있다. 여기에 나오는 방정식의 수는 비교적 적으며 방정식의 일련번호조차 없는 경우가 종종 있다(1905년의 특수 상대론 논문에는 방정식 번호를 전혀 사용하지 않았는데, 이는 1916년의 일반 상대성 이론 속에 75개의 번호가 붙은 방정식이 있다는 사실과 대조적이다). 이 논문들을 채운 아이디어들은 말로 표현되고 있으며 이 아이디어들은 흔히 수학적 표현이 나오기 이전에 혹은 수학적 표현과 함께 독자들의 머릿속에 구체적인 상을 그려 볼 수 있게 하는 간단한 사고 실험을 통해서 설명되고 있다. 아인슈타인이 특별히 우수한 수학적 계산 능력이 있던 것 같지는 않다. 그가 얻은 결과들은 긴 계산을 거쳐서 발견된 것들이 아니다(그는 자기의 기억력이 나쁘다

---

* 중력에 대한 아인슈타인의 1911년 논문에서 인용하였다. *The Principle of Relativity*, p. 99 참조.

는 말을 종종 하였다. 비상한 계산 능력이란 흔히 뛰어난 기억력에 수반되는 것이다). 그는 자신의 현상론적 직관 본능으로 결과가 어떻게 되어야 하는지 결과들을 도출해 냈다. 인간의 정신 작용에 대해 아직 일반적 이론이 나와 있지 않은 이때 누군가 아인슈타인 같은 인물의 창의성을 감히 설명하려 한다면 이것은 우스운 일일 것이다. 그러나 아인슈타인은 자신의 사고 과정에서 중요한 역할을 했다고 보이는 것이 무엇인지를 서술하고자 여러 번 시도하였다. 그가 특히 강조한 것은 말의 역할이 아니고 그림—시각적 상상—의 역할이었다.

엄밀히 말해서 "사고"란 무엇인가? 감관 인상(sense-impression)을 받게 될 때 기억의 상(像)이 생긴다. 그러나 이것은 아직 "사고"가 아니다. 이러한 상들이 하나의 계열을 이루고 상들 하나하나가 다른 상을 환기해 주게 되더라도 아직 "사고"가 아니다. 그러나 하나의 상이 여러 계열에 거듭 나타나게 될 때—바로 이러한 중복을 통하여—이 상은 서로 간 관련이 없는 계열들을 연결해 준다는 의미에서 이러한 계열들을 정돈해 주는 요소가 된다. 이와 같은 요소는 개념이라고 불리는 하나의 도구가 된다. 내가 생각하는 바로는 자유로운 인상, 즉 "꿈"에서 "사고"로 전환하는 데 지배적인 역할을 하는 것은 "개념"의 작용인 것 같다. 어떤 개념이 감각적으로 인식되거나 재생될 어떤 부호(언어)와 반드시 연결될 필요는 없다. 그러나 이렇게 된다면 "사고"는 이를 통하여 전달될 수 있다. (…)

이처럼 관념을 다루는 어려운 문제들에서 아무런 증명도 해 보지 않고 어떻게 거리낌 없이 논의를 전개할 수 있는지 독자들은 의아할는지도 모른다. 이 점에 대해서 나는 다음과 같이 대답하고 싶다. 생각, 그것은 결국 이러한 개념의 자유로운 구사를 의미한다. 이러한 구사의 정당성은 부호의 도움으로 성취할 수 있는 감각적 경험들을 얼마나 많이 개관하는가에 달려 있다. 이와 같은 구조에 있어서는 아직 "진리"라는 개념은 적용되지 않는다. 이러한 작용을 하는 데 관계된 모든 요소와 규칙들에 대한 전반적인 합의—규약—가 이루어지고 난 후에야 비로소 진리라는 개념을 논의할 수 있다고 생각한다. (…)

우리 사고 과정의 대부분은 부호(언어)를 사용하지 않고 진행되며 또한 어느 정도까지는 무의식적으로 진행된다는 사실에 조금도 의심의 여지가 없다고 본다. 그렇지 않다면, 우리는 왜 때때로 어떤 경험 앞에서 무의식적으로 "충격"—놀라움이라고 볼 수 있다—을 받게 되는 걸까? 이러한 충격은, 새로운 경험이 기존에 형성된 개념의 세계와 충돌할 때 생기는 것처럼 보인다. 그 충돌이 강하게 느껴지면, 그 갈등은 우리의 사고 체계에 결정적인 변화를 일으킨다. 어떤 의미에서 사고의 발전이란 "충격"으로부터 끝임없이 벗어나려는 과정이라고 할 수 있다.*

---

* Schilpp, *op. cit.*, p. 7-8

과학 문제를 연구하는 사람이라면 누구나 "충격"에서 점차 멀어지는 경험을 하게 된다. 학문 발전의 흐름 속에서, 어떤 새로운 중요한 성과가 이루어진 이후—예컨대 현대 양자이론이 확립된 뒤의 1930년대 원자 물리학처럼—과학적 활동은 주로 새롭게 정립된 이론적 모델 안에 다양한 현상들을 끼워 맞추는 작업으로 이어진다. 이것은 교과서의 연습 문제라도 그리 크게 다르지 않은 문제 풀이 형식이 된다. 그러나 새로운 이론 자체의 창조는 전혀 다른 종류의 환원을 요구한다. 여기서 그 창조자는 현상들을 자신만이 분별할 수 있는 어떤 양식에 맞추어야 한다. 이 양식은 세계가 어떻게 구성되어야 할 것인지 일종의 "직관적" 감각—어떤 비전(vision)—에 의하여 형성된다. 인간적인 면에서 서로 매우 다른 성격을 가진 뉴턴과 아인슈타인이 서로 일치하는 점은 그들 자신의 직관이 올바르다는 예감이 있었다는 점이다. 언젠가 아인슈타인은 이렇게 말하였다. "이 분야에서 중요한 발견을 한 사람에게는 자가 상상의 소산이 너무도 필연적이고 자연스럽게 보이기 때문에 이것이 사유의 창조물이 아니고 주어진 실재라고 스스로 인정하게 되며 다른 사람에 의해서도 이렇게 인정되기를 바라는 것이다."*

창조 과정의 어떤 결정적인 단계에 이르면 창조자들은 자신들이 옳다는 것을 알게 된다. 적어도 아인슈타인의 경우에는 실험적 검증이 끝날 때까지 인내와 확신을 품고 기다릴 수 있었던 것이다. 내가 알기로

---

\* *Essays in Science*, p. 12.

는 물리학에 대한 뉴턴의 직관이 그의 생애 중에 실험적 진전에 심한 위협을 받은 일은 없다. 아인슈타인도 그의 창조적 활동 시기 대부분에 걸쳐 비슷한 이야기를 할 수 있다. 그러나 우리는 양자론에 대한 아인슈타인의 반응에서 사물의 적합성을 향한 그의 느낌과 실험적 발견들이 드러내는 사실 사이에 날카로운 충돌이 있음을 볼 수 있다. 뒤에서 다시 서술하겠지만 양자론에 대한 그의 반응은 결국 그로 하여금 직관의 고독 속으로 점점 더 깊이 빠져들게 하는 결과를 낳았다.

# 브라운 운동

양자 물리학을 수립하는 데 아인슈타인보다 더 많이 기여한 물리학자는 없었다. 이 분야에서의 그의 업적은 그 자체만으로도 다른 어느 물리학자의 전 생애를 통한 업적 못지않게 훌륭하다. 그러나 물리학자들이 거의 30년의 노력 끝에 지적 무질서 상태로 보이던 상황을 하나의 논리 정연한 과학적 구조로 바꾸어 놓는 데 성공하고 난 바로 그때, 아인슈타인은 여기에 등을 돌리고 말았다(이 구조는 많은 사람에게 20세기의 과학적 사고가 이룬 최고의 승리로 간주되었다). 다음은 디랙의 표현을 빌린 것이다. "양자론은 화학의 모든 것을 설명해 주며(생물학도 여기에 추가하고 싶다) 또한 대부분의 물리학을 설명해 준다." 이러한 사실에도 이 이론에 반대하는 이유들을 아인슈타인은 사신과 기사들을 통하여 광범위하게 설명하였다. 이 설명을 읽으면서 우리는 필연적으로 두 가지 사실에 놀라게 된다. 첫째는 그의 엄청난 고집이다. 그는 한치의 양보도 하지 않았다. 그는 거의 30년 동안 그의 입장을 비판하는 주장들을 경청

하고 음미한 뒤, 이에 논박하였다. 그러면서 자신의 견해에는 추호의 미동도 보이지 않았다. 두 번째로 우리에게 감명을 주는 것은 그 이론을 배격하는 그의 궁극적 이유이다. 한마디로 "불완전성"이 그 이유이며 이 표현은 그의 글에서 거듭 발견된다. "구상화할 수 있는 인과적 사상"들을 포기하고 이를 "확률"로 대치하여 기술하는 것을 기본적인 물리학 이론에서는 받아들일 수 없다는 것이다. 어떤 의미에서는 그는 전 생애를 통하여 그의 가장 생생한 어린 시절의 기억 속 시각적이고 기하적인 감성에 깊이 집착하고 있었다. 이러한 점에 대해서는 뒤에 다시 논의하기로 하고 우선 그가 여기까지 도달하게 된 경로를 추적해 보기로 하자. 그러기 위해서는 다시 1905년으로 거슬러 올라가서 이 해에 《물리학연보》에 발표된 두 개의 다른 대작을 살펴보아야 한다.

아인슈타인의 1905년 대논문들 가운데 내용의 중요성이란 관점에서 볼 때 가장 접근하기 쉬운 논문이 이른바 브라운 운동\*에 관한 것이다. 이 논문에서 제안한 실험들로 당시까지 회의적이었던 사람들이 원자의 존재를 확신하게 되었다. 1905년까지도 원자의 존재를 믿지 않는 이들은 많았다. 아인슈타인은 이 원자 문제를 다루고자 통계적 방법들을 개발하였고 또한 거의 동시에 이를 복사(輻射, radiation)의 양자적 성

---

\* 브라운 운동에 관한 아인슈타인의 논문들은 영문으로 번역되어 R. Fürth가 편집한 *Albert Einstein: Investigations on the Theory of the Brownian Movement*에 수록되어 있다. 1905년 논문—해당권(卷)의 첫 논문—의 제목은 「정지된 액체 속에 떠 있는 작은 입자들의 열(熱) 분자 운동론에 의해 요구되는 운동에 관하여(On the Movement of Small Particles Suspended in a Stationary Liquid Demanded by the Molecular Kinetic Theory of Heat)」이다.

격들을 연구하는 데도 사용하였다. 1905년에 발표된 아인슈타인의 양자론 논문과 브라운 운동 논문은 본질적으로 하나의 공통된 관점을 공유하고 있다. 그것은 매우 많은 수의 기본 단위들—원자나 광양자처럼—로 이루어진 계(system)에 대해, 통계적 방법으로 수학적으로 기술하는 것이 적절하다는 생각이다. 오늘날 우리는 원자의 존재를 의심하지 않기 때문에, 아인슈타인의 이러한 업적을 이해하기 위해 브라운 운동부터 살펴보는 것이 가장 자연스러운 접근이 될 것이다.

로버트 브라운(Robert Brown, 1773~1858)은 스코틀랜드의 식물학자로서 1827년 여름에 오늘날 그의 이름이 붙은 실험을 했다. 이 실험에서의 기본적 관찰은 너무나도 단순하다. 브라운은 흔히 있는 현미경을 통하여 물에 침투된 꽃가루—여러 종류의 식물에서 얻을 수 있는 것인데, 첫 실험에서는 대략 1만분의 1㎝ 정도의 크기를 가진 것이었다—의 행동을 연구하였다. 여기서 그가 발견한 사실은 이 입자들이 물의 흐름과는 아무 관계도 없이, 지속적으로 동요되며 불규칙한 운동을 하는 듯 보인다는 것이다. 브라운이 기술한 바로는 이러하다. "여러 번 되풀이하여 관찰한 결과, 나에게는 이러한 운동이 유체의 흐름이나 점차적 증발과는 관계가 없고, 오직 그 입자 자체에 속하는 어떤 이유 때문이라는 사실이 분명해졌다."[*]

---

[*] Henry A. Boorse와 Lloyd Motz가 편집한 *The World of the Atom*, I, 206~212에 브라운과 그의 업적에 관하여 간단히 기술되어 있다. 위의 인용은 이 책 p.209에 수록되어 있는데 *Philosphical Magazine*(1828)에 수록된 브라운의 논문에서 발췌한 것이다.

여기서 브라운은―결과적으로 잘못된 가정이기는 하지만―이 미립자들은 물질에서 일종의 새로운 상태를 나타낸다는 매우 자연스러운 가정을 세웠다. 그리고 이것을 "활성 분자"라고 불렀다(처음에 그는 이들이 살아 있는 것으로 생각하였으나 20년 이상 식물 표본실에 보관되어 있던 식물들의 마른 꽃가루로 다시 실험했을 때도 같은 결과를 얻었다). 곧 그는 이 연구를 꽃가루 아닌 물질들, 가령 고무진, 콜타르, 망간, 니켈, 흑연, 창연, 안티몬, 비소 등의 미시적 입자들에까지 확장하였다. 그런데 그가 쓴 바와 같이 활성 분자들은 얼마든지 많이 발견되었다.* 다시 말하면 모든 물질의 미시 입자들은 물 또는 어떤 다른 액체에 뜨기만 하면 오늘날 브라운 운동이라고 불리는 운동을 끊임없이 하게 된다. 이 현상은 19세기에 꾸준히 연구되었다(1865년에는 한 그룹의 연구자들이 액체를 유리그릇에 밀봉해 놓고 이 운동을 꾸준히 관측한 결과 이 운동이 1년 내내 조금도 감소하지 않는다는 사실까지도 보았다). 그러나 브라운의 발견 이후 반세기가 지나서야 비로소 몇몇 과학자들이 브라운 운동이 무엇을 의미하는지 정성적으로 올바른 제안을 하게 되었다. 이들의 제안은 다음과 같다. 만일 액체 자체가 분자들로 구성되어 있다고 본다면―여기서 분자는 브라운의 활성 분자가 아니라 현대 화학자들이 쓰는 의미의 분자, 즉 액체를 구성하며 이것의 화학적 성질을 나타내는 가장 작은 물질의

---

* 같은 문헌에서 브라운은 다음과 같이 부언하였다. "앞으로 같은 연구를 하게 된 사람들을 위한 주의 사항을 겸하여 다음의 사실을 말해 둔다. 즉 모든 물체 위에 묻어 있는 먼지라든가 특히 런던 근처에 흔히 있는 이만한 크기의 매연 입자들은 완전히 이러한 분자들로 구성되어 있다."

단위를 의미한다—그리고 이들이 끊임없이 불규칙적 운동 상태라면 이 액체에 뜬 입자들은 액체를 구성하는 분자들에 다각도로 계속 얻어맞게 되어 관측되는 바와 같은 불규칙적 운동이 이루어진다는 것이다. 물질의 원자 이론에 익숙해진 우리에게는 이러한 설명이 거의 자명하다. 그러나 19세기 말까지는 물리학자들과 화학자들 사이에 원자 가설이 상당한 지지를 받고 있기는 하였으나 이것은 여전히 하나의 가설일 뿐이었다. 이것의 보편적인 타당성은 명백하지도 않았고 완전히 승인되지도 않았다. 더욱이 브라운 운동과의 관계는 여전히 모호했고 실험들도 불확실했다. 1905년 논문의 서두에서 아인슈타인은 다음과 같이 썼다.

> 이 논문에서는 액체에 부유하는 물체들이 열의 분자 운동을 기초로 현미경에 쉽게 관측될 만한 크기의 운동을 하게 됨을 열의 분자 운동론을 통해 보이고자 한다. 여기서 논의하는 운동들이 이른바 "브라운 분자 운동"이라고 불리는 것과 동일할 가능성이 있다. 그러나 브라운 운동에 대하여 나에게 알려진 정보는 그 정확성이 매우 부족하다. 따라서 나로서는 이 점에 관해 확정적인 판단을 내릴 수 없다.*

원자에 대한 긴 역사는 물론 B.C. 4세기의 데모크리토스(Democritus, B.C. 470~380)의 귀에 익은 진술에서 비롯된다. "유일하게 존재하는 것

---

* *Theory of Brownian Movement*, p. 1.

은 원자와 허공이다. 다른 모든 것은 단순한 의견에 지나지 않는다." 이 말을 문자대로만 해석한다면 사실 무의미하다. 그러나 중요한 점은— 그리고 이 점이 바로 그리스 원자론자들의 커다란 공헌이 되겠는데— 정신을 어지럽힐 듯이 복잡한 물질의 외형들 뒤에 원자—분할될 수 없는 입자—라고 하는 기본 구조가 있다는 것이다. 또한 이들이 순응하는 간단한 법칙들이 우리의 감각적 경험을 설명하고 관련지어 줄 수 있다는 사상이다. 이러한 원자들의 개념적 성격은 지난 2000년 동안 줄곧 변해 왔다. 현재의 이론은 더욱 세련되었고, 설명하여야 할 현상들은 더욱 미묘해졌으나 원자론자들의 이상 자체는 변하지 않았다. 이 이상을 구현하려는 최근의 기도는 모든 물질을 구성하고 있다고 생각되는 이른바 기본 입자들(elementary particles)에서 나타나고 있다. 그러나 현재, 고에너지(high energy) 물리학자들은 너무도 다양한 기본 입자들을 발견하였다. 그렇기에 지금까지 알려진 중성자, 양성자, 기타 몇몇 중간자들과 같은 구형 기본 입자들을 다시 구성하고 있을 초기본 입자들(Super elementary particles)의 존재를 찾아보기에 이르렀다. 그런데 이러한 초기본 입자들의 존재에 대한 증거는 아직 완전히 간접적인 것에 불과하다. 간접적 증거란 이들의 존재를 가정하게 되면 이론적 기술이 단순해지는 증거를 말한다(직접적 증거가 되기 위해서는 고에너지 가속 장치 속에서 이러한 입자들이 만들어져야 한다). 현대의 물리학자들은 아이러니하게도 원자의 존재를 확인할 수 없었던 19세기의 물리학자들과 화학자들의 위치에 다시 서게 되었다.

뉴턴은 원자론자였던 것 같다. 그가 《광학》에 적은 바에 의하면 이러하다.

> 태초에 하느님이 물질을 견고하고, 무겁고, 뚫리지 않을 만큼 단단하며 잘 움직이는 입자들로 만들었다고 하는 것이 내게는 타당하게 여겨진다. 이 입자들은 하느님이 이들을 형성한 목적에 잘 부합되는 크기, 모양, 기타 성질들과 공간적 배치를 지니게 되었다. 그리고 이러한 원초적 입자들은 고체로 되어 있어서 이들로 구성되어 있고 빈틈 있는 어떤 다른 물체들보다 비교가 안 될 만큼 더 단단하며 또 마멸되거나 조각으로 부서질 수도 없다. 보통의 힘으로는 하느님 자신이 첫 번째 창조 과정에서 하나로 만들어 놓은 이것들을 도저히 분할할 수 없다.[*]

사실상 18세기 초기에 이르기까지 원자 가설을 지지하는 근거로는 이러한 신학적·형이상학적 토대 위에 놓인 것뿐이었다. 본질적으로 이러한 가설에서는 과학에 대한 어떠한 정량적 성격을 가진 결과도 얻을 수 없다. 그러나 1738년에 스위스의 유명한 수학자 가문의 일원인 다니엘 베르누이(Daniel Bernoulli, 1700~1782)가 《유체 역학(*Hydrodynamica*)》이라는 책을 출판하게 되었는데 이 책에서 그는 원자 가

---

[*] 《광학》이 실려 있는 이 문장은 이미 언급된 보즈와 모츠의 책 p.120에 인용되어 있다.

설을 정량적으로 사용하여 기체 물리학을 통계 역학적으로 접근한 최초의 실례가 되었다. 그는 기체에 관한 법칙으로 알려진 보일의 법칙(Boyle's law)을 증명했다. 보일의 법칙이란 뉴턴 시대의 사람인 로버트 보일(Robert Boyle, 1627~1691)이 실험적으로 관찰한 것이다. 만일 기체가 어떤 용기 안에서 일정한 온도를 유지하고 있다고 할 때 용기의 부피가 줄어들면 이 내부 압력은 부피의 감소에 비례하여 증가한다는 것이다(예시로, 공기로 채워진 풍선을 꽉 누르면 이 풍선의 부피가 줄어들면서 압력이 증가하고 결국 풍선이 터지는 것이다). 베르누이는 기체가 "매우 빠른 운동으로 이리저리 움직이고 있는 작은 입자들"로 구성되어 있다고 보며 이 현상을 설명하였다. 이러한 관점에서, 압력은 기체 분자들이 용기벽에 충돌하여 생기는 것이다. 베르누이는 용기의 부피가 줄어드는 데에 따라서 이러한 충돌의 빈도가 어떻게 증가할 것인가를 분석하는 것으로 보일의 법칙을 유도했다.\*

기체 운동론은 다음 세기 중엽에 이르기까지 더 이상의 진보를 보지 못하였고, 그 사이 원자 이론은 화학자들의 영역이 되어 버렸다. 보일을 시초로 하여 화학자들은 몇몇 종류의 물질들이 "원소들"(elements)—이들은 화학적 방법으로는 더 이상 다른 물질로 환원될 수 없음을 의미한다—임을 밝혀냈다. 여러 화학자들은 모든 화학 반응에서 이 원소들의 재결합이 관계되고 있다고 결론을 내렸다. 특히 1799년에 프루스트

---

\* 베르누이의 유도 과정의 세부 사항은 이미 언급된 보즈와 모츠의 책 pp. 112~116을 참조하다.

(Joseph Louis Proust, 1754~1826)는 화학 반응에 관계하는 원소들은 일정한 비율에 따라 결합한다고 하는 경험적인 화학 법칙을 제시하였다. 만일 어떤 화학 반응에서 하나의 원소가 너무 많거나 너무 적으면 나머지는 어떠한 결합도 할 수 없게 된다. 1808년에 영국의 유명한 화학자 존 돌턴(John Dalton, 1766~1844)은 《화학 철학의 새로운 체계(*A New System of Chemical Philosophy*)》라는 책을 처음 출판하였는데, 그는 여기서 각 원소가 그 원소 특유의 원자들로 구성되어 있다고 가정함으로써 이러한 화학적 규칙성을 설명하였다. 이러한 관점에서 보면, 화학 반응이란 서로 다른 원소에 속한 원자들이 일정한 비율로 결합하는 현상일 뿐이다. 그러나 각 원자들의 성질들—그들의 크기, 형태 등등—에 대해서는 어떠한 구체적인 사실을 말할 수 없었다.

다음 단계에서의 실질적인 진전은 기체의 연구를 통하여 이루어졌다. 첫 번째는 19세기 초엽 프랑스의 화학자 게이뤼삭(Joseph Louis Gay-Lussac, 1778~1850)이 기체들은 일정한 부피 비율에 따라 반응한다는 사실을 발견하였다(수소 두 부피는 산소 한 부피와 결합하여 물, 즉 수증기 두 부피를 만든다). 이 발견이 알려지자 곧 이탈리아의 물리학자이며 수학자인 아메데오 아보가드로(Amedeo Avogadro, 1776~1856)는 온도와 압력의 표준 상태 아래에서는 일정한 부피 속에 들어 있는 모든 기체가 같은 개수의 입자들을 갖게 되리라는 재치 있는 추측을 하였다. 여기서 "원자"라는 용어의 사용을 삼가야 한다. 왜냐하면 여기서 말하는 기체 입자는 원자가 아닌 경우가 많으며, 오히려 몇 개의 원자들이 결합하여 이루어진 분자(molecule)라고 해야 하기 때문이다(예를 들면 보통의 산소 기체는 두 개의 산소 원자로 구성된 분자들로 이루어져 있다). 아보가드로가 이 중요한 논문을 쓴 것은 1811년이었으나 이 아이디어가 화학자들 사이에 널리 통용된 것은 시실리아(Sicily, Sicilia)의 화학자 스타니슬라오 카니차로(Stanislao Cannizzaro, 1826~1910)가 그의 《화학 철학의 과정 개요(Sketch of a Course of Chemical Philosophy)》를 발표한 1858년 이후의 일이다. 그는 여기서 분자에 대한 아보가드로의 가설을 이용하여 기체 화학에 대한 여러 데이터를 유기적으로 정리하였다. 거의 같은 시기에 맥스웰, 그리고 독립적으로 다른 방법을 사용한 볼츠만(Ludwig Boltzmann, 1844~1906)은 이러한 기체 분자에 대한 통계 역학의 기초를 수립함으로써 베르누이에 의하여 시작된 연구를 일반화하였다. 여기서 핵심 아이디어는, 겉보기에는 매우 질서 있어 보이는 기체의 거시적 현상들이 사실은 무작위적이고 무질서한 분자 수준의 사건들—즉, 분자적 '이벤트'—로부터 추론될 수 있다는 점이다. 다시 말해, 기체는 끊임없이 무질서하게 충돌하는 분자들의 집합으로 이해할 수 있다. 물론 하나하나의 충돌은 우리가 만일 이를 추적한다고 할 때, 고전 물리학적 관념대로라면 뉴턴의 역학 법칙을 따를 것이다. 그러나 실제로는 충돌이 너무 많이 일어나기 때문에 하나하나의 충돌을 추적해 볼 수 없다. 그래서 맥스웰과 볼츠만은 이 커다란 집합체의 평균적인 움직임을 결정하는 방법을 고안한 것이다. 특히 그들은 전형적인 기체에서 분자들이 날아다니는 속도가 도중에 방해되는 것이 없다면 상온에서 초당 수백 미터 정도로 움직인다는 사실을 예측하였다. 그러나 우리는 일상 경험을 통해 가령 하나의 기체가 공기와 섞이기 위해서는 상당한 시간이 걸린다는 것을 알고 있다. 분자들이 대단히 빨리 움직이고 있음에도 섞이는 데 시간이 걸리는 것은 분자들이 확산하는 동안 충돌이 잦다는 사실에 의하여 설명된다. 이러한 충돌 횟수는 개개 분자들의 크기 또는 도중에 놓여 있는 분자들의 수로 결정된다.

1865년 로슈미트(J. Loschmidt)는 확산에 관한 데이터들을 연구함으로써 그때까지만 해도 가설로밖에 인정되지 않았던 기체 분자들이 대략 지름 1억분의 1㎝ 정도의 크기를 가졌다는 사실을 추정하였다. 로슈미트는 또한 온도와 압력의 표준 상태(0℃의 온도와 대기에 압력을 가진 상태를 표준 상태라고 임의로 정하고 있다) 아래서 주어진 부피 속에 들어 있는 기체의 분자 수를 추정할 수 있었다. 화학자들은 기체의 무게가 그램(g) 단위로 그 기체의 분자량과 같은 값을 가지게 될 때—가령 산소의 경우 16g—이 기체가 표준 상태에서 차지하는 부피를 표준 부피로 정했다. 표준 상태에서 표준 부피 속에 들어 있는 기체의 분자 수는 최근의 측정에 의하면 $6.0249 \times 10^{23}$개이다. 즉 이것은 표준 상태에서 기체 $1㎝^3$ 속에 대략 $4.5 \times 10^{19}$개의 분자가 들어있다는 얘기가 된다. 놀랄 만한 숫자이다.

이와 같은 통계 역학적 개념이 현대 과학자들에게는 당연하게 보이지만 19세기 말엽까지도 이것은 비법과 같이 여겨졌다. 또한 많은 논란의 여지를 품고 있어서 물리학자들 사이에 널리 인정되지 않았을 뿐만 아니라 별로 이해되지도 않고 있었다. 한편 베른의 특허국 사무실에 홀로 고립되어 있던 아인슈타인은 이 과제를 자신의 힘으로 개척해 나가고 있었다. 1902년부터 1904년까지 그는 볼츠만과 미국의 독특한 물리학자 기브스(Josiah Willard Gibbs, 1839~1903)가 이미 다뤘던 내용을 자신만의 힘으로 재발견한 성과를 중심으로 세 편의 논문을 발표했다. 기브스는 주로 19세기의 마지막 4반세기에 연구 결과를 내었는데 어떤 의미에서는 아인슈타인보다도 더 학문적으로 고립되어 있던 사람이었다. 유럽의 물리학자들이 통계 역학에 대한 기브스의 공헌 전모를 알게 된 것은 19세기가 끝날 무렵이었다. 아인슈타인은 후에, '만일 내가 기브스와 볼츠만의 연구 결과를 알고 있었더라면 초기 논문들을 발표하지 않았을 것'이라고 말하였다. 그러나 아인슈타인은 이러한 결과들을 재발견한 덕에 그 자신의 통계 역학 방법에서 절대적인 대가가 될 수 있었다. 그는 이러한 통계 역학적 개념에 대하여 대단히 뚜렷한 확신이 있었다. 그렇기에 이것들을 다양한 새 분야에 적용할 수 있었다. 특히 이것들은 그로 하여금 양자 물리학에 크게 공헌하게 한 바탕이 되었다. 1905년에 아인슈타인이 액체 안에 떠도는 미세한 물체들의 운동인 브라운 운동에 적용한 이론이 바로 이 통계 역학이었다.*

브라운 운동 이론에 대해서 아인슈타인의 접근 방법이 지녔던 중요한 강점은 이것의 정량적 성격이다. 브라운 운동이 분자 운동과 어떻게 관계하는지 논하는 것과, 이 관계의 영향으로 어떠한 현상이 발생할 것

---

* 브라운 입자들이 미세하기는 하지만 이는 그것들이 뜬 액체의 분자들에 비하면 훨씬 큰 입자들이다. 브라운 입자들은 보통 현미경을 통해 보이지만 액체 분자들은 보이지 않는다.

인가를 정량적으로 예측하는 것은 서로 별개의 문제다. 그의 계산을 단순화하기 위하여 아인슈타인은 브라운 입자들을 그 반지름이 대략 1㎝의 1만분의 1 정도가 되는 구(球)로 가정하였다. 이 브라운 입자들을 띄우고 있는 액체의 전형적인 분자들은 그 크기가 1억분의 1㎝ 정도밖에 되지 않는다. 이러한 분자들은 여러 방향에서 브라운 입자들과 끊임없이 충돌하게 된다. 아인슈타인은 이러한 충돌 때문에 브라운 입자가 밀려날 가능성은 모든 방향에 대하여 동일하다고 가정하였다. 얼핏 보면 브라운 입자가 앞으로, 뒤로 같은 양만큼 밀려날 것이라 결국 액체 안에서는 어디로도 움직일 수 없는 것처럼 생각되기 쉽다. 하지만 사실은 그렇지 않다. 일단 브라운 입자가 처음에 있던 위치에서 어느 정도 밀려나게 되면 계속되는 충돌 때문에 제자리로 돌아오는 것보다 더욱 먼 위치로 밀려나게 될 가능성이 더 크다. 아인슈타인이 여기서 보인 것은 브라운 입자가 움직인 평균 거리는 이때 걸린 시간의 제곱근에 따라 증가한다는 사실이다. 그리하여 충분히 긴 시간이 지나게 되면 이 입자는 분자들의 충격 때문에 출발점으로부터 임의의 먼 위치까지도 가게 된다.* 이것이 경과한 시간의 제곱근에 비례한다는 사실은 제멋대로의

---

* 구형(球形)의 브라운 입자에 대한 아인슈타인의 방정식은

$$\varDelta = k\sqrt{Tt/r\eta}$$

인데 여기서 $\varDelta$는 입자가 움직여 간 평균 거리이며 t는 시간, k는 모든 액체들에 대해서 공통된 상수, T는 액체의 온도, r은 구형 브라운 입자의 반지름, 그리고 $\eta$는 각 액체의 성질에 관계되는 수치로서 이것은 끈끈한 정도(stickness) 즉 점성(粘性)을 나타낸다. 이러한 요소들의 직관적인 의미는 명백하다. 온도가 올라가면 분자 운동은 더 격렬해질 것이고 그렇게 되면 브라운 입자는 더 자주, 더 강하게 충격을 받게 될 것이다. 반면 입자가 더 크거나 액체가 더 끈끈하면 이 입자는 충

(random) 충돌에 대한 통계적 성격의 결과이다. 이 결과야말로 매우 특성적(特性的)인 것이며 브라운 운동의 본질적인 성격인데 아인슈타인이 예견한 새로운 사실이었다. 이것이 의미하는 바를 예를 들어 설명한다면, 4초라는 시간 동안에 브라운 입자는 1초 동안에 움직일 거리의 4배를 움직이는 것이 아니고 단지 2배만 움직인다는 것이다. 특히 아인슈타인이 예견한 바에 의하면 상온의 물 속에서 하나의 브라운 입자는 1초 동안에 1만분의 1㎝ 정도의 평균적인 거리를 확산해 간다는 것이다.

1908년에 이르러서는 프랑스의 실험 물리학자 페랭(Jean Baptiste Perrin, 1870~1942)이 아인슈타인의 공식을 실험적으로 실증하여 이를 확인하였다. 더욱이 그는 브라운 입자가 이동한 거리를 측정함으로써 이들을 포함하고 있는 액체 1㎝³ 속에 있는 분자의 수를 근사적으로 산출할 수 있었다. 이 수치는 근본적으로 로슈미트가 기체에 대해 얻은 값과 일치하고 있다.

이러한 모든 것이 그때까지도 원자 가설의 과학적 타당성에 회의적이었던 사람들에게 확신을 갖게 해 주었다. 러시아 출신 독일 물리화학자 오스트발트(Friedrich Wilhelm Ostwald, 1853~1932)의 경우는 매우 흥미로웠다. 오스트발트는 현대 물리화학의 창시자 중의 하나로 인정되고 있는 사람이지만, 당시에는 화학자들이 직접적으로 관측되지 않는 원자와 같은 것에 대한 모호한 가설들을 만들어서는 안 되며 오직 측

---

돌에 의해 움직이기가 더 어려워질 것이다.

정 가능한—가령 화학 반응에서 에너지 전달과 같은—것만을 연구해야 한다는 신념을 가지고 있었다. 이런 점에서 그는 마하의 추종자였다 (마하 역시 원자를 불신하고 있었으나 브라운 운동이 있어 이를 믿게 된 사람이다). 그러나 1차 세계 대전 말기에 이르러서 그의 저서 《화학 개요(Outlines of Chemistry)》의 개정판에서 오스트발트는 다음과 같이 기술하고 있다.

> 나는 이제, 수백 년 혹은 수천 년 동안 원자 가설이 추구해 온 물질의 불연속성, 즉 입자적 성질에 대해 우리가 마침내 실험적인 증거를 얻게 되었다고 확신한다. 한편으로는 기체 이온을 분리하여 하나하나 세어 볼 수 있게 되었고, 다른 한편으로는 브라운 운동이 분자 운동론의 가정을 뒷받침하고 있기에, 가장 신중한 과학자들조차도 이제는 물질의 원자 이론에 실험적 증거가 확보되었다고 말하고 있다. 이로써 원자 가설은 과학적으로 잘 정립된 이론으로 자리 잡게 되었다.*

이러한 상황을 다룬 기묘한 일화가 최근에 알려졌다.** 현재 보존 중인 아인슈타인의 편지 가운데 가장 초기의 기록 중 하나로 그가 1901년 3월 19일에 직장을 구하기 위하여 오스트발트에게 쓴 편지가

---

\* Robert A. Millikan, *The Electron*, p. 10에 인용되어 있다. 브라운 운동의 실험적 연구에 커다란 공적을 세운 밀리컨은 이 책에서 그런 점에 대한 내력을 말하고 있다.

\*\* Gerald Holton, Mach, Einstein and the Search for Reality, p. 636~637 참조.

있다. 아인슈타인은 그때 취리히에 있는 공과대학에서 조교 자리를 거절당한 직후였으며 실직 상태에 있었다. 오스트발트에게 편지를 쓴 것은 그가 뛰어난 과학자였던 이유에서뿐만 아니라 오스트발트가 아인슈타인 자신의 견해와 밀접한 마하의 실증주의적 견해를 가지고 있었기 때문이다(오스트발트는 자신의 저서에서 에테르의 존재를 부정하고 있었다). 그러나 아인슈타인의 편지에 대하여 아무런 호의적인 반응이 없었으며, 또한 그가 4월 3일에 쓴 두 번째 편지에도, 또 아인슈타인 자신도 모르는 세 번째 편지—그의 아버지 헤르만 아인슈타인이 4월 13일에 쓴 것이다. 그의 아들이 오스트발트를 "현재 물리학 분야에서 활약하는 모든 학자들 가운데 가장 높이 존경하고 있다"라고 적은 것이다—에도 아무런 반응이 없었다. 1901년에 오스트발트가 아인슈타인을 알아보지 못했다고 해서 그를 비난할 수는 없다. 왜냐하면 이때까지 아인슈타인이 발표한 유일한 논문인 모세관 현상에 대한 논문에서는 어떤 특출한 장래의 희망을 보이는 징후가 없었다. 또한 공과대학에서의 그의 학업 성적도 별로 이렇다 할 만한 것이 못 되었기 때문이다.

아인슈타인의 생애를 살펴보면 특히 그의 젊은 시절에 있어서 당시의 학자들이 그의 과학적 업적을 정상적인 유형에 따라 평가하기가 매우 어려웠음을 거듭 발견하게 된다. 1차 세계 대전 당시에는 이미 모든 물리학자가 아인슈타인을 독창적인 천재로 인식하고 있기는 하였으나 당시 그의 업적이 너무도 인습적이지 않았다. 그 전체를 완전히 소화하고 식별할 만한 물리학자를 찾아보기란 무척 어려웠다. 이렇게 된 원인의 일부는 아마도 그의 초기 논문들이 지나치게 단순한 느낌—길고 치밀한 계산 결과에 의한 것이 아닌 경박한 상상들이 모여서 이루어진 것 같은—을 주었다는 점에 있을 것이다. 게다가 아인슈타인의 이론은 늘 실험보다 앞서 있었기 때문에, 그의 예측은 시간이 한참 흐른 뒤에야 실험적으로 입증되곤 하였다. 아마도 그는 일반 원리에 대한 뛰어난 직관 덕분에 수많은 가능성 중에서 정확한 것을 선택할 수 있었고, 나머지는 대체로 중요하지 않다고 여겨 무시하였던 것 같다.

아인슈타인에 대한 당시 과학계 중진들의 태도는 그가 노벨상을 받게 된 경위를 살펴보면 뚜렷이 알 수 있다. 이제까지 우리가 논의해 온 점들로 보아, 만일 노벨상을 받을 만한 자격을 가진 물리학자가 한 사람 있다면 그는 틀림없이 아인슈타인일 것이라고 독자들은 느낄 것이다. 정상적인 표준에서 본다면 1905년의 어느 논문 하나로도 그는 노벨상을 받을 자격이 충분하였다. 그러나 아인슈타인은 1922년에 이르러야 비로소 노벨상을 받게 되었는데 이것도 당시 이미 물리학의 분야로 잘 확립되었던 상대론이나 브라운 운동에 대한 그의 업적 때문에 받은 것이 아니고 그때까지 거의 완전한 혼돈 상태에 놓여 있던 양자 관련 업적 때문이었다. 아무튼 아인슈타인의 노벨상 수상에 대해서는 수상자 자신의 공적만을 제외하고는 거의 모든 사항이 너무나도 기묘하였다. 우선 첫째로, 1921년도의 상이었음에도 노벨상 시상 위원회는 1922년 11월 10일까지 그 결정을 공표하지 않았다. 또 아인슈타인도 1923년 4월까지 즉 베를린에 있는 스웨덴 대사가 메달과 상장을 그에게 전해줄 때까지 그 상을 수령하지 않았다. 더욱 특이한 것은 그 시상문에 적힌 다음과 같은 문장이다.* 스웨덴 왕립 아카데미(Royal Swedish Academy)는 1922년 11월 9일 회의에서, 1895년 알프레드 노벨(Alfred Bernhard Nobel, 1833~1896)의 유언에 따라, 1921년 노벨 물리학상을 알베르트 아인슈타인에게 수여하기로 했다. 시상 이유는 상대성 이론이나 중력 이론과 같은 (이후에야 인정받은) 업적이 아니라, 그가 광전 효과에 관한 법칙을 발견한 공로였다.

광전 효과는 아인슈타인이 1905년에 발표한 첫 번째 논문 「빛의 생성과 변환에 대한 하나의 가설적 관점에 관하여(Concerning a Heuristic Point of View about the Creation and Transformation of Light)」 중 한 절에서 다룬 주제였다.** 스웨덴 아카데미는 상대성 이론의 불길한 망령 속에 사로잡히지 않으려고 무척 애썼던 것으로 보인다.

시상 위원회가 이처럼 명백한 주의를 한 이유는 의심할 여지 없이 노벨의 유언에 나오는 문구 때문이다. 잘 알려진 바와 같이 화학자, 공업 기사로서의 교육을 받았던 알프레드 노벨은 다이너마이트(dynamite)와 기타 비교적 안전한 폭발물을 발명하여 특허를 얻음으로써 거대한 재산을 모은 후, 그의 재산 대부분을 남겨 몇 가지 지명된 분야에서 "인류의 복지를 위하여 가장 큰 공헌을 한 사람들"에게 매년 시상할 것

---

* 스웨덴 원문의 영역을 제공해 준 홀튼 교수에게 감사한다.
** Boorse and Motz, *op. cit.*, pp. 544~557에 번역되어 실려 있다.

을 위탁하였다. 그래서 적어도 물리학상에서는, 상을 받을 만한 부분을 발견하여도 이 유언에 담긴 문구로 인하여 일정한 제약이 가해졌다. 1901년에 주어진 첫 번째 상부터 아인슈타인이 받게 될 때까지의 대부분의 노벨상은 실험 물리학 분야에서 수여되었고, 가령 1912년에 "어두울 때, 또는 가시성이 감소된 시간 중에 해안 등대와 광학적 부표의 밝기를 조절하는 조절 장치의 발명"이란 업적으로 달렌(Nils Gustaf Dalén, 1869~1937)에게 주어진 상 같은 것들은 사실상 과학과 대단하게 관계된 업적이라고 보기조차 어렵다. 이 위원들은 일반적으로 실험 등을 통하여 의심의 여지 없이 확인되어 있지 않는 한 사변적 연구에 대해 시상하기를 주저하였다. 1922년에 이르기까지도 노벨 위원들은 상대성 이론이 너무도 사변적이어서 노벨의 유언이 남긴 정신에 적합하지 못한 것으로 생각하고 있었음이 분명하다.

그런데 우리가 이미 지적하였듯이 이 점에 있어서 아이러니한 사실은 광전 효과의 한 면모를 이루는 양자 이론이 상대성 이론보다도 훨씬 사변적이며 또한 적게 이해되어 있었다는 점이다. 당시의 혼란이 어느 정도인가를 알기 위해서 우리는 미국의 위대한 실험 물리학자 로버트 밀리컨(Robert A. Millikan, 1868~1953)이 1917년에 쓴 《전자(*The Electron*)》와 같은 책을 읽어 보면 충분히 알 수 있다(밀리컨은 사실상 1923년에 노벨상을 받았는데 광전 효과에 대한 아인슈타인의 이론을 실증했다는 점이 상을 받게 된 업적이 일부였다—그의 연구 대부분은 이미 10년 전에 이루어져 있었다). 1917년에 이르러서 밀리컨은 다음과 같은 말을 하고 있다.

이러한 것을 설명할 수 있는 물리학 이론인 아인슈타인 방정식(광전 효과를 기술하는 방정식)이 외견상으로는 완전한 성공을 거두었음에도 이러한 현상론적 표현이 너무도 그 근거가 박약하다. 이 때문에, 내가 믿기로는 아인슈타인 자신도 더 이상 이것을 지지하지 않고 있다(밀리컨이 어떻게 이런 생각을 하였는지는 아무도 모른다. 그러나 내가 알기로는 그가 이렇게 말할 근거는 아무것도 없다. 아인슈타인이 "양자론"을 배격한 것은 1926년 이후의 일이며, 이것은 또한 그의 1905년의 연구와는 아무런 관계도 없다). 우리는 완전한 건축물을 하나 지어 놓고 나서 건물을 건드리지 않고 주춧돌만 뽑아 버린 듯한 상황에 놓여 있다. 이 건축물은 완벽하며 외견상으로는 검사도 잘 되었지만, 이것을 지지할 만한 바탕이 없다. 이러한 바탕은 틀림없이 존재할 것이며 현대 물리학에서 가장 매혹적인 문제는 이것을 찾는 일이라고 할 수 있다. 실험이 현재 이론을 앞서고 있다고, 좀 더 정확히 말하자면 실험이 틀린 이론에 의해서 인도되었다고 볼 수 있다. 실험은 가장 흥미롭고 중요하게 여겨지는 관계들을 발견했지만, 이러한 관계들에 대한 이유는 아직 전혀 이해되어 있지 않다.

# 15장

# 양자

양자, 더 엄밀히 말해서 작용 양자(quantum of action)는 1900년 독일의 물리학자 막스 플랑크에 의하여 창안되어 물리학에 도입되었다. 양자론은 20세기와 함께 탄생했다고 말하는 것이 아마 적절할 것이다. 우리가 지금까지 고려해 온 모든 관념 중에서 오직 이 양자론만이 본질적으로 새로운 방식으로 고전 물리학의 한계를 넘어서고 있다. 양자론의 개념들은 20세기 물리학이 이전의 어느 것과도 다른 양상을 지니도록 해주고 있다. 상대론의 놀라운 결론들을 보아 온 우리에게 이렇게 말하는 것은 좀 이상하게 들릴는지 모른다. 그러나 상대성 이론은 특수 이론이나 일반 이론을 막론하고 공간과 시간—혹은 공간-시간—내에서 일어나는 사건들의 인과적 기술이라고 하는 철학적 문맥에서 이루어진 것이다. 아인슈타인의 공간-시간은 위치와 시간을 갖는 점들로 구성되는데, 이러한 위치와 시간을 결정하는 데서 어떠한 19세기 물리학자라도 자기에게 익숙한 자(尺)라든가 시계 같은 것을 사용하는 고전적 절차를 따르기 마련이다. 양자론은 적어도 1920년대에 개발된 현대적인 형태에 있어서는 이러한 기술 방법의 근본적 타당성을 부인하게 되었고 그럼으로써 과학의 인식론적 기반 전체에 영향을 주었으며 이를 변화시켜 왔다.

우리가 상상할 수 있듯이 이러한 혁명적 관념들을 완전히 받아들이기까지에는 시간이 필요하였다. 또한 이의 창시자들 사이에서 극적인 진전과 후퇴, 방관 따위의 기묘한 광경들이 거듭 연출되다가 급기야는 다음 세대 과학자들의 손으로 넘어가고 말았다는 점을 우리는 보게 된다. 한 예로서 플랑크는 특수 상대성 이론을 가장 먼저 인정한 대물리학자이다. 그는 즉시 상대론 연구에 착수하였으며 그의 철학적 견해는 상대론과 잘 일치하고 있었다. 그러나 양자—바로 플랑크의 양자—에 대한 아인슈타인의 연구, 즉 양자를 물리학으로 전환한 연구에 대하여 플랑크는 다음과 같이 말한 적이 있다. "그는 때때로, 가령 광자에 대한 그의 이론에서와 같이 사색 과정에서 빗나가는 일도 있었다. 하지만 이러한 사실이 결코 그에게 불리한 점으로 간주될 수는 없다."*

그리고 1926년 하이젠베르크(Werner Heisenberg, 1901~1976)가 새로운 양자 역학으로 통하는 첫 번째 관문을 열어 준 직후 아인슈타인 자신이 막스 보른에게 보낸 글에 의하면 이렇다. "양자 역학은 참으로 주목할 만한 이론입니다. 그러나 이것이 진짜 야곱(Jacob)은 아니라고

---

\* 이 구절은 1913년 플랑크 및 여러 동료가 아인슈타인을 왕립 프로이센 과학아카데미 회원으로 제정하는 글에 기재되어 있다.

제 내면의 목소리가 말합니다. 이 이론은 많은 것을 성취하고 있으나 이것이 우리를 큰 어른(the Old One)의 비밀로 더 접근시켜 주는 것은 아닙니다. 어쨌든 나로서는 이 어른이 주사위 놀이를 하고 있다고는 보지 않습니다."*

아인슈타인과 양자론의 발전 사이에 이보다 더욱 미묘한 관계가 있음이 최근에 알려졌다. 양자 역학의 모든 성격 중에 그 방법론에서 가장 특징적인 것은 하이젠베르크의 "불확정성 원리"이다. 이것은 원자 규모의 측정에 대한 한계성을 정확히 규정해 주고 있다. 측정—가령 입자의 위치와 운동량의 측정—에 대한 이러한 이론적 제약은 아인슈타인을 괴롭게 하였다. 이것은 공간-시간의 기하적 구조로 형성된 그의 물리학에 대한 관념과는 조화되지 못할 성질이었다. 그는 여러 번 불확정성 관계를 논박하려고 시도하였으나 실패하였다. 점차 이 관계를 불완전하다고 보는 견해에 머무르게 되었다. 여기서 그가 불완전하다고 함은 양자론이 고전 물리학과 궁극적 종합 이론—고전적인 장(場)의 개념과 공간-시간의 기하를 포함하는— 사이의 중간 단계라는 의미이다. 여기서 아이러니한 사실은 하이젠베르크가 불확정성 원리에 대해 최초로 영감을 얻게 된 것은 그가 1926년에 가졌던 아인슈타인과의 대화였다는 점이다. 하이젠베르크는 아인슈타인이 마하의 실증주의적 관점—물리학 이론에 들어가는 모든 양은 측정 장치에 의한 "조작적 정의"

---

* 원문은 독일어로 되어 있다. 두 개의 영문 번역본들은 조금씩 형태가 다르지만 중요한 내용에 있어서는 동일하다.

를 가져야 한다는 생각—을 그때까지도 그대로 가졌다고 생각하였다. 특수 상대성 이론으로 이끌어 준 분석이 바로 이 관점이었기 때문이다. 그러나 아인슈타인은 중력 이론의 최종적인 형태를 추구하면서 이 관점을 이미 여러 해 전에 버렸다. 그래서 아인슈타인이 "그러나 당신은 관측 가능한 양만이 물리학 이론에 포함되어야 한다고 심각하게 믿고 있는 것은 아니겠지요?"라고 질문했을 때 하이젠베르크는 다소 놀라며 "그것이야말로 당신이 상대론에서 취한 입장이 아닙니까? 당신이 절대 시간은 있을 수 없다고 강조했을 때 단지 절대 시간이 관측될 수 없기 때문이 아니었습니까? 시계가 움직이는 기준계에 있든, 정지된 기준계에 있든 상관없이 단지 시곗바늘을 읽는 것만이 시간을 결정하는 데 의미가 있는 것이라고 하지 않았습니까?"라고 되물었다. 하이젠베르크의 회고에 따르면, 아인슈타인은 그에게 이렇게 말했다고 한다. "아마도 제가 그런 식의 추론을 했던 것 같습니다. 하지만 그럼에도, 그것은 옳지 않다고 생각합니다. 더 간단히 말하면, 관측 가능한 값이 무엇인지 염두에 두는 것이 문제 해결에 도움이 될 수는 있습니다. 그러나 원칙적으로, 오직 관측 가능한 양들만으로 이론을 세우려는 태도는 잘못된 것입니다. 현실에서는 오히려 그 반대입니다. 무엇이 관측 가능한지를 결정하는 것은 바로 이론입니다." 아인슈타인의 이 말, '무엇이 관측 가능한지를 결정하는 것은 바로 이론이다'는 하이젠베르크의 마음에 깊은 인상을 남겼고, 훗날 그가 불확정성 원리를 떠올리는 데 결정적인 계기가 되었다.*

다시 플랑크와 양자 이야기로 돌아가자. 플랑크 말로는 자신은 누구보다도 온건한 성품의 사람이었다. 그는 학자, 공직자, 법률가들을 배출한 독일의 유서 깊은 가문 출신이다. 그의 부친은 킬(Kiel)에서 법학 교수로 있었으며 플랑크는 1858년에 그곳에서 태어났다. 그가 기록한 바에 의하면 이렇다.

> 나를 과학으로 이끌어 주고 어릴 때부터 나를 정열로 채워 주었던 것은 우리의 사고 법칙이 우리가 외계에서 받아들이는 인상들의 경과가 가지는 법칙성과 일치한다는—자명하지 않은—사실이다. 이리하여 우리는 단순히 사고함으로써 자연의 법칙성에 대한 정보를 얻을 수 있다[이러한 생각을 아인슈타인은 그의 유명한 금언에서 "우주의 영원한 신비는 이것이 이해될 수 있다는 데에 있다"라고 표현한 일이 있다]. 여기서 가장 중요한 점은 외계가 우리와는 독립된, 절대적인 어떤 것을 나타내고 있으며 우리는 이것에 직면하고 있다는 사실이다. 그러므로 이러한 절대성을 관찰하는 법칙을 탐구하는 일이 삶에서 가장 매혹적인 일로 보였다.**

---

\* 이 대화는 하이젠베르크가 기억하는 바로는 그의 저서 *Physics and Beyond: Encounters and Conversations*, p. 63에 기재되어 있다.

\*\* Henry A. Boorse and Leoyd Motz, ed., *The World of the Atom*, p. 463에 기재되어 있는 막스 보른의 아주 감동적인 전기적 연구 "Max Karl Ernst Ludwig Planck"에 인용되어 있다.

과학 연구를 시작할 당시, 플랑크는 에너지와 엔트로피를 포함한 열역학 법칙들이 절대적인 성격을 지닌다고 믿었고, 그 점에 큰 충격을 받았다. 그래서 그는 열역학을 단지 다수 입자의 평균적, 즉 가장 가능성 높은 행동의 요약으로 본 맥스웰과 특히 볼츠만의 입장을 처음에는 받아들이지 않았다. 1880년대 중반에 이미 이러한 아이디어에 가장 깊이 관여했던 볼츠만은 기체와 같은 계는 시간이 흐름에 따라 더욱더 있을 만한 가능성이 큰 형상으로 변화되어 나간다고 주장하였다. 이렇게 변화하는 과정에서 이 계는 보다 적게 있을 만한 형상으로도 왔다 갔다 하게 되지만 결국은 더 그럴싸한 쪽으로 변화되어 간다고 하였다. 플랑크는 이러한 개연성의 고려가 그의 이상적인 절대에 위배된다는 까닭으로 이것을 배격하였다. 그러나 20세기로 넘어갈 무렵, 새로운 실험 결과들의 압력에 못 이겨 그는 생각을 바꿀 수밖에 없었다.

플랑크가 양자를 생각하게 된 계기는 무척 단순하다. 베를린 대학에서 그의 스승이었던 키르히호프(Gustav Robert Kirchhoff, 1824~1987)를 비롯한 여러 물리학자는 19세기 중엽에 이른바 "흑체" 복사라고 하는 문제에 대해 이론적·실험적 연구를 시작하였다. 전형적인 실험 과정을 보면 밀폐된 그릇에서 공기를 일부 뽑아낸 뒤 일정한 온도로 가열한다. 이때 일어날 일을 상상해 보면, 이 그릇의 벽을 이루고 있는 물질을 구성하는 원자들은 그릇이 가열되면서 진동하게 되고 이 진동자들은 전자기 복사를 발산한다. 이 복사는 그릇 벽에서 이리저리 반사되어 종국에는 평형 상태에 도달하게 된다. 이 그릇 내의 복사는 여러 진동수—빛깔이라고 해도 좋다—를 가지며 이 진동수는 물리학자들이 부르는 정상(正常) 또는 흑체 스펙트럼이라고 하는 일정한 스펙트럼으로 분포되어 있다. 이 분포를 측정하려면 그릇에 작은 구멍을 뚫고 내부의 복사를 분광계에 받은 후 주어진 진동수에 해당하는 세기를, 가령 열전대 같은 것으로 측정하면 된다. 키르히호프가 증명한 것은 이 스펙트럼이 그릇벽을 이루는 물질의 성질에 무관하다는 것이었다. 플랑크의 마음을 끈 것은 물질에 무관하다고 하는, 이러한 일종의 절대적인 성격이었다. 더욱이 1890년대 말기에 독일 물리학자 빌헬름 빈(Wilhelm Wien, 1864~1928)은 실험적으로 얻어진 이 스펙트럼의 형태와 잘 일치하는 듯한 아주 단순한 수학적 표현을 발견해 내었다. 플랑크는 열역학 법칙들로부터 빈의 스펙트럼을 유도하기 위하여 열심히 연구에 몰두하였다.* 19세기가 끝날 즈음 플랑크는 자기가 이것을 해명하는 데 성공했다고 생각하고—그러나 사실은 잘못 생각하고—1899년에 《물리학 연보》에 이 문제를 해결했다고 생각한 논문을 투고하였다. 그러나 그가 자기 원고의 교정을 보는 동안 새로운 실험 결과를 알게 되었다. 그래서 그는 "교정 시의 첨부" 란에서 빈의 분포는 잘 맞지 않는 것 같으며 특히 파장의 긴—즉 붉은색— 쪽의 스펙트럼 끝에서 더욱 맞지 않는다는 점을 지적했다.

1900년 10월에 이르러 플랑크는 빈의 법칙에 대한 그의 이론이 틀

---

* Martin J. Klein. "Max Planck and the Beginnings of the Quantum Theory," *Archive for History of Exact Sciences*, I, No.5 (1962). 460 참조.

렸음을 인식하였다. 그는 모든 실험 사실과 일치하는 듯한 새로운 공식 —역시 이론적 정당성을 제대로 제시하지 않고—을 고안해 냈다. 플랑크가 회상하는 바로는, 이 새 공식은 물리학회에 발표되자마자 곧 실험적으로 확인되었다.

> 바로 다음 날 아침, 내 동료인 루벤스(Rubens)가 찾아왔다. 그가 내게 말하기를, 학회가 끝나자 곧 그날 밤 내 공식과 그의 측정값을 대조해 보았는데 모든 점에서 만족스러운 일치를 보았다고 한다. 그 후에 측정된 값들도 복사 공식을 거듭 확인했으며 측정 방법이 정밀해질수록 그 공식이 더욱 정확하다는 것을 알게 되었다.[*]

이러한 점은 오늘날에 이르러서도 변함이 없다.

지금까지 우리가 이야기한 어느 것도 아직 양자와 아무런 관계가 없다. 양자는 바로 다음 단계 즉 플랑크가 그의 공식을 유도하려고 시도했을 때 등장한다. 이 유도하는 과정에서, 그는 썩 마음에 내키지는 않았으나 볼츠만의 통계적 방법에 새로운 중요한 가정을 더하여 사용하지 않을 수 없었다. 그의 공식을 얻기 위하여, 그는 복사체의 벽을 구성하는 원자 진동자들이 복사를 발사 또는 흡수할 때 양자화된 단위만큼의 에너지만을 변화시킬 수 있다는 가정을 하지 않을 수 없었다. 고전

---

[*] *Ibid.*, p. 465에서 인용하였다.

물리학으로 이 과정을 기술한다면 진동자들은 어떠한 양의 에너지라도 취할 수가 있게 된다. 플랑크가 가정하였던 사실은 각 진동자가 그 진동자의 특성인 어떤 최소 단위의 정수배에 해당하는 에너지만을 흡수할 수 있다는 것이다. 이것은 최소 단위의 1배, 2배 등등의 값은 흡수할 수 있으나 이것의 1/2배 또는 3/4배 등은 절대로 흡수하지 못한다는 것이다. 아인슈타인은 맥주가 통 속에 있을 때, 이를 오직 맥주병에 담은 채로 사고팔 수 있는 것처럼 복사 에너지도 원자-양자로만 얻을 수 있다고 비유하였다. 플랑크는 처음에 이것이 그의 유도 방법에 무슨 결함이 있음을 말해 준다고 확신하였다. 그가 조금 더 노력하면 이 양자를 떼어 버리고도 그의 공식을 얻을 수 있을 것 같았다. 그는 그 후 10년 동안 이를 위해 보냈으나 허사였다. 그가 말년에—그는 1947년에 별세했다—기록한 바에 의하면 이러하다.

기본적 작용 양자를 고전 이론에 어떻게 합치해 보려 했던 나의 성과 없는 기도는 여러 해 동안 계속되었으며 엄청난 노력이 필요하였다. 많은 나의 동료들은 나의 이 노력을 비극에 가깝다고 생각하였다. 그러나 나는 그렇게 보지 않는다. 이렇게 하여 내가 얻게 된 철저한 인식이야말로 더욱 가치 있는 것이기 때문이다. 그리하여 나는 기본적 작용 양자가 내가 처음에 생각했던 것보다 훨씬 더 중요한 역할을 물리학에서 한다는 사실을 알게 되었다.*

아인슈타인의 출발점은 훨씬 덜 야망적이고 덜 과격하였다. 그러나 그는 이 경우에서도 그 결과가 어디로 이끌어 주든 간에 문제를 끝까지 추구함으로써 결국은 물리적 세계에 대한 우리의 관점을 완전히 바꾸어 놓을 결론에 도달한 것이다. 아인슈타인은 짧은 파장, 즉 보라색에 가까운 영역에서는 빈의 법칙이 사실상 플랑크 공식과 동일하다는 실험 결과를 받아들이는 데서 출발했다. 그리고 이 사실이 공동(空洞, cavity) 내 복사 현상에 어떤 의미를 가지는지를 고민했다(그가 플랑크 공식을 완전히 유도하려 시도한 것은 몇 년 뒤의 일이며, 현재는 그의 유도 방식이 대부분의 양자 물리학 교과서에서 표준으로 다뤄지고 있다). 통계 역학에 대한 그의 지식을 이용하여 그는 밀폐된 그릇 내부에서의 복사는 이것이 마치 양자로 구성된 것과 같은 수학적 성질을 갖는다는 점을 빈의 법칙으로부터 이끌었다. 다시 말해, 아인슈타인의 비유에서 맥주는 단지 맥주 통에서 따를 때만 병에 담기는 것이 아니라, 처음부터 통 속에 있는 모든 맥주가 이미 병에 담긴 형태로 존재한다는 뜻이다. 우리가 실험을 통해 빈의 법칙, 또는 짧은 파장 영역에서의 플랑크 법칙을 받아들이고, 기체와 액체의 통계 역학에서 매우 성공적으로 쓰인 통계적 추론—아인슈타인이 브라운 운동 이론에서 사용했던 바로 그 방

---

* Max Planck, *Scientific Autobiography and Other Papers* trans. F. Gaynor (New York, 1949), p. 44.

법—을 적용한다면, 결국 이와 같은 결론에 도달할 수밖에 없다. 이러한 것을 확립하고 나서 그는 플랑크가 생각해 보지 않은 그다음 단계의 문제점을 제기했다. 즉 이러한 발견이 복사와 물질과의 상호 작용을 포함하는 다른 현상들에 대하여 더 이상의 어떤 의미가 될 것인가 하는 점이었다. 그는 여러 가지 예를 발견했고 특히 그중 하나가 "광전 효과"(photoelectriceffect)였다.

광전 효과는 19세기 말엽에 물리학자들의 관심 대상이 되었다. 자외선—대단히 높은 진동수를 갖는 빛—이 어떤 금속들의 표면에 비치면, 때때로 금속이 아주 높은 에너지의 전자를 방출할 수 있다는 사실이 알려졌다. 이 현상에서 이상한 점은, 전자기 복사를 파동으로 가정할 경우, 그 파동이 전자를 하나 튕겨 낼 만큼 충분한 에너지를 지니고 있다면, 왜 그 경로에 있는 모든 전자를 동시에 튕겨 내지 않느냐는 것이다. 이는 마치 해수욕장에서 거대한 파도가 몰려와 수영장 안의 모든 사람을 넘어뜨릴 수 있을 만큼 강력한데도, 실제로는 가끔 한 사람씩만 넘어지고 나머지는 아무 일도 겪지 않는 상황과 비슷하다. 1902년 실험 물리학자 레나르트—그는 1905년 노벨상을 받았고 후에 극렬한 나치 당원이 되어 "유대 물리학"을 반대하는 지도적 역할을 하였다—는 다음과 같은 중요한 관찰을 하였다. 즉 빛의 강도를 증진시키면—가령 광원을 금속면에 더 가까이 접근시킴으로써—방출되는 전자들의 에너지는 증가하지 않고 단지 그들의 수효만이 증가한다는 것이다. 이것 또한 파동적인 관점에서 볼 때 전혀 이해 못 할 일이다. 이 효과는 더 강한 파도가 몰아쳐 올 때 수영자들을 더 세게 넘어뜨리는 것이 아니라, 약한 파도가 넘어뜨리는 것과 같은 힘으로 단지 더 많은 사람을 넘어뜨리는 것일 뿐이다.

아인슈타인이 양자라는 개념을 이용하여 설명하고자 했던 것이 바로 이러한 사실들이다. 이를 위해 아인슈타인은 그의 계산 결과에서 얻어진 매우 중요한 고찰을 활용하였다. 그가 이미 보였던 것은—이 점은 또한 흑체 스펙트럼에 관한 플랑크의 유도에서도 나타난다—광양자의 에너지는 이것의 진동수에 비례한다는 사실이다. 이것이 의미하는 것은 예를 들어 푸른빛의 양자는 붉은빛의 양자보다 에너지가 더 크며 X선은 가시광선보다 그 진동수가 더 크므로 더욱 큰 에너지를 갖는다는 것이다. 여기에 대한 기본적인 에너지 방정식은 간단히 $E=h\nu$로 표시되는데 여기서 $E$는 양자의 에너지, $\nu$는 진동수, 그리고 $h$는 지금 플랑크 상수(Planck's constant)라고 불리는 새로운 자연 상수이다(만일 $E$를 erg 단위로, 진동수를 초단위로 나타낸다면 플랑크 상수는 최근의 측정 결과에 의하면 $6.62559 \times 10^{-27}$ erg·sec의 값을 갖는다. 측정 오차는 마지막 두 자릿수 이내의 작은 값이다. 이 플랑크 상수의 수치가 매우 작다고 하는 사실은 양자 현상을 일상생활 속에서 별로 관측할 수 없는 원인이 된다).

일단 양자 가설을 인정하면 레나르트의 결과는 곧 설명이 된다. 양자론적 관점에 의하면 빛은 파동의 형태로 행동하지 않고 한 무더기의 토막토막 떨어진 에너지 양자들로서 행동한다. 빛이 어떤 단일한 진동수를 가질 때는—가령 푸른색—이를 구성하는 모든 양자는 동일한 에너지를 갖는다. 이 광원이 아무리 강해지더라도 이것은 단지 같은 에너지를 갖는 양자들을 더 많이 방출할 뿐이다. 하나의 광양자가 전자와 충돌할 때 이것의 모든 에너지를 전자에게 전달한다. 이는 마치 당구공이 충돌할 때와 같다. 그리고 광원이 강렬할수록 더 많은 양자가 있게 되므로 더 많은 충돌이 일어난다.

레나르트의 실험은 이러한 아이디어와 정성적으로 일치하고 있으나 여기에 관한 정량적 실험은 그 후 약 10년이 지나서 밀리컨에 의하여 최초로 수행되었다. 그 결과는 1916년에 발표되었다. 밀리컨은 유별나게 재치 있는 실험가였는데 이 실험에서는 금속 표면을 높은 진공 상태로 유지함으로써 금속 표면에 불순물이 끼여 전자의 방출을 방해하는 일이 없도록 유의하였다. 그는 유리 진공관으로 된 용기 안에 일종의 소형 이발소를 설치하여 원거리 조정을 할 수 있는 면도칼로 금속 표면을 수시로 면도시킬 수 있도록 조작하였다. 그는 입사하는 빛의 빛깔을 상당히 넓은 범위 내에서 변화시켜 봄으로써 아인슈타인의 방정식을 완전히, 그리고 성공적으로 검증할 수 있었다.

우리가 보아 온 바와 같이 이러한 결과는 밀리컨이 즐겁게 환영할 만한 것이 아니었다. 왜냐하면 그에게 있어서, 그리고 아인슈타인을 포함한 대부분의 다른 물리학자들에게도 이러한 사실은 빛의 성격을 더 신비롭게 하는 데 불과했기 때문이다. 19세기 초까지는 물리학자 대부분이 빛은 에너지를 가진 입자들로 구성되어 있다고 믿고 있었다[하나의 주목할 만한 예외는 17세기의 물리학자 크리스티안 하위

헌스(Christiaan Huygens, 1629~1695)이다. 그는 빛의 파동 이론을 위하여 최초로 중요한 공헌을 했으나 그의 업적은 빛을 입자로 보고 있던 뉴턴의 영향 때문에 거의 묵살되었다]. 그러나 영국의 토머스 영(Thomas Young, 1773~1829)을 위시해서 프랑스의 프레넬(Augustin Jean Fresnel, 1788~1827) 등 여러 사람에 의하여 새로운 실험들이 수행되었다. 그러자 빛의 입자 이론들은 단번에, 그리고 영원히 사라져 버린 것으로 보였다. 이 모든 실험이 공통으로 보여 준 현상이 바로 "간섭 효과"(interference)라는 것이다. 두 개의 파가 공간 내에서 서로 중첩되면 그들은 서로 간섭을 일으키게 되는데, 이것은 이들이 결합하여 본래의 파동들과는 다른 새로운 파동을 형성한다는 것이다. 사실상 이 합성파가 형성되는 어떤 위치에서는—한 파의 골짜기가 다른 파의 등성이와 중첩되는 위치—합성파의 진폭이 정확히 서로 상쇄되어 진폭의 값이 0으로 되어 버린다. 이러한 두 광파는 간섭하여 어두운 점을 만들어 낸다. 영은 빛을 스크린상에 있는 두 개의 구멍으로 통과시키는 것으로 이러한 실험을 하였다. 두 개의 구멍을 통과한 빛이 서로 간섭하면서, 밝은 띠와 어두운 띠가 번갈아 나타나는 간섭무늬가 형성되는 현상이 관찰되었다. 실제로 영(Young)은 이 방법을 이용해 다양한 가시광선의 파장을 측정할 수 있었다.

　19세기에 이러한 방법들은 더욱 다듬어졌다. 광학 전체는 맥스웰 방정식에 의하여 완벽하게 수식화된 빛의 파동 이론에 입각하여 확고한 기반을 구축하였다. 말할 필요도 없이 아인슈타인은 그가 광입자에 관해 1905년 논문을 쓸 당시 파동 이론의 성공을 너무나 잘 알고 있었다. 실제로 그는 다음과 같은 솔직한 표현으로 그의 논문을 시작하고 있다. "연속적 공간 함수들을 사용하는 파동 이론은 순수 광학 현상들을 나타내는 데 옳다고 판명되었다. 아마도 다른 어떤 이론에 의해서도 대치되지 않을 것이다." 그리고 다음과 같이 계속한다.

> 그러나 우리는 광학적 관측이 시간적인 평균값과 관계될 뿐 순간적인 양들과는 무관하다는 점을 염두에 두어야 한다. 그러므로 설혹 회절, 반사, 굴절, 분산 등에 관하여 완전히 실험적으로 검증되었다고 하더라도 연속적 공간 함수를 사용하는 빛의 이론을 빛의 발생과 변형에 관한 현상들에 적용한다면 관측 현상과 모순을 일으킬 수 있다.
>
> 사실상 나에게는 "흑체 복사", "냉광", 음극선[전자] 발생 시에 방출되는 자외선, 기타 빛의 발생과 변형에 관계되는 여러 현상은 빛의 에너지가 공간 내에 불연속적으로 분포되어 있다고 가정함으로써 더 잘 이해될 것으로 생각한다. 여기서 제안하는 가정에 의하면 하나의 점광원에서 방출되고 있는 광속 내의 에너지는 공간에 널리 연속적으로 분포되며 퍼져 나가는 것이 아니다. 유한개의 에너지 양자로 구성되어 있으며 이들은 공간 내의 점으로 국소화되어 더 이상 나누어지지 않고 움직이며 또한 이러한 단위로만 흡수되고 방출된다.[*]

---

[*] Henry A. Boorse and Lloyd Motz, *eds., The World of the Atom*, pp. 544~545.

그 후 20년간 아인슈타인은 빛의 이러한 "조현병"(schizophrenia) 같은 성격을 이해하는 데 대부분의 시간을 바쳤다(독자는 이러한 조현병과 같은 증상이 이미 기본적인 양자 에너지식 $E=h\nu$에 포함되어 있다는 것을 알아차릴 수 있을 것이다. 여기서 진동수 $\nu$는 파동적인 개념이면서 동시에 입자적인 양자의 에너지를 나타내고 있다). 이러한 작업은 둘로 나뉘어 있었다. 하나는 아인슈타인이 논문으로 발표하였는데 양자적 관념을 다른 현상에까지 적용하여 그 적용 범위를 넓히려는 것이었다. 또 하나는 성공하지 못해서 발표하지 않았는데 빛의 이러한 두 가지 측면을 하나의 기술 방법에 융합시키는, 일종의 기본 이론을 발견하는 것이었다. 전자(前者)에 속하는 것으로 두 개의 가장 흥미를 끄는 부분은 고체의 비열에 관한 아인슈타인이 양자론과 긴 파장 쪽의 흑체 스펙트럼에 관한 그의 연구이다. 비열은 물체가 열을 받아들이고 이것으로 그 온도를 올릴 수 있게 되는 능력과 관계되는 것이다. 즉 일정한 양의 열이 가해질 때 그 물체의 온도가 상승한 양이 얼마인가 하는 것이다. 아인슈타인이 발견한 것은 물체가 저온에서 열을 흡수할 때 나타나는 다소 비정상적인 비열의 값이 플랑크의 양자화된 진동자에 의해 설명될 수 있다는 점이다. 이는 임의의 에너지양을 흡수할 수 있다고 보았던 고전적인 흡수체 대신에 플랑크의 양자화된 진동자를 열 흡수체로 보아 저온에서의 비열을 설명한 이론이다. 이 이론은 현대 고체양자 이론의 발전에 기초적 역할을 하였다. 또한 이 연구는 양자 가설에 대하여 최초로 많은 물리학자들의 관심을 집중시키는 계기가 되었다. 아인슈타인이 이 과제를 처음으로 연구하던 1907년에 이미 이를 확증하는 실험 사실들이 있었기 때문이다.

두 번째로 중요한 그의 연구는 플랑크 공식의 긴 파장 부분에 대한 것이다. 이것은 아인슈타인이 그의 1905년 논문에서 고찰하던 스펙트럼 부분과 반대쪽 부분이다. 플랑크는 스펙트럼에 관한 연구를 할 때 이 부분에 별로 주의를 기울이지 않았었다. 사실상 이 부분의 스펙트럼에 잘 일치하는 이론은 레일리 경(Lord Rayleigh, John William Strutt, 1842~1919)이 이루어 냈고, 그 후 1900년 영국의 천문학자 진스(James Hopwood Jeans, 1877~1946)가 다소 수정하였다. 이들의 이론이 말해 주는 중요한 사항은 이것이 고전 물리학의 불가피한 결과로 주어진다는 것이다. 실제로 플랑크의 공식에서 양자를 규정하는 플랑크 상수의 값을 0으로 놓는다면 이것이 바로 레일리-진스 법칙이 된다. 아인슈타인은 한 걸음 더 나아갔다. 그는 다시 통계 역학적 논법을 이용하여 스펙트럼의 이쪽 부분은 빛의 파동적 성질에 의하여 나타나는 것임을 보여 주었다. 그리하여 흑체 스펙트럼의 전 영역에는 빛의 파동적 성격과 입자적 성격 두 가지가 뚜렷한 모습으로 양립하고 있음을 알 수 있게 되었다. 아인슈타인이 양자와 씨름하고 있을 때 그의 심경이 어떠했는지 말해 줄 한 일화와 편지가 있다. 그 일화는 필립 프랑크가 잘 기술하였다.

> 당시 아인슈타인은 프라하에 있었다. (…) 아인슈타인은 빛의 이중성에서 나타나는 역설로 말미암아 번민하기 시작했다. (…) 이 문제에 대한 그의 심경을 말해 주는 것으로 다음과 같은 일이 있었다.

대학 내 아인슈타인 교수실에서는 아름다운 정원과 우거진 나무들이 있는 공원을 내려다볼 수 있었다. 그가 관찰한 바에 의하면 오전에는 여자들만이, 그리고 오후에는 남자들만이 오가며, 또한 어떤 사람은 깊은 명상에 잠겨 혼자 걷고 있는가 하면, 또 어떤 사람들은 떼를 지어 열띤 토론에 몰두하고 있었다. 도대체 이 괴상한 정원이 무엇 하는 곳인가 하고 그가 알아보았더니 다름이 아닌 보헤미아 지방의 정신병자 수용소에 부속된 공원이었다. 정원을 걷고 있는 사람들은 이 수용소의 수용자들로서 가두어 둘 필요가 없는 얌전한 환자들이었다. 내가 처음 프라하로 갔을 때 아인슈타인은 이 광경을 보여 주며 설명하고 나서 농담조로 말했다. "저 사람들은 양자론에 사로잡히지 않고 미쳐 있는 사람들이야."*

다음은 조금 더 초기의 편지다. 1908년 라우프(J. J. Laub)라는 동료에게 보낸 것이다.

나는 계속해서 복사선의 구성에 대하여 고심하고 있습니다. 이 문제에 관해 로런츠, 플랑크와 교신을 하고 있습니다. 로런츠는 놀라울 만큼 사려가 깊고 친절한 분입니다(당시 55세였던 로런츠는 살아 있는 가장 위대한 물리학자로 인정받았다. 그때 아인슈타인은 29세로 여전

---

* Philipp Frank, *Einstein: His Life and Times* p. 98.

히 특허국에서 일하고 있었다). 플랑크 역시 서신을 통해 볼 때 매우 상냥한 사람입니다. 그런데 그는 한 가지 결함이 있습니다. 그는 생소한 사상을 받아들이는 데 매우 서툰 것 같습니다. 그렇기에 그가 복사에 관한 나의 최근 논문에 대하여 터무니없이 반대하였다고 생각합니다. 하지만 그는 아직 내 논평에 대해 아무런 반응도 보이지 않고 있습니다. 나는 그가 이를 읽고, 그 의미를 이해해 주기를 바랍니다. 이 양자 문제는 정말로 중요하고 어려운 주제이기 때문에, 누구든지 진지하게 깊이 파고들 필요가 있습니다. 나 역시 이와 관련하여 어느 정도 성과를 내기는 했지만, 아직은 그것조차도 쓸모없는 결과에 불과하다고 생각할 만한 충분한 이유들이 있습니다.*

아인슈타인은 1911년에 취리히 대학에서 프라하로 옮겼다. 1912년 가을에는 다시 취리히로 돌아와 그가 10여 년 전에 아쉬운 성적으로 졸업한 공과대학에 교수로 취임하였다. 그는 취리히에서 2년 정도 지내다가 1914년 4월 베를린으로 옮겨 그가 1932년 독일을 영영 떠날 때까지 거기에 머물렀다.

이 기간에 막스 보른은 자주 베를린에 와 있었다. 그는 명목상 베를린 대학의 교직에 있었다. 그런데 1914년 8월 군사 동원 후 대부분 대학의 정상 기능이 정지되었다. 그러나 아인슈타인과 플랑크가 있는 곳

---

* Martin J. Klein, "thermodynamics in Einstein's Thought," p.513에 인용되어 있다.

에 얼마 후 에르빈 슈뢰딩거(Erwin Schrödinger, 1887~1961)가 왔다. 이로써 베를린은, 당시 여기에 있었던 위대한 실험 물리학자들과 화학자들을 생각하지 않더라도, 이론 물리학에서 세계적으로 가장 큰 중심지가 되었다. 이러한 상태는 1920년대 중반(물리학의 중심이 괴팅겐과 코펜하겐에 있는 젊은 세대로 옮겨 갈 때)까지 지속되었다. 베를린 대학의 물리학 콜로퀴움(colloquium)에는 저명한 과학자들이 매주 정기적으로 참석하였다. 여기에 비견할 만한 인물들이 어느 한 장소에서 일정 기간 이렇게 모일 수 있었던 일은 그 이전에도 없었고 그 이후에도 아직 없다.

플랑크와 아인슈타인은 베를린 아카데미에서 정기적으로 만났고 또한 이들의 친교는 과학적 아이디어의 교환이라는 범위를 훨씬 넘어서도록 진전되었다. 그런데 생활 태도에 있어서 이렇게도 서로 다른 두 사람을 상상하기란 어려운 일이다. 아인슈타인은 세계의 시민으로서 그 주변 사람들과 밀착되지 않았으며 그가 살고 있는 사회의 감정적 배경에 얽히지 않았다. 반면 플랑크는 자기 가문과 국가의 전통에 깊숙이 뿌리박고 있는 열렬한 애국자였다. 독일 역사의 위대성에 자부심이 있으며 국가에 대해서는 의식적인 프로이센인의 태도였다. 그러나 이러한 차이도 그들의 공통점에 비하면 아무런 문제가 되지 않았다. 그들의 공통점은, 자연의 신비에 대한 매혹적인 흥미, 비슷한 철학적 신념, 그리고 음악을 깊이 사랑한다는 점이었다. 그들은 종종 함께 실내 음악을 했는데 플랑크는 피아노를 치고 아인슈타인은 바이올린을 연주하여 둘이 다 깊이 도취되고 행복할 수 있었다. 플랑크는 뛰어난 피아니스트였다. 그는 요청만 하면 거의 모든 고전 음악을, 그것도 외워서 연주할 수 있었다. 그는 또한 자신에게 요청된 테마 혹은 그가 매우 좋아했던 독일의 옛 민요를 바탕으로 하여 즉흥적으로 연주하기를 즐겼다.*

아인슈타인은 독일의 조직적 반유대주의(anti-Semitism)가 일어나던 1920년대 초기부터 독일에서 일어서기 시작한 나치주의의 위험성을 민감하게 느끼고 있었다. 이에 반하여 플랑크는—그의 애국심 또는 연로한 나이 때문이겠지만—나치 운동의 힘과 지속성을 과소평가하고 있었다. 그가 나치를 경멸한 것은 사실이었으나 이들이 단지 일시적인 형세를 나타내는 데 불과하다고 믿었다. 1933년경에 그는 친구이자 유명한 유대인 화학자 프리츠 하버(Fritz Haber, 1868~1934)의 생명을 구하려고 히틀러와 접견한 일이 있었다(하버는 1차 대전 당시 폭발물 제조법을 발견하였는데 보른의 말에 의하면 독일 전쟁 때 이것이 결정적인 역할을 했다고 한다). 이때 히틀러는 너무나 격노해 있었다. 보른의 말을 빌리면 "플랑크는 입을 다문 채 말을 듣고 나서 자리를 떠나는 것 외엔 아무것도 할 수 없었다."**라고 한다. 이 사건 후 플랑크는 정권에 대하여 능동적인 변화

---

\* Max Born's obituary for Planck, in Boorse and Motz, *op. cit.*, p. 477.
\*\* *Ibid.*, p. 483

를 가해 보려는 모든 희망을 버리게 되었고 독일 안에서 자신의 생존을 유지해 나가는 것만이 그가 할 수 있는 전부였다. 그의 집과 도서실은 2차 대전 중에 공습으로 파괴되었고 그의 아들 에르빈(Erwin)은 히틀러에 반대하는 1944년 7월 음모에 가담한 죄로 나치에 의해 처형되었다. 플랑크는 괴팅겐에서 여생을 보내다가 1947년 88세를 일기로 서거하였다.

# 중년기

1차 대전 이후 몇 해 동안은 아인슈타인에게 매우 어려운 시기였다. 독일의 인플레이션은 그의 경제적 사정을 매우 어렵게 만들었다. 이는 특히 그가 스위스에 있는 그의 전처와 두 아들을 부양하고 있었기 때문에 더욱 심했다. 그뿐만 아니라 당시 독일의 분위기는 대체로 험악하였고 그에게 이질감을 주었다. 사실상 그가 플랑크 및 몇몇 동료들과의 우정이 아니었더라면 그는 벌써 네덜란드로 이주하여 레이덴에 있는 그의 절친한 친구인 파울 에렌페스트와 함께 지냈을 것이다. 에렌페스트는 1880년 빈에서 출생한 사람으로 1912년 프라하에서 아인슈타인을 만났다. 그는 아인슈타인에게 깊은 감명을 받은 나머지 단지 그와 함께 일할 기회를 잡기 위해서라도 취리히로 옮겨 올 생각이 있었던 사람이다. 아인슈타인이 보기에 에렌페스트는 놀랄 만큼 열정적이고 매우 정직하며 또한 엄격한 과학 비평가였다. 이 두 사람 사이에는 깊은—최소한 아인슈타인의 성격이 허락하는 범위 내에서는 가장 깊은—우정이

싹텄다. 에렌페스트가 로런츠의 후임으로 레이던 대학교로 간 후로는 아인슈타인이 그를 매우 자주 찾아왔다. 1916년, 한 번은 아인슈타인이 일반 상대성 이론의 최종 형태를 완성한 직후 에렌페스트를 보러 갔다. 이때 그는 에렌페스트와 더불어 로런츠와 대화를 몹시 나누고 싶었다. 로런츠는 나이가 60대여서 명목상 퇴직은 하고 있었지만 실제로는 연구에 깊이 몰두하고 있었다. 에렌페스트는 이들의 상면에 대하여 다음과 같이 생생하게 기술하였다.

늘 지켜 온 방식대로 로런츠는 우선 저녁 식사를 하는 자리에서 아인슈타인이 따뜻하고 유쾌한 호의적 분위기를 누리도록 해 주었다. 그리고 우리는 천천히 로런츠의 안락하고 간소한 서재로 올라갔다. 귀빈을 위한 고급 안락의자가 큰 연구용 테이블 옆에 있었다. 서재는 고요했다. 또 어떠한 초조함도 느끼지 않도록 손님을 위한 담배가 마련되어 있었다. 그리고 나서야 로런츠는 조용히 중력장 내에서 빛이 굴절한다는 아인슈타인의 이론에 대하여, 매우 세련된 질문을 시작하는 것이었다. 아인슈타인은 그의 독자들에게 더 직접적이고 수월한 방법으로 논문 내용을 이해시키기 위하여 고난을 겪었다. 그가 극복해야만 했던 모든 커다란 문제점들을 로런츠가 그의 논문을 검토하면서 대가답게 재발견해 낸 데 대하여 아인슈타인은 기쁨을 감추지 않았다. 그러나 로런츠가 말을 점점 더 이어 가면서 아인슈타인은 담배 연기를 뿜는 횟수가 줄어들었고, 그의 안락의자에 바로 앉은 채 이야기에 몰두하였다. 로런츠가 말을 마쳤을 때 아인슈타인은 로런츠가 말하면서 종이 위에 보조적으로 기록한 수식들을 살펴보았다. 담배는 이미 버렸고, 아인슈타인은 생각에 잠긴 채 그의 오른쪽 귀를 덮고 있는 머리카락들을 만지작거렸다. 한편 로런츠는 완전히 명상에 빠진 아인슈타인을 바라보며 미소를 띠고 앉아 있었다. 마치 한 아버지가 특별히 사랑하는 아들에게 호두를 하나 내주고는 그 아들이 이것을 틀림없이 까기는 하겠으나 어떤 방법으로 까는가를 열심히 지켜보는 태도 같았다. 한참 시간이 흐르고 나서 아인슈타인은 갑자기 고개를 번쩍 들었다. 그는 즐거운 표정으로 "됐습니다!"라고 했다. 그러고도 얼마 동안은 서로 말을 가로채며 몇 마디 주고받았다. 부분적인 의견 차이도 있었으나 이것은 곧 급속도로 해명되었으며 급기야는 서로 완전한 이해에 도달하였다. 그리고 두 사람은 즐거운 눈으로 새 이론의 번쩍이는 보배들을 보았다.\*

아인슈타인이 말년에 로런츠에 대하여 "나에게 있어서 개인적으로 그는 내가 일생 만난 모든 사람을 다 합친 것보다 더 큰 의미가 있다."라고 한 것은 놀라운 일이 아니다.\*\* 그리고 1919년, 레이던 대학에서 경제적 보장을 제공하고, 시간을 자유롭게 쓸 수 있는 완전한 자유를

---

\* Martin J. Klein, *Paul Ehrenfest*, pp. 303–304에 인용되어 있다.
\*\* *Ibid.*, p. 303에 인용되어 있다.

보장하겠다는 제안을 받았을 때, 아인슈타인이 레이덴에 정착하고 싶은 충동을 느낀 것은 놀라운 일이 아니다. 에렌페스트가 전한 이 제안의 조건은 단 하나였다. "아인슈타인이 라이덴에 있다—레이덴에는 아인슈타인이 있다."라는 말을 할 수 있게 되는 것. 그 연락을 받은 며칠 뒤, 아인슈타인은 회신을 보냈다.

　　당신의 제의는 정말 꿈 같았습니다. 당신의 말은 너무도 친절하고 애정이 넘쳐 그 서신을 받고 제가 얼마나 정신이 어지러웠는지 당신은 모를 것입니다. 물론 당신은 제가 레이덴을 얼마나 좋아하는지 잘 알고 계십니다. 그런데 마음 내키는 대로 하면 될 정도로 제 입장이 간단하지는 않습니다. 제가 취리히에 있을 때 플랑크가 보내 준 편지를 여기에 동봉합니다. 이것을 받고 제가 그에게 약속한 것이 있습니다. 떠나는 것이 자연스럽고 또 당연하다고 그가 생각할 정도로 상황이 나빠지지 않는 한 베를린을 등지지 않기로 말입니다. 당신은 아마 이곳에서 제게 얼마나 희생적인 배려를 해 주고 있는지 잘 모르실 것입니다. 일반적인 경제 사정이 지극히 어려운데도 제가 여기 머물고 또 취리히에 있는 제 가족을 부양할 수 있도록 그들은 최선을 다해 주고 있습니다. 제가 모든 정량적 희망을 원하여 제가 떠나간다면, 그리고 부분적이기는 하겠지만 물질적인 이점을 취하기 위해 나간다면 제 주위에 사랑과 우정으로 모여 있는 사람들에게 죄를 짓는 것 같습니다. 더욱이 이들이 굴욕당하고 있다고 보이는 이 시점(이때는 독일이 패전한 1차 대전 직후이다: 역자주)에 내가 떠난다면 이들에게는 이중으로 가슴 아픈 일이 될 것입니다. 내가 이곳에서 얼마만 한 애정을 받고 있는지 아마 잘 모르실 겁니다. 이 사람들이 전부 내 두뇌의 콩고물이나 주워 가기 위해 모여 있는 것은 아니니까요.\*

이리하여 아인슈타인은 베를린에 계속 머무르기로 하는 한편 레이던 대학의 한 특수 교수직을 수락하여 매년 몇 주씩 그곳을 방문할 수 있게 되었다.

에렌페스트에게 보낸 같은 편지에서 아인슈타인은 "그곳에서 혹시 영국의 일식 연구 파견대에 대한 이야기를 들은 일이 없는지요?" 하고 물었다. 이것이 우리가 이미 본 바와 같이 태양에 의한 빛의 굴절을 처음으로 확인한, 바로 그 연구 파견대를 의미한다. 아인슈타인의 편지는 1919년 9월 12일에 적은 것인데 이달 27일에 그는 로런츠에게서 그의 이론이 확인되었다는 기별을 들었다. 이렇게 해서 아인슈타인은 하룻밤 사이에 세계적인 인물이 되었다. 그러나 아마도 바로 그 이유 때문에, 그리고 그가 유대인이었다는 사실로 인해, 거의 동시에 상대성 이론을 겨냥한 조직적인 정치적·반유대적 공격이 시작되었다. 수십 년이 지난 오늘날, 이 충격적인 사건은 현실과는 동떨어진, 마치 악몽 같은

---

\* *Ibid.*, pp. 310-312에 이 서신 전문이 기재되어 있다.

전설처럼 여겨지고 있다. 하지만 그러한 폭력 속에서 살아야 했던 사람들, 특히 유대인이자 인도주의자였던 아인슈타인에게는, 이 일은 결코 아물지 않는 상처로 남았다. 1946년 반나치주의자였지만 플랑크처럼 독일에 머물러 있던 독일 물리학자 아르놀트 조머펠트(Arnold Johannes Wilhelm Sommerfeld, 1868~1951)가 아인슈타인에게 글을 써서, 1933년 아인슈타인을 축출한 바이에른 아카데미(Bavarian Academy)에서 그에게 회원 자격을 다시 주고자 한다고 알렸을 때 아인슈타인은 다음과 같이 대답하였다. "독일인들이 우리 유대인 동포들을 학살했습니다. 저로서는 그들과 더 이상 아무런 관계도 맺고 싶지 않습니다. 별로 해롭지 않은 학회 관계조차 그렇습니다. 지속적으로 가능한 범위 내에서 나치주의를 반대하며 지내 온 소수의 사람들에 대해서는, 물론 달리 생각합니다. 그리고 당신도 이런 사람 중 하나라는 말을 들으니 반갑습니다."*

    1920년에 하나의 반(反)아인슈타인 연맹이 독일에서 결성되었다. 여기서는 아인슈타인의 업적을 공박하는 글을 쓰는 사람에게는 누구에게나 상당량의 돈을 제공하였다. 1920년 8월 24일에는 이 연맹 주최로 베를린 음악관에서 아인슈타인 자신도 참석한 회합이 있었다. 그 자리에는 만자(卍字) 나치 독일의 마크와 반유대 팸플릿이 방매되었고 여기에는 아인슈타인과 그의 업적을 공격하는 글도 실려 있었다. 아인슈타인의 몇몇 동료들은 《베를리너 타게블라트(Berliner Tageblatt)》에 글을 실

---

* Otto Nathan and Heinz Norden, eds., *Einstein on Peace*, pp. 367~368에 인용되어 있다.

어 대응하였고 며칠 후엔 아인슈타인 자신의 노한 글 역시 《베를리너 타게블라트》에 실렸다. 아인슈타인이 이러한 일엔 관심 기울일 가치가 없다고 무시하리라 예상했던 에렌페스트는 큰 충격을 받았다. 이때 이후 1932년 아인슈타인이 마지막 독일을 떠날 때까지 아인슈타인과 그의 업적은 계속해서 치열한 반대 운동의 표적이 되었다.

1930년대의 독일 유대인들에게 닥친 재앙에 대하여 간단히 몇 줄만 읽어 보더라도 우리의 가슴을 찌르는 것 같다. 1933년에 이르러 필립 레나르트는 나치 신문인 《푈키셔 베오바흐터》에 다음과 같이 적었다.

> 자연의 연구에 대하여 유대인 서클이 끼치고 있는 위험한 영향력의 가장 두드러진 예는 아인슈타인 씨, 그리고 몇몇 오래된 지식과 몇 가지 임의의 첨가물들을 포함해 수학적으로 흉하게 얽어 만든 그의 이론들이라고 볼 수 있다. 지금 이러한 이론들은 점점 부서져 가고 있는데 이것은 자연에 합당하지 않은 모든 산물이 지니는 공통된 운명이라고 본다. 다른 면에서는 확고한 업적을 남겼다고 할 수 있는 과학자들도 상대론이 독일에 발붙일 수 있게 허용한 데 대해서는 비난을 받아 마땅하다. 왜냐하면 그들은 학문 분야에서나 또는 학문 분야를 떠나서도 이 유대인을 선량한 독일인으로 여겼던 것이 얼마나 잘못된 것인가를 보지 않았거나 또는 보려 하지 않았

기 때문이다.*

2년 후 레나르트는 새 물리학 연구소의 창설 기념식에서 다음과 같은 취임 연설을 하였다.

> 나는 이 연구소가 과학에 있어서 동양 정신에 대항하는 하나의 전쟁 깃발처럼 서 나가기를 희망합니다. 우리 총통께서는 정치와 국가 경제에서 마르크스주의(Marxism)로 알려진 정신을 배제하셨습니다. 그러나 자연 과학에서는 아인슈타인을 지나치게 강조하여, 우리의 정신이 여전히 흔들리고 있습니다. 우리가 인식해야 할 점은 독일인으로서 한 유대인의 지적 추종자가 되는 것은 무가치하다는 점입니다. 본래 자연 과학이라 불리는 것은 완전히 아리안족에 의해서 기원한 것이며 오늘날의 독일인은 미지의 세계로 향하여 그들의 길을 뚫고 나가야 할 것입니다. 히틀러 만세.**

1939년에 이르러서는 나치의 교육상 베른하르트 루스트(Bernhard Rust)가 "국가사회주의는 과학의 적이 아니고 이론들의 적일 뿐이다."***라는 말과 같은 선언을 하고 있었음에도 독일 내 과학은 이미 파

---

\* Philipp Frank, Einstein: *His Life and Times*, p. 232에 인용되어 있다.
\*\* *Ibid.*, p. 232에 인용되어 있다.
\*\*\* *Ibid.*, p. 233에 인용되어 있다.

괴되어 있었다. 이것은 현대에서야 겨우 회복되고 있다. 대부분의 저명한 독일 과학자들은 유대인이건 아니건 간에 떠나고 없었다. 막스 폰 라우에와 같은 소수의 구세대만이 공공연한 반나치적 입장이어도 견딜 수 있었고, 하이젠베르크라든가 폰 바이츠제커 같은 몇몇 사람들은 나치 당원이 아니면서도 계속해서 일하기 위해, 필요하다면 무슨 타협이든지 하며 지냈다. 뛰어난 원자핵 물리학자인 폰 바이츠제커는 리벤트로프(Joachim von Ribbentrop) 밑에서 외무 차관을 지낸 사람의 아들이었다. 외교관 가문 출신이었던 그는, 상대성 이론을 아인슈타인이나 유대계 물리학과의 연관성에서 분리해 독일 내에서 가르치고 연구에 활용할 수 있도록, 나치당과 일정 부분 타협하며 여러 방면에서 배려를 얻고자 노력했다. 1943년, 폰 라우에가 스웨덴에서 강연 중 상대성 이론을 언급했는데, 그가 '독일 물리학자들이 이 이론과 확실히 결별했다'는 말을 덧붙이지 않았다는 이유로 비난을 받았다. "이에 대해 폰 바이츠제커는, 상대성 이론의 주요 내용은 사실상 아인슈타인 이전에 아리안 혈통의 과학자인 로런츠와 푸앵카레에 의해 대부분 정립된 것이라고 설명하는 편이 낫겠다고 조언하였다. 폰 라우에는 이 친절한 충고를 무시하고 그 이론에 관해 공개적으로 귀에 거슬릴 만한 글을 써서 과학 정기 간행물에 실었다. '이것이 바로 나의 대답이오.' 하고 그는 폰 바이츠제커에게 알렸다."\*

---

\* David Irving, *The German Atomic Bomb*(New York, 1967), p. 177.

당시 많은 정치적 및 도덕적 문제에 대한 아인슈타인의 태도는 바뀌었다. 자기 내부에 깊은 평화주의적 감정을 가졌음에도 그는 유럽 각국에 대하여 재무장할 것을 역설하였다. 1933년에 그는 한 젊은 평화주의자에게 다음과 같이 썼다.

> 당신은 제가 지금 말하는 것을 듣고 크게 놀랄 것입니다. 극히 최근까지도 유럽에 있는 우리는 개인적인 반전 운동이 군국주의에 대한 효과적인 견제 수단이라고 생각할 수 있었습니다. 그러나 오늘날 우리는 완전히 다른 상황에 직면하고 있습니다. 유럽 한가운데에 독일이라는 세력이 형성되어 모든 가능한 수단을 다하여 전쟁 준비를 하고 있음이 명백합니다. (…) 현재 독일에 점령당하고 있는 벨기에를 생각해 봅시다. 상황은 1914년에 비해 훨씬 더 나빠지리라 예상됩니다. 그때도 이미 매우 나쁜 상황이었지요. 그러니 이제 터놓고 이야기합시다. 제가 만일 벨기에인이었다면 현재 같은 상황에서 군사 복무를 거절하지 못할 것입니다. 오히려 저는 이것이 유럽 문명을 구출하는 데 일익을 담당한다는 신념 아래 즐거이 복무를 수행할 것입니다.
>
> 이것은 내가 지금까지 내세우던 원칙을 포기한다는 이야기가 아닙니다. 나로서는 군복무를 거절하는 것이 또다시 인류 발전을 위한 효과적인 봉사 수단으로 여겨질 날이 머지않기를 바라는 마음이

간절합니다.*

아인슈타인이 독일의 반유대주의를 의식하면 의식할수록 그는 유대인 동포에게 그만큼 더 가까운 연대감을 느꼈다. 아인슈타인의 사진 가운데 1930년에 베를린 유대인 교회(synagogue)에서 찍은 사진처럼 감동적인 것은 없다. 여기서 그는—그는 회의론자이며 자유사상가였고, 이 점에 있어서는 그의 생애가 끝날 때까지 변함이 없었다—유대인의 전통적인 검은 야물커(yarmulke) 아래로 흩어진 머리카락을 늘어뜨리고 그의 유대인 동포들을 도울 모금을 위해 바이올린을 잡고 연주에 임할 자세로 앉아 있다. 그 배경에는 유대교 신도들의 모습을 찾아볼 수 있는데 이들 앞에 어떠한 운명이 기다리고 있었던가를 상상해 보면 눈물을 금할 수 없다. 그는 강한 반국가적 감정이 있었음에도 1920년대에는 그가 시온주의(Zionism, 유대인 국가를 수립하기 위하여 유대인들을 팔레스타인에 복귀시키려 하는 유대인 민족 운동: 역자주)를 공공연히 지지하게 되었다. 그는 이 운동에 유럽 유대인이 생존해 나갈 수 있는 길과 희망이 깃들어 있는 것으로 보았다. 1952년 하임 바이츠만(Chaim Weizmann, 1874~1952)이 사망하자 아인슈타인은 이스라엘의 제2대 대통령으로 취임해 달라는 요청을 받았다. 그는 이렇게 대답했다.

---

* *Einstein on Peace*, p. 229.

저는 제 조국 이스라엘로부터 이러한 제의를 받게 되어 깊게 감동하였습니다. 그리고 제가 이 제의를 수락할 수 없다는 데 섭섭함과 부끄러움을 금치 못합니다. 전 생애를 통해 저는 객관적인 사물을 다루어 왔으며, 따라서 사람들을 적절히 다루며 공적인 업무를 수행할 천부적 재능이나 경험을 가지지 못했습니다. 이러한 이유에서, 설혹 제가 나이 드는 것이 제 능력을 감퇴시키지 않는다고 가정하더라도 저는 이러한 높은 직무를 수행하기에 부적당하다고 판정됩니다.

세계 여러 나라 가운데서 우리의 입장이 몹시 불안정하다는 것을 제가 충분히 인식한 이후 유대인들과 저의 관계는, 제가 가질 수 있는 가장 강한 인간적 유대로 묶였습니다. 따라서 제가 나서서 일할 수 없다는 데 더욱 가슴 아픕니다.*

---

* *Ibid.*, pp. 572~573.

## 17장

# 신의 주사위

1920년대 중반까지는 아인슈타인이 양자 이론에 대하여 기본적이고 적극적인 공헌을 해 왔다. 그러나 1925년 이후 이론이 하이젠베르크, 파울리(Wolfgang Pauli, 1900~1958), 보른, 보어(Niels Bohr, 1885~1962), 디랙, 슈뢰딩거 등의 손을 통하여 결정적인 진보를 이룩한 것으로 보였을 무렵, 아인슈타인은 이에 반대하였다. 어쩌면 미래 세대의 물리학자들은 아인슈타인의 비판적인 직관이 정말로 옳았다고 인정하게 되는지도 모르겠으나 지금으로서는 그럴 것처럼 보이지는 않는다. 사실상 양자 이론의 후기 발전에 대한 그의 이러한 반대 때문에 많은 물리학자가 1920년대의 양자 역학에 대한 아인슈타인의 공헌이 어느 정도였는가를 잘 알지 못하고 있는 것 같다. 양자 이론의 형성과 물질의 파동적 성질 발견에 이르는 과정은, 여러 요소가 실타래처럼 복잡하게 얽힌 역사적 흐름 속에 있었다. 이러한 과정을 현대 과학사 연구자들이 본격적으로 밝혀내기 시작한 것은 비교적 최근의 일이며, 이 연구들 속에서 아인슈타인이 다시 한번 핵심적인 역할을 했다는 사실이 드러났다.

1920년대에 아인슈타인이 이룬 커다란 업적은 지금 보즈-아인슈타인(Bose-Einstein) 기체라고 불리는 기체의 양자 통계 역학과 관련된 것이다. 1924년에 데카(Decca)에서 연구하던 인도 물리학자 보즈(Jagadis Chandra Bose, 1858~1937)라는 사람이 영어로 된 짧은 원고 하나를 아인슈타인에게 보냈고, 그해 6월에는 《독일 물리학회지》에 매우 이례적인 원고가 도착하였다. 이 원고 제목은 「플랑크의 법칙과 광양자의 가정」이었다. 저자는 보즈이고, 제출자는 아인슈타인이었다.* 아인슈타인은 이 영어 원고를 읽어 본 후 큰 감명을 받았고, 이를 독일어로 번역하여 보즈를 대신하여 학회지에 기고하였다.

보즈는 양자 통계에 관한 새로운 방법을 발견하였다. 그는 이것을 이용하여 플랑크의 복사 공식을 새로 유도하였다. 아인슈타인은 이러한 방법이 보통 기체에도 적용될 수 있음을 인식했으나 이렇게 될 시 이러한 기체들을 구성하는 입자가 통계적으로는 광입자처럼 행동하게 되고, 따라서 이 역시 파동적인 성격을 나타내야 한다고 생각하였다. 당시에는 이 점에 대한 실험적 증거가 없었으므로 이것은 하나의 가능성으로 생각되었다. 그가 이를 계산하는 동안 그에게 드 브로이의 학위 논문이 전달되었다. 이 논문에서 드 브로이—좀 다른 이유 때문에—역시 똑같은 추측을 하였는데 이것이야말로 아인슈타인의 말을 빌

---

* Martin Klin, "Einstein and the Wave-Particle Duality," p.26 참조.

리면 "커다란 비밀 장막의 한 모퉁이를 들어 올린 것"과 다름없는 일이었다.* 1925년에 이르러서는 아인슈타인이 이러한 상황에 대하여 충분히 확신하게 되어 다음과 같이 기술한 바 있다. "좁은 구멍을 통과하는 한 줄기의 기체 분자들은 빛의 경우에서와 유사한 회절을 일으키게 된다."** 실제로 이러한 현상이 존재한다는 사실은 1927년 데비슨(Clinton Joseph Davisson)과 거머(Lester Halbert Germer), 그리고 톰슨(George Paget Thomson)이 수행한 유명한 실험들을 통해 입증되었다. 이들 실험에서는 전자를 사용했지만, 그 근본적인 원리는 동일하다. 이것이 의미하는 바는 빛만이 이중적 성격—입자적 성격과 파동적 성격을 동시에 가지는—을 가진 것이 아니고 전자와 같은 입자들도 마찬가지로 이중적 성격을 가졌다는 것이다. 적절한 상황에서 전자들이 "파동"과 같이 행동하게 된다는, 즉 서로 간에 간섭을 일으킬 수 있다는 이야기이다.

1925년 슈뢰딩거와 하이젠베르크는 현대 양자 역학으로 인도하는 커다란 이론적 진전을 성취하였다. 처음에는 이들 각각이 서로 다른 이론들을 창안해 낸 것으로 보였으며, 따라서 두 개의 상이한 양자론이 있는 것으로 생각되었다. 그러나 1926년에 슈뢰딩거는 이 두 가지 이론이 수학적으로 동등한 것임을 증명하였다. 슈뢰딩거는 드 브로이파

---

* *Ibid.*, p. 26에 인용되어 있다.
** *Ibid.*, p. 4에 인용되어 있다.

(波)—그는 이것을 "드 브로이-아인슈타인" 파로 부르자고 주장했다—의 행위를 기술하는 방정식을 발견하였는데, 여기에 관해 다음과 같이 기록하고 있다. "내 이론은 드 브로이 논문과, 짧지만 무한히 깊은 통찰력을 가진 아인슈타인의 논평으로 자극을 받은 것이다."*

아인슈타인은 슈뢰딩거의 첫 논문을 열광적으로 받아들이면서 그에게 다음과 같이 썼다. "당신 논문의 아이디어는 정말 천재적이오."**

그런데 아인슈타인과 슈뢰딩거 두 사람이 다 보른과 그의 동료 파스쿠알 요르단(Pascual Jordan)에 의해 이룩된 다음 단계를 거부하였다. 여기서 다음 단계라고 하는 것은 이러한 파동이 표현해 주고 있는 내용이 무엇인가 하는 문제였다. 드 브로이의 첫 번째 해석에 따르면, 전자와 같은 입자는 본질적으로 고전적인 입자—작은 당구공 같은—와 다르지 않다. 하지만 이 입자에 관련된 파동은, 예를 들어 전자가 원자핵 주위를 회전할 때 그 운동 궤도를 결정짓는 역할을 한다. 이러한 것은 가능한 한 고전 물리학에 가까이 기초를 두려고 하는 관점이었다. 그러나 보른과 요르단은 이러한 해석이 모순을 일으킨다고 보았다. 따라서 이러한 파동의 유일하게 가능한 해석은, 이 파동으로부터 즉 슈뢰딩거 방정식에서 주어진 수학적 형태로부터 이 입자들의 개연적인 행위를 계

---

* *Ibid.*, p. 4에 인용되어 있다.
** 양자론에 대해 아인슈타인과 슈뢰딩거 사이에 왕래한 대부분의 서신들은 Martin J. Klein가 영역하여 *Letters on Wave Mechnics* (New York, 1967)에 재수록하였다. 이 문구는 1926년 4월 1일에 슈뢰딩거에게 보낸 아인슈타인의 편지에 추신으로 첨부된 것이다.

산해 낼 수 있을 뿐 다른 아무것도 더 말할 수 없다고 주장하였다.

우리는 광양자를 가지고 이를 좀 더 구체적으로 설명해 볼 수 있다. 우리가 이미 본 바와 같이 하나의 광선을 작은 구멍을 통해 내보내면 간섭 효과에 의하여 구멍 반대편의 스크린 위에 회절 무늬가 생긴다. 이제 구멍을 통하여 광양자들을 매번 한 개씩 내보내면서 같은 실험을 한다고 생각해 보자. 각각의 광양자들은 구멍을 통과하고 나서 스크린 위 어느 점에 충돌하게 된다. 보른-요르단의 해석에 의하면, 우리는 이러한 광양자가 구멍에 도착했을 때 이것이 어떠한 행위를 하는지 확정적인 예측을 할 수 없다. 단지 우리가 말할 수 있는 것은 "이것이 어떠한 행위를 하게 될 가능성이 얼마나 되는지"이다. 이러한 가능성이 바로 슈뢰딩거의 파동 함수 즉 슈뢰딩거 방정식의 해(解)로써 결정되는 양이다.

사실상 이 이론에 의하면 광양자는 파동적인 관점에서 볼 때 스크린 위에서 회절 무늬가 가장 밝은 지점에 도달할 가능성이 가장 크다. 이리하여 파동과 입자 간의 이중성의 문제는 해결되지만, 물리적 이벤트(event)의 결정론적 기술은 포기해야 한다. 뉴턴에서 아인슈타인에 이르기까지 물리학자들에게 그토록 친숙해진 엄격한 결정론을 이제 내버리지 않을 수 없게 되었다. 아인슈타인은 이 점을—슈뢰딩거도 마찬가지로—용납할 수 없었다. 아인슈타인은 거듭, "신은 세계를 가지고 주사위 놀이를 하지 않는다."라고 말했다.

다음 단계는 하이젠베르크와 보어—하이젠베르크는 코펜하겐

(Copenhagen)에 있는 보어 연구소를 자주 방문했다—가 이루어 내었다. 이들이 얻은 중요한 결과는 입자-파동 이중성이 원자 물리학에서의 한 우연한 현상이 아니다. 자연에 대한 하나의 기본적 사실이며 원자 규모의 대상에 관한 "측정"의 의미를 주의 깊게 분석해 봄으로써 그 의미를 파악할 수 있다는 것이다. 하이젠베르크는 이러한 사실을 그의 "불확정성 원리"로써 표현하고 있다. 여기에 대한 가장 기본적이며 잘 알려진 예는 "하이젠베르크 현미경"(Heisenberg microscope)이다. 이것은 하나의 가상 장치인데, 매우 짧은 파장의 광양자를 발생하여 원리적으로는, 원자 내에 있는 전자들의 위치를 측정할 수 있도록 꾸며진 기구이다. 하이젠베르크의 주장으로는, 이러한 광양자는 그 에너지가 매우 커서 측정할 때마다 전자를 원자 밖으로 밀어내게 된다. 따라서 원자 속에서의 전자 "궤도"라는 개념은 이것이 실제로 측정 불가능한 것이므로 의미가 없다. 우리는 슈뢰딩거 파동 함수를 이용하여 원자 내의 어느 위치에서 전자가 발견될 확률은 예측할 수 있으나 그 이상은 알 수 없다. 보어는 여기서 더 깊게 통찰하였다. 통찰 끝에 그는 "상보성"을 느꼈다. 이는 하나의 완전히 새로운 철학적 견해인데, 이것은 물리학에서뿐만 아니라 전체 과학 및 철학에서 개념들의 사용에 대한 한계를 제시하는 것이다. 물리학에서 위치와 운동량처럼 서로 보완적인 개념들은, 둘 중 하나를 더 정확히 결정할수록 다른 하나는 필연적으로 더 부정확해지는 특성을 지닌다. 보어는 이러한 성질이 철학적으로 오래 논의되어 온 개념들—예를 들어 주체와 객체, 사랑과 정의 같은 상호 제약적인 상보

개념들—에도 적용된다고 보았다.

처음부터 아인슈타인은 불확정성 원리를 배격했다. 그가 1928년에 슈뢰딩거에게 보낸 글을 보자. "하이젠베르크-보어의 이른바 '진정제 철학'—혹은 종교라고 해야 할까?—은 워낙 정교하게 구성되어 있어서, 한 번 그것에 매료된 신실한 신도는 이를 편안한 베개 삼아 드러누운 채 좀처럼 깨어나지 못하는군요."* 우리가 능히 상상하고 남을 일이지만 아인슈타인은 "진실한 신도들이"—나중에는 물리학자들 대부분이 여기 포함된다—그들의 베개를 베고 누워 있는 데 만족할 수 없었다. 그는 즉시 이 이론에서 틀림없는 패러독스라고 보이는 것들을 만들어 내기 시작했다. 보어는 이것들 하나하나에 응수해 나갔는데 이러한 응수는 아인슈타인의 사후까지 계속되었다. 보어를 알고 있던 사람들이 흔히 이야기했듯이, 그는 매일 아인슈타인과 가졌던 대화를 무게있게 요약한 글을 썼으며 다음과 같이 끝을 맺었다. "우리가 실제로 만난 시간이 길고 짧은 데 관계없이, 우리의 만남은 항상 나에게 깊고 지속적인 감명을 주었다. 그리고 내가 이 글을 쓰는 데서도, 나는 말하자면 계속해서 아인슈타인과 토론 중인 상태이다. 우리가 실제로 맞서서 토론했던 문제들과는 거리가 먼 사실들을 다루는 일조차도 이렇게 느껴지고 있다."** 보어는 1930년 브뤼셀의 솔베이 학회에서 있었던 그

---

* Klein, *Letters on Wave Mechanics*, p. 31.

** Niels Bohr, "Discussion with Einstein on Epistemological Problems in Atomic Physics," in Paul Arthur Schilpp, ed., *Albert Einstein: Philosopher-Scientist*, p. 240.

들의 유명한 토론에 관하여 자세히 말해 주고 있다. 이때 아인슈타인은 시계와 자를 포함하고 있는 주목할 만한 가상적 장치를 고안하였는데 —아마도 베른에서 특허품들을 검사하던 경험에서 우러난 것이리라— 이것이 불확정성 원리에 위배되는 듯이 보였다. 하룻밤을 뜬눈으로 지새운 후에야 보어는 아인슈타인이 자신이 발견한 사실인 중력장 내에서 시계가 늦어진다고 하는 점을 고려하지 않았음을 알아내었다. 그렇게 불확정성 원리는 여전히 성립해야 한다는 점을 밝혔다.

거의 30년이나 계속되었던 이 논쟁에서 나타나는 모든 원리는 끝까지 조금도 움직이지 않았다(이 두 사람을 잘 알고 있었고 이들이 토의를 많이 목격했던 에렌페스트는 도대체 누가 옳으냐 하는 내부 갈등에 심히 괴로웠으며 이것이 1933년에 그가 자살하게 된 동기 중 하나가 되었다고 인정되고 있다). 막스 보른은 1948년 아인슈타인에 대하여 쓴 글에서 많은 물리학자의 태도를 요약해 주고 있다. "그는 물리학 법칙의 통계적 기반을 누구보다 먼저 통찰했고, 양자 현상의 미지 영역을 개척하는 데 앞장섰다. 그러나 자신이 이루어 낸 업적 위에 양자 원리가 종합되고, 대부분의 물리학자가 이를 받아들이게 되었을 때, 그는 오히려 초연하게 그에 회의를 느꼈다. 많은 이들이 이것을—고독 속에서 새로운 길을 찾던 그에게나, 방향을 잃은 우리에게나—하나의 비극으로 여긴다."* 보른이 이것을 쓰기 얼마 전에 그는 아인슈타인에게서 다음과 같이 적힌 한 편지를 받

---

* Max Born, "Einstein's Statistical Theories," in Schilpp, *op. cit.*, pp. 163~164

앉다. "과학적 목표에 있어서 우리는 정반대를 추구하고 있습니다. 당신은 주사위 놀이를 하는 신(神)을 믿고 있으며 저는 실제 대상으로서의 사물 세계 안에 있는 완벽한 법칙들을 믿고 있습니다. 이 법칙들을 저는 억척스러운 사변적 방법으로 파악하고자 애쓰는 것입니다."*

---

* *Ibid.*, p. 176.

# 우라늄과 벨기에 왕비

1933년 10월에 아인슈타인은 프린스턴에 정착했다. 여기서 그는 그 후 22년간을 보내게 되는데 겨울에는 주로 통일장 이론을 기도한 그의 연구를 때로는 홀로, 때로는 젊은 보조 연구원들과 함께 수행하였다. 여름에는 연구뿐 아니라 이웃들과 함께 실내악 연주를 하기도 하고 페코닉(Peconic)에 빌려 둔 여름 별장에서 보트 항해를 즐기기도 하였다. 여름 동안에는 이따금 방문객들이 있었다. 그들 중에는 1937년에 방문한 스노우(Charles Percy Snow) 씨도 있었는데, 그는 이 방문 때 받은 아인슈타인에 대한 선명한 인상을 다음과 같이 말해 주고 있다.

가까이 접해 보니 아인슈타인의 모습은 내가 상상했던 그대로였다. 장엄하면서도 매우 인간미를 풍기는 희극적인 면이 있었다. 선명하게 주름진 이마, 후광을 지닌 듯한 백발, 크고 불룩한 암갈색 눈들이 그러했다. 내가 그분이 누구인지 몰랐다면, 그의 얼굴을 보고 어떤 사람이라고 상상했을지 알 수 없다. 언젠가 어떤 재치 있는 스위스인이 말하기를 그는 한 선량한 기능인의 밝은 모습을 지녔다고 하였다. 그러면서 그가 마치 일요일에 나비 채집 정도의 취미를 가진 조그만 시골 마을의 믿음직한 시계 제작공의 인상을 준다고 하였다.

나를 놀라게 한 것은 그의 체격이었다. 보트 항해를 하고 돌아오는 그의 몸에는 짧은 바지 하나만 걸치고 있었다. 근육이 매우 발달한 육중한 체구였다. 아래쪽 가슴과 팔뚝에는 살이 붙기 시작해서 어쩌면 중년에 들어선 축구 선수 같기도 했다. 확실히 그는 보통 이상의 강한 체구를 가진 사람이었다. 그는 친절했고 단순했으며 전혀 수줍은 빛은 없었다.*

2년 후인 1939년 7월 중순에 물리학자 실라르드 레오(Leo Szilard, 1898~1964)와 유진 위그너(Eugene Wigner)가 아인슈타인을 방문했다. 이 방문은, 지나치게 단순한 견해일는지는 모르나, 원자 시대(atomic age)의 기원을 이루었다고 할 일련의 사건들을 유발하였다고 볼 수 있다. 여기에 관해서는 수없이 많은 기록이 나와 있고 아인슈타인의 이름이 믿기 어려울 정도로 이 가운데 얽혀 있기에 실제로 무엇이 어떻게 되었는지 여기서 좀 밝혀 보는 것이 좋겠다.

---

* C. P. Snow, "On Albert Einstein," pp. 52~53.

잘 알려져 있듯이, 1938년에 독일의 화학자 오토 한(Otto Hahn, 1897~1968)과 프리츠 슈트라스만(Fritz Strassmann, 1902~1980)은 베를린의 카이저 빌헬름 연구소에 있던 오스트리아 물리학자 리제 마이트너(Lise Meitner, 1878~1968)와 함께 원자핵 분열을 발견하였다. 사실, 원자핵 분열은 이미 1934년 이탈리아의 엔리코 페르미(Enrico Fermi, 1901~1954), 그리고 프랑스의 이렌 졸리오퀴리(Irène Joliot-Curie, 1897~1956)와 프레데리크 졸리오퀴리(Frédéric Joliot-Curie, 1900~1958)에 의해 실현된 바 있다. 그러나 그 실험 결과들은 1938년, 리제 마이트너와 그녀의 조카 오토 프리슈(Otto Robert Frisch)가 한(Hahn)과 슈트라스만(Strassmann)의 실험이 실제로 원자핵을 분열시킨 것임을 처음으로 인식할 때까지 정확히 해석되지 못하고 있었다. 리제 마이트너는 스웨덴으로 도피해야만 했으므로—그녀는 유대인이었다—자신이 한 및 슈트라스만과 함께하던 실험에 대해서는 한의 서신을 통해 그 결과만을 알게 되었다. 그들이 우라늄 원자를 느린 중성자로 맞췄을 때 우라늄 원자핵 질량의 약 절반밖에 안 되는 바륨(barium) 원자핵이 발생하자 한은 이에 대하여 고심하고 있었다. 도대체 바륨은 어디서 온 것일까? 얼마 안 있어 마이트너와 프리슈는 이 과정에서 우라늄 원자핵이 갈라졌다는 사실, 즉 그들이 고안해 낸 용어로 "원자핵 분열"(fission)이 있었다는 사실을 알게 되었다. 이 발견의 소식은 곧 프리슈가 일하고 있던 코펜하겐에 전해져 보어에게 알려졌다. 1939년 1월에는 워싱턴의 한 물리학 회합에서 보어가 이것에 대하여 논의하게 되자 미국의 물리학자들도 원자핵 분열을 알게 되었으며 그 중의 상당수는 얼마 되지 않아 자기들 실험실에서 이 사실을 재확인하였다. 아인슈타인은 이러한 어떤 것에도 관계하고 있지 않았으며, 사실상 원자핵 에너지를 무언가를 위하여 실용적으로 이용한다는 데 대단히 회의적이었다. 몇 해 전에 보고된 바에 의하면 그는 이러한 가능성이 너무 희박하게 느껴져 마치 "몇 마리 새밖에 없는 빈 들에서 밤에 새를 맞춰 떨어뜨리는 일"*처럼 느꼈다고 말하였다. 위그너와 실라르드가 우려했던 것은 다음과 같은 사실을 인식했기 때문이다. 독일이 핵폭탄을 제작하려 한다면 이들에게는 많은 양의 우라늄이 필요했을 것이다. 그런데 히틀러가 1939년 봄 체코슬로바키아를 점령한 뒤, 독일군이 취한 첫 조치 중 하나가 체코 광산의 우라늄 수출을 금지한 일이었으니, 이는 독일이 우라늄의 전략적 중요성을 분명히 인식하고 있었음을 보여 주는 증거라 할 수 있다. 실라르드는 아인슈타인이 벨기에 왕가와 깊은 친분이 있었으며 엘리자베스 왕비와 수시로 서신 왕래가 있었음을 알고 있었다. 실라르드와 위그너의 생각은, 아인슈타인에게 우라늄의 상황을 알리고, 그가 벨기에 왕비에게 편지를 쓰도록 하여 두 가지 목적을 이루려는 것이었다. 하나는 벨기에령 콩고(Belgian Congo)의 중요한 우라늄 광산이 독일의 손에 넘어가는 것을 막는 것이고, 다른 하나는 미국으로 우라늄을 들여올 수 있는 새로운 공급원을 확보하자는 것이었다. 이것이 7월에 그들

---

* Otto Nathan and Heinz Norden, eds., *Einstein on Peace*, p. 290.

이 아인슈타인과 상담한 내용이었다. 이때 왕비에게 보낼 편지 초안을 작성하여 미국 무성의 재가를 얻은 후 이를 곧 왕비에게 보내기로 합의가 이루어졌다.

당시 실라르드에게는 또 한 가지 걱정이 생겼다. 그것은 그와 페르미가 일하고 있던 컬럼비아 대학교의 물리학과에서 그들에게 원자핵분열 연구를 위한 재정적 지원을 충분히 해 줄 수 없었기 때문이다. 실라르드는 이 연구를 위해 정부의 지원을 받을 수 있지 않을까 하는 생각에서 루스벨트 대통령의 고문으로 있던 경제학자이며 은행가인 삭스(Alexander Sachs)와 접선하였다. 삭스야말로 이 문제의 중요성을 누구보다도 먼저 깨닫고 이에 대하여 루스벨트 자신의 주의를 이끌자고 제의했던 것으로 보인다. 그 후 얼마 안 되어 실라르드는 당시 컬럼비아 대학교에 초빙 교수로 있던 에드워드 텔러(Edward Teller)와 함께 롱아일랜드로 아인슈타인을 다시 찾아갔고 아인슈타인은 그가 루스벨트 대통령에게 보내게 될 편지의 초안을 독일어로 불러 주었다. 그 후 2주일이 지난 8월 2일 실라르드는 이 편지의 수정된 영어 번역문을 마련하여 아인슈타인의 승인을 얻고 서명을 받은 후 삭스에게 주어 루스벨트에게 전달하도록 하였다. 이 편지의 내용은 다음과 같다.

각하:
페르미와 실라르드가 최근에 연구하고 있는 내용의 논문 초안을 읽어 본 후 저는 우라늄 원소가 앞으로 곧 새롭고 중요한 에너지

원으로 등장하게 될 것이라고 기대하게 되었습니다. 어느 면에서 본다면 이 상황이야말로 면밀한 주의를 요하며 필요에 따라서는 행정부의 시급한 조처가 요구된다고 하겠습니다. 그렇기에 저로서는 다음과 같은 사실과 건의에 대하여 각하의 관심을 촉구하는 것이 저의 의무라고 생각합니다.

지난 넉 달 동안에 있은 연구들—미국의 페르미와 실라르드뿐 아니라 프랑스의 조리오의 연구들—을 통하여 다량의 우라늄에 원자핵 연쇄 반응을 일으키는 것이 가능해진 것으로 보입니다. 이 반응으로 막대한 양의 출력과 많은 새로운 라듐 형태의 원소들이 생성됩니다. 현재로서 거의 확실한 것은 이러한 것이 곧 이루어질 수 있게 되었다는 것입니다.

그리 확실하지 않지만, 이렇게 제조된 폭탄은 새로운 형태의 대단히 강력한 폭탄이 되지 않을까 생각됩니다. 이러한 형태의 폭탄이 선박으로 운반되어 항구 내에서 폭발된다면, 폭탄 한 개만으로도 전 항구와 인근 영역을 파괴해 버릴 수 있을 것입니다. 그러나 이러한 폭탄들은 너무 무거워서 항공기로 운반하기는 어려울 것 같습니다.

미국에는 질 나쁜 우라늄 광석이 약간 있을 뿐입니다. 캐나다와 전(前) 체코슬로바키아에 품질 좋은 광석이 다소 있는 반면, 우라늄의 가장 중요한 광산은 벨기에령 콩고에 있습니다.

이러한 상황에 비추어 볼 때 미국에서 연쇄 반응을 연구하는 물리학자들과 행정부 간에 영구적인 접촉이 유지되길 요망합니다. 이러한 것을 가능하게 하는 한 가지 방법은, 대통령의 신임을 받을 만한 인사로서 비공식적 직능을 가지고 일할 만한 분을 임명하여 해당 임무를 맡기는 것입니다. 그가 맡아야 할 직책은 다음과 같습니다.

1) 정부 각 부처에 가까이해서 상황 진행을 그들에게 통보하고 필요한 정부 조처를 건의하며, 미국에 우라늄광의 공급을 확보하는 문제에 대하여 특별한 주의를 환기하는 일

2) 필요에 따라서는 이러한 목적을 위하여 재정적 후원을 하려는 개인들을 접촉하여 자금을 마련하며 또한 필요한 시설을 갖추고 있는 산업계 연구소들의 협조를 얻어 현재 대학 실험실의 예산 범위 내에서 진행되고 있는 실험적 연구를 촉진하는 일

3) 제가 알기로 독일은 점령한 체코슬로바키아의 광산에서 실제로 우라늄 판매를 중단한 상태입니다. 독일이 그렇게 이른 시기에 이런 조치를 취한 것은, 베를린의 카이저 빌헬름 연구소에 독일 외무차관의 아들인 폰 바이츠제커가 소속되어 있다는 점에서 이해할 수 있을 것 같습니다. 미국이 행한 우라늄 연구들이 현재 이 연구소에서 반복되고 있습니다.

A. 아인슈타인 올림*

---

* 이 편지는 *Einstein on Peace*, pp. 294~296에 실려 있다. 여기에는 또한 이것이 만들어진 문안(**文案**)과 이것이 쓰이고 전해지게 된 경위의 설명이 실려 있다.

10월 11일에 이르러서야 비로소 삭스는 실라르드에게서 받은 몇 가지 부수적인 문서들과 함께 아인슈타인의 편지를 루스벨트에게 전할 기회가 생겼다. 10월 19일 루스벨트는 아인슈타인에게 짤막한 회신을 보내었다. "저는 이 데이터가 대단히 중요하다는 것을 깨달았습니다. 그래서 표준국(Bureau of Standards) 국장과 육·해군에서 선발된 대표들로 구성된 위원회를 소집해, 우라늄 원소에 대해 당신이 제안한 가능성을 철저히 검토하도록 했습니다."* 거의 즉각적으로 우라늄에 관한 자문위원회(Advisory Committee on Uranium)가 결성되었고 그다음 진행에 대해서는 너무도 잘 알려져 있다. 아인슈타인은 이 위원회의 위원은 아니었으나, 위원회와 얼마간 비공식적으로 접촉하였다. 그러나 1940년 4월에는 이러한 접촉도 끝나고 더 이상의 능동적인 협력에서 물러났다. 이즈음에 이르러서는 그 위원회도 확대·개편되었고 우리가 알고 있는 바로는 아인슈타인은 더 이상 원자 폭탄 계획과 아무런 직접적인 접촉이 없었다(전쟁 중에 아인슈타인이 해군 고문으로서의 직책을 수행하였으나 해군은 이 연구에 가담하지 않았기 때문에 그의 역할은 원자탄과 아무런 관계도 되지 않았다). 경우가 어떻게 되어 있었든, 아인슈타인이 로스앨러모스[Los Alamos, 미국 뉴멕시코(New Mexico)주에 있는 지명으로 최초의 원자탄 제조 계획이 수행된 곳: 역자주]와 같은 계획에 큰 도움이 될 수는 없었다. 왜냐하면 이 일은 주로 원자핵 공학 및 원자핵 물리학과 관련

---

* *Ibid.*, p. 297.

된 것인데 아인슈타인은 이러한 분야에 전문적인 지식이 전혀 없었기 때문이다. 당시 어떠한 일이 추진되고 있는지 그가 추측했거나 이야기를 듣고 있었는지는 모르겠지만 로스앨러모스 계획에 대하여 그가 자문한 사실은 전혀 없다.

원자탄이 일본에 최초로 실제 사용되었을 때 아인슈타인은 충격 받았고 곧 슬픔에 잠겼다. 히로시마의 소식을 듣자 그는 한마디 "Oh, weh!"(아, 비통한 일이야!)라고 하였다. 그 후 그의 생애가 다할 때까지 그는 자기의 시간과 명망을 다 바쳐—편지, 메시지, 기사, 인터뷰 등을 통하여—인류를 핵 멸망으로부터 구출하는 과업에 정진하였다. 이러한 문헌들을 읽어 볼 때, 이미 1945년경에 나온 문헌들조차도, 이들이 얼마나 강하고 명료하며 "끝없는 선견지명"에 차 있는지 정말 놀랍다. 아인슈타인은 그는 가끔 오해받듯이, 무모한 이상주의자는 아니었다. 원자 폭탄의 비밀을 공개하자는 주장에도 동의하지 않았다. 그가 분명히 밝힌 건, 진짜 비밀은 단 하나—"원자 폭탄을 만들 수 있다는 사실"뿐이라는 점이었다. 그리고 그 비밀은 히로시마에서 미국이 스스로 증명함으로써 이미 드러난 것이었다. 왜냐하면 일단 이 사실이 알려지고 나면 남들이 원자탄을 만든다는 것은 단지 시간문제이기 때문이다. 그의 핵심적인 사상은 우리가 현재 가진 시간적인 이점과, 원자탄이 인류를 위협한다는 보편적인 공포감을 십분 활용함으로써 지속적으로 세계 질서를 확립해야 한다는 것이었다. 1945년에 그는 다음과 같이 썼다. "나는 원자력이 가까운 미래에 인류에게 큰 혜택이 되리라 보지 않기에 현재로서는 이것이 공포의 대상이라고밖에 말할 수 없다. 그런데 어떤 면에서는 잘된 일인지도 모른다. 왜냐하면 이것이 인류를 위협하여, 공포의 압력 없이는 이루어지기 어려울 새 국제적 질서를 형성시킬 수도 있기 때문이다."* 그는 자신이 원자폭탄의 '아버지' 혹은 '할아버지'로 불리는 것에 대해 매우 분개하였다. 그가 자주 밝혔듯이, 만일 독일의 위협이 존재하지 않았더라면—그리고 그는 그 위협을 누구보다도 잘 이해하고 있었다—그 개발 과정을 앞당기는 일에 결코 관여하지 않았을 것이라고 한다.

아인슈타인은 그의 생 마지막 무렵에 이르러 건강이 종종 악화되었다. 미국 내에서 매카시즘(McCarthyism)[1950년대 미국 매카시(Joseph R. McCarthy, 1909~1957) 상원의원을 중심으로 일어난 반공주의. 이 일로 많은 사람이 용공주의자로 매도당하였다: 역자주]의 세력이 득세하던 무렵부터 그는 더욱더 미국의 정치와 사회에서 소외감을 느끼게 되었다. 1951년, 그의 마음을 터놓을 수 있었던 몇몇 사람 중의 하나이며 과거에 자주 서신을 왕래했던 벨기에 모후에게, 그는 다음과 같은 편지를 보냈다.

> 친애하는 왕비께
>
> 보내 주신 따뜻한 사연은 저에게 끝없는 기쁨과 함께 행복했던

---

* *Ibid.*, p. 351.

추억들을 소생시켜 주었습니다. 그때 이후로 혹독한 실망으로 가득 찬 18년이라는 거친 세월이 지나갔습니다. 오직 용기와 정직을 저버리지 않은 극소수의 사람들만이 저에게 위로와 기쁨을 주었습니다. 바로 이러한 분들 덕에 우리는 이 땅 위에서 완전한 이방인이 아님을 느끼며 살 수 있습니다. 당신이 바로 이러한 분들 중 한 분이십니다.

엄청난 대가를 치르고 나서 결국 독일을 패배시킬 수 있게 되었는데, 이번에는 사랑하는 미국인들이 대담하게도 그 자리를 대신 차지해 버렸습니다. 이번에는 누가 이들을 제정신으로 돌아오게 해 줄는지요? 수년 전에 독일이 일으켰던 재난이 반복되고 있습니다. 사람들은 저항 없이 복종하면서도 악의 세력에 규합되어 갑니다. 그리고 한편에서는 힘없이 방관만 하고 있을 뿐입니다.

브뤼셀에 다시 한번 가 보고 싶은 마음이 이루 말할 수 없지만 그러한 기회는 좀처럼 주어질 것 같지 않습니다. 제 기묘한 명망 때문에 제가 어떠한 행동을 한다고 하면 이것이 곧 우스꽝스러운 희극으로 번질 것 같습니다. 다시 말씀드려서 저는 집 가까이 있어야 하고 프린스턴을 떠나서는 곤란하다는 이야기입니다.

이젠 바이올린 연주를 그만두었습니다. 해가 갈수록 저는 자신의 연주에 귀를 기울이는 일을 더욱더 견딜 수 없게 되었습니다. 당신은 이러한 지경에 도달하지 않았기를 바랍니다. 저에게 남아 있는 것이라고는 어려운 과학 문제들을 끊임없이 다루는 연구뿐입니다.

이 연구에 대한 매혹적인 마력은 내가 마지막 숨을 거둘 때까지 지속될 것 같습니다.

행운을 빌면서

아인슈타인*

아인슈타인은 1955년 4월 18일에 운명했다. 그가 죽기 몇 달 전에 그는 한 친구에게 다음과 같은 글을 써 보냈다.

그런데, 늙어서 구부러진 사람에게 죽음이란 하나의 해방일 것이오. 지금 나 자신이 늙고 보니 이러한 느낌이 더욱 짙어집니다. 이제 죽음이란 것을 결국에는 청산해야 될 오래된 부채(負債)인 것으로 여기고 있습니다. 그러면서도 우리는 본능적으로 이 마지막 성취를 조금이라도 지연시키고자 온갖 것을 다하고 있는 것이지요. 이것이 바로 자연이 우리와 겨루어 나가고 있는 게임이 아닌가 합니다. 우리는 우리가 이러한 상태에 있다는 것을 즐겁게 여길 수도 있지만 또 한편으로는 우리 모두가 예속되고 있는 본능의 굴레를 벗어나지 못하는 것 같습니다.**

---

\* *Ibid.*, p. 354.

\*\* *Ibid.*, p. 616.

그가 몇 년만 더 살았더라도 현세대의 물리학자들과 천문학자들이 일반 상대론과 중력 이론에 대하여 새로운 관심을 환기한 것을 보고 무척 기뻐했을 것이다. 근래에 과학의 모든 분야를 통틀어 보더라도 새로운 천체 물리학에서 보는 것과 같이 그렇게 자극적이고 신비로운 발견들이 쏟아져 나오는 예를 찾을 수 없다. 이곳에서는 펄사들이 발견되었는데, 대다수 천문학자들의 추측에 따르면, 이 '펄사'란 중력 붕괴에 의해 형성된, 주로 중성자로만 이루어진 극도로 밀도가 높은 작은 천체로 보인다. 그 지름은 불과 수 킬로미터에 지나지 않는 것으로 추정된다. 또한 블랙홀이 있다. 이것은 아직 직접적으로는 확인되지 않았지만, 상대성 이론으로 추론할 수 있는 하나의 매혹적이고도 중요한 천체 물리학적 현상이다. 붕괴되는 천체들에 의한 대단히 강한 중력장을 의미하는데, 이것은 너무도 강한 장(場)이어서 어떠한 빛도 여기서 이탈할 수 없게 된 것이다. 그리고 또한 별들이 붕괴될 때의 중력 방사에 기인하는 것으로 보이는 신비한 신호들이 있다. 이러한 것들의 존재 역시 일반 상대성 이론에 의하여 예측되는 것이지만 아인슈타인의 생존 시에는 전혀 탐지되지 못하였다. 대부분의 물리학자는 이제 다시 한번 중력의 연구가 우리를 "큰 어른"의 신비 속으로 한층 가까이 이끌어 줄 것이라고 믿게 되었다. 물론 아직 누구도 구상해 내지 못한 어떤 방법으로 이것이 양자론과 결합하리라는 것을 전제로 하고 하는 이야기이다. 아인슈타인은 사실상 그가 마지막 숨을 거둘 때까지 자기 연구에 대한 매혹적인 마력에 도취하여 있었다. 그가 숨을 거두던 날 밤, 그의 병원 침

대맡에는 통일장 이론을 계산하다가 둔 종이 몇 장이 놓여 있었다. 그는 다음 날 아침에 이 연구를 계속하리라고 계획하였던 것이다.

# 참고문헌

◆ **아인슈타인의 주요 저서**

Einstein on Peace, ed. Otto Nathan and Heinz Norden. New York : Schocken Book, 1960.

Essays on Science. New York : Philosophical Library, 1934.

Investigation on the Theory of the Browinan Movement, ed. R. F?rth. New York : Dover, 1956.

Letters on Wave Mechanics with Erwin Schrodinger, Max Planck and H. A. Lorentz, ed. K. Prizbrann, trans. M. J. Klein. New York : Philosophical Library, 1967.

Out of My Later Years. New York : Philosophical Library, 1950.

Relativity. New York : Crown, 1961. 상대론에 관한 가장 좋은 입문서. 이 책은 1916년에 처음 출판된 이래 16판이 간행되었다. 이 책이 나온 얼마 후에 아인슈타인이 필립 프랭크에게 말한 바에 의하면, 이 책은 너무도 쉬워서, 당시 자기 양녀와 같은 고등학생이라면 누구나 이해할 수 있으리라 말하였다. 프랭크 교수는 아인슈타인 양에게 그게 사실이냐고 물어보았다. 아인슈타인 양은 "좌표계"(coordinate system)의 의미만을 제외하고는 모두 이해할 수 있었다고 대답하였다. 말할 것도 없이 좌표계의 의미야말로 상대론의 관건이 되는 개념이다.

The Meaning of Relativity. Princeton, N. J. : Princeton University Press, 1950.

The Principle of Relativity, with articles by H. A. Lorentz, H. Weyl, H. Minkowski. New York : Dover, 1952. 아인슈타인에 의해서 써진 상대론에 관한 대부분의 중요한 논문들이 영역되어 이 책에 수집되어 있다. 《물리학연보》에 발표된 아인슈타인의 1905년 논문의 원본은 지금 모두 자취를 감추고 말았다. 1905년대의 《연보》를 간직하고 있는 물리학 도서실들은 많이 있지만 이상하게도 이 가운데 "아인슈타인 권(卷)"—제17권—만은 모두 결본이다. 따라서 대부분의 독자들이 이 논문을 읽으려 할 때는 주로 물리학자들이 번역한 번역본을 읽게 된다. 그렇기에 이 번역본들에 나오는 각주들을 아인슈타인이 기입하였다고 잘못 생각하기가 매우 쉽다. 예를 들어, 이 책에 수록된 번역본의 경우, 이것은 흔히 많이 읽히는 번역본인데, 독일의 대물리학자 아르놀트 조머펠트가 쓴 각주들이 첨가되어 있다. 그는 1905년 당시 아인슈타인에게 알려지지 않았던 문헌들과 연관시켰다. G. 홀튼 교수와 A. 밀러 교수가 이 점에 대하여 나에게 주의 준 점, 또한 이 각주들 가운데 몇 개 안 되는 아인슈타인의 것을 구별해 준 데 나는 감사한다.

On the Method of Theoretical Physics. The Herbert Spencer Lecture delivered June 10, 1933. Oxford : Oxford University Press, 1933.

◆ 기타 문헌

Bernstein, Jeremy. A Comprehensible World. New York : Random House, 1967.

Bonner, William. The Mystery of the Expanding Universe. New York : Macmillan, 1964

Born, Max. The Born-Einstein Letters. New York : Walker. 1971

_____. Einstein's Theory of Relativity. New York : Dover. 1962.

Boorse, Henry A. and Motz, Lloyd, eds. The World of the Atom. 2 vols. New York : Basic Books, 1966. 빛의 양자론에 대한 아인슈타인의 1905년 논문의 영역본이 들어 있다.

Carmeli, Moshe, et. al. Proceedings of the Relativity conference in the Midwest, 1969. New York : Plenum Press, 1970. 특히 Eugene Guth의 논문 "Contribution to the History of Einstein's Geometry as a Branch of Physics," pp. 161~207이 주목할

만하다.

Eddington, Arthur. The Mathmatical Theory of Relativity. Cambridge, England : Cambridge University Press, 1952.

_____. Space, Time and Gravitation. Paperback ed., New York : Harper & Brothers, 1959.

_____. The Expanding Universe. Paperback ed., Ann Arbor : University of Michigan Press, 1958.

Frank, Philipp. Einstein : His Life and Times. New York : Alfred A. Knopf, 1947. 아직도 가장 심오한 전기적 연구로 간주되고 있다.

Goldberg. Stanley. "Henri Poincare and Einstein's Theory of Relativity, American Journal of Physics, Vol. 35 (1967), 933~944

_____. "In Defense of Ether." in Russell McCormmach, ed. Historical Studies in the Physical Sciences 1970. Philadelphia : University of Pennsylvania Press, 1970. pp. 89~125

Hall, Tord. Carl Friedrich Gauss : A Biography, tr. Albert Frodenborg. Cambridge, Mass, : M. I. T. Press, 1970.

Heisenberg, Werner. Physics and Beyond : Encounters and Conversations, New York : Harper & Row, 1971.

Holton, Gerald. "Einstein and the Crucial Experiment," American Journal of Physics, Vol. 37 (1969), 968~982.

_____. "Einstein, Michelson, and the Crucial Experiment," Isis, Vol. 60 (1969), 133~197.

_____. "Influences on Einstein's Early Work in Relativity Theory." American Scholar, Vol. 37, No. 1(Winter 1967~1968).

_____. "On the Origins of the Special Theory of Relativity." American Journal of

Physics, Vol. 31 (1963), 37~47.

Infeld. Leopold. Albert Einstein, His Work and Influences on Our World. New York : Charles Scribner's Sons, 1950.

Kats, Robert. An Introduction to the Special Theory of Relativity. Princeton : D. Van Nostrand, 1964.

Klein, Martin J. "Einstein and the Wave-Particle Duality." The Natural Philosopher, 3 (1964), pp. 1~49.

_____. "Einstein, Specific Heats, and the Early Quantum Theory."Science, Vol. 148 (1965).

_____. "Einstein's First Paper on Quanta." The Natural Philosopher, 2 (1963), pp. 57~86.

_____. Paul Ehrenfest. Amsterdam : North-Holland Publishing Co., 1970.

_____. "Thermodynamics in Einstein's Thought.: Science, Vol. 157 (1967), pp. 509~516.

Koslow, Arnold. The Changeless Order. New York : George Braziller, 1967.

Lorentz, Hendrick A. The Theory of Electrons. New York : Dover, 1952.

McCormmach, Russell. "Einstein, Lorentz and the Electron Theory," in Russell McCormmach, ed., Historical Studies in the Physical Sciences 1970. Philadelphia : University of Pennsylvania Press, 1970.

MacDonald, D. Dk. C., Faraday, Maxwell and Kelvin. Paperback ed., New York : Anchor, 1964.

Manuel, Frank E. A Portrait of Isaac Newton. Cambridge, Mass. : Harvard University Press, 1968.

Michelson, A. A. Studies in Optics. Chicago : University of Chicago Press, 1927.

Millikan, Robert A. The Electron. Chicago : University of Chicago Press, 1917.

Moller, C. The Theory of Relativity. Oxford : Oxford University Press, 1952.

Moszkowski, Alexander, Conversations with Einstein. New York : Horizon Press, 1970. 저자가 아인슈타인과 대화를 나누던 당시는 아인슈타인의 창조적 능력이 절정에 도달했던 시기였다. 저자 모츠코프스키가 좀 더 깊이 있는 질문을 할 만한 물리학 지식을 가지지 못했던 것이 아쉽다. 이들이 나눈 대화 중 몇몇은 아인슈타인을 이해하는 데 극히 중요하다.

Planck, Max. Survey of Physical Theory. New York : Dover, 1960.

Poincare, Henri. Mathematics and Science : Last Essays (1913). New York : Dover, 1963.

_____. Science and Method. New York : Dover, 1960. Schilpp, Paul Arthur, ed., Albert Einstein : Philosopher Scientist, Evanston, Ill. : The Library of Living Philosophers Inc., 1949. 이 책에 기고한 필자들은 대부분이 물리학자들인데 이들은 대략 20세기 물리학을 대표할 만한 저명한 물리학자들이다. 이들의 논설들은 아인슈타인의 과학적 및 철학적 발견들과 관련된 거의 모든 부문을 망라하는 것들이며, 또한 아인슈타인의 업적이 20세기 물리학의 거의 전반에 걸쳐 있으므로 이 책은 현대 물리학의 기초에 관한 하나의 완벽에 가까운 해설집이라고 할 수 있다.

Sciama. D. W. The Physical Foundations of General Relativity. New York : Doubleday, 1969.

Shankland. Robert S. "Conversations with Albert Einstein." American Journal of Physics, Vol. 31 (1963), 37~47.

Snow, C. P. "On Albert Einstein." Commentary. March 1967, pp. 45~55.

Weyl, Hermann. Philosophy of Mathematics and Natural Science. Princeton, New Jersey : Princeton University Press, 1949.

Williams, L. Pearce, ed. Relativity Theory : Its Origins and Impact on Modern Thought. New York : John Wiley & Sons, 1968.

# 4차원 공간-시간과 특수 상대성

## I. 서론

오늘날 어느 정도 교육을 받은 사람이라면 지구가 둥글다는 사실을 의심하지 않을 것이다. 그러나 이 사실이 처음 알려졌을 당시, 놀라지 않았던 사람은 드물었을 것이며, 이를 온전히 받아들이기까지는 누구나 적지 않은 어려움을 겪었을 것이다. 이러한 반응은 우리가 처음으로 4차원 시공간의 개념과 마주할 때 느끼는 놀라움이나 이해의 어려움과 매우 유사하다. 따라서 지구가 둥글다는 말을 처음 들었을 때 무엇이 우리를 놀라게 하였으며, 그것이 왜 쉽게 받아들여지지 않았는지를 되돌아보는 일은 의미 있는 일이 될 것이다.

우리의 일상적인 경험에 의하면 중력은 아래로 작용하며 물질은 옆으로 퍼진다. 가령 그릇에 물을 담으면 수면은 수평으로 퍼지고 또한 호수에 담긴 물도 수평을 이룬다. 이러한 사실에서 우리는 되도록 단순한 관념을 추상해 내게 된다. 즉, 수면은 아무리 넓어도 하나의 평면을 이룬다는 생각이 자연스럽게 자리 잡는다. 지표면 역시 다소 울퉁불

퉁하긴 하지만, 대체로 이 평면을 따라 수평으로 펼쳐져 있다고 여겨진다. 중력 또한 지표면의 경사와는 무관하게, 언제나 수직 아래로 작용한다고 무의식중에 받아들여진다. 따라서 지표면이 실제로는 구면을 이룬다는 말, 더 나아가 중력이 구의 중심을 향해 작용한다는 말을 듣게 되면, 우리는 지금껏 너무도 당연하게 여겨온 기존의 관념과 충돌해 버린다. 이때 비로소 그 익숙했던 관념들을 비판적으로 검토하게 된다. 이리하여 우리의 기존 관념이 좁은 영역의 경험을 부당하게 일반화한 결과였다는 사실을 인식하게 되고 그제야 좀더 정확한 새로운 관념을 받아들이게 되는 것이다.

지금까지 우리는 공간이 3차원 구조라고 생각하며 시간은 공간과는 전혀 무관한 것으로서 1차원적이라고 생각해 왔다. 이러한 관념은 우리가 일상 경험 속에서 체험한 사실들을 가장 단순하게 추상한 결과라고 할 수 있다. 그뿐만 아니라 공간과 시간의 개념은 너무도 기본적이어서 여기에 대한 비판적 검토를 별로 하려고 하지 않았다. 설혹 이들에 대하여 깊이 생각해 본 사람들도 대개는 이들이 자명한 것이란 결론에 이르고 말았다.

그러나 공간과 시간의 개념도 어디까지나 경험의 소산이며 결코 자명하거나 선천적으로 주어진 것이 아니라는 사실이 19세기 말 특히 마하를 중심으로 점차 인식되었다. 특히 아인슈타인은 이러한 확신 아래 종래의 공간과 시간의 개념을 과감히 수정하여 특수 상대성 이론을 창안하였다. 이처럼 수정된 공간과 시간의 개념이 결국 4차원 공간-시간을 형성한다는 사실은 뒤늦게 그의 스승이었던 민코프스키에 의하여 밝혀졌다. 그러나 이러한 혁명적인 관념을 이해하고 납득하기 위해서는 지구가 둥글다는 것을 이해하기보다는 훨씬 더 깊은 분석적 사고가 요구된다. 더욱이 특수 상대성 이론이 가져다주는 놀라운 결과들을 납득하려면 고전 물리학에 대한 투철한 이해가 필요하다.

　이제 우리는 4차원 시공간과 이를 바탕으로 한 특수 상대성 이론을 이해하기 위해 첫걸음을 내딛고자 한다. 그 출발점으로, 가장 단순한 경우인 1차원 공간을 통해 공간과 차원의 개념을 먼저 살펴볼 것이다. 아울러, '공간의 상대성'이라는 중요한 개념도 함께 검토해 보기로 한다. 다음에는 2차원 및 3차원으로 우리의 논의를 확장하고, 특히 좌표축의 회전에 의한 좌표 변환을 면밀하게 검토한다. 그리고 이러한 논의의 연장으로 4차원 공간-시간을 도입하고 의미를 고찰한 후 로런츠 변환을 통해서 얻어지는 몇 가지 중요한 결과들, 즉 속도의 변환식, 길이의 수축, 시간의 지연 효과들을 살펴본다. 마지막으로 4차원 공간-시간 아래서 고전 물리 법칙들이 어떻게 수정되어야 하는가를 살펴보고 특히 뉴턴의 운동 방정식의 상대론적 표현 및 이것이 의미하는 바를 검토하기로 한다. 이렇게 하여 4차원 공간-시간의 의미와 이를 바탕으로 새로 구성되는 상대론적 물리학 및 이것이 예측해 주는 새로운 결과들을 이해하게 되고 혁명적인 새로운 관념을 우리의 것으로 소화할 수 있게 될 것이다.

## II. 1차원 공간

공간 및 차원의 개념을 이해하기 위하여 우선 1차원 공간이란 무엇인가를 고찰하여 보자. 가령 넓은 들에 좁은 길이 직선으로 뻗어 있는 경우를 생각하자. 길이 나 있다는 것은 우리가 이 길 위에서 어느 위치로든지 자유로이 움직일 수 있다는 것을 의미한다. 또한 우리는 하나의 자를 마련하여 재어 보거나, 또는 원시적으로 우리의 발걸음을 기준으로 몇 걸음인지 세어 봄으로써 이 길 위 임의의 두 위치 사이의 거리를 측정할 수 있다. 길 위의 어느 위치를 정량적으로 나타내기 위해서는 길 위의 한 위치를 기준점으로 하고 이 위치로부터 한 방향을 정(正, +), 다른 한 방향을 부(負, -)라고 정한 후, 이 기준점으로부터의 거리를 측정하여 정 또는 부의 값을 나타내면 된다. 이렇게 하면 들 위에 끝없이 뻗어 있는 이 길은 하나의 1차원 공간을 형성한다고 생각된다. 대체로 1차원 공간이라는 관념에는 다음과 같은 내용이 포함된다. 이 공간은 무한한 연속적 위치들의 집합이며, 어떤 물리적 대상—위의 예에서는 사람의 몸—이 이 집합 내 임의의 위치를 점유할 수 있다. 또한 하나의 원점을 정하면, 그 위치는 하나의 수치로 정량적으로 표현될 수 있고, 두 위치 사이의 거리는 원점의 위치와 무관하게 일정하게 주어진다. 또한 공간의 개념 속에 포함된 것은 아니라고 하더라도 공간 개념의 형성과 밀접한 관계가 되는 하나의 부가적인 관념이 경험을 통하여 우리의 의식 구조 속에 형성되어 왔다. 이 부가적인 관념이란 공간의 "상대

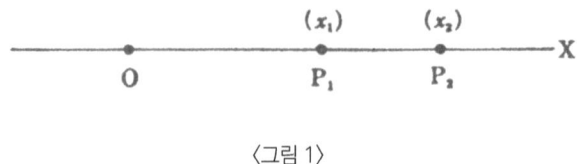

〈그림 1〉

성"(相對性)이란 말로 표현될 수 있다. 이것은 "공간상의 모든 위치는 물리적으로 대등하다는 것"이며 다시 이것을 좀 더 구체적으로 말하면 "공간 내의 모든 위치에서 똑같은 물리 법칙들이 적용된다"라는 관념이다. 다시 들판 위에 나 있는 좁은 길의 예를 생각하자. 우리는 이 길 위에서 자유로이 다닐 수 있을 뿐만 아니라 어느 위치에서나 똑같은 물리 법칙으로 몸을 움직이게 된다. 물론 길의 환경이 균일하지 않을 수도 있다. 어느 위치에는 걷기 거북한 장애물이 놓여 있을 수도 있고 경우에 따라서는 바람이 불어 걷는 데 지장을 초래할 수도 있다. 그러나 이들은 모두 동일한 물리 법칙들로 설명되는 것이며 우리는 또한 이 물리 법칙들을 이용하여 운동하게 되는 것이다.

이제 지금까지 이야기한 내용들을 더 구체적으로 나타내기 위하여 이들에 대한 수학적인 표현을 찾아보자.

우선 〈그림 1〉과 같이 1차원 공간에 하나의 축(軸) X를 잡고 하나의 원점 O를 택하자. 그러면 공간 내의 임의의 한 위치 $P_1$은 이것이 O점으로부터 정의 방향에 있다고 할 때 O와 $P_1$ 사이의 거리 $(x_1)$으로 나타낼 수 있다. 이 때 $(x_1)$을 $P_1$ 점의 좌표라고 한다. 이제 공간 내의 또 하나

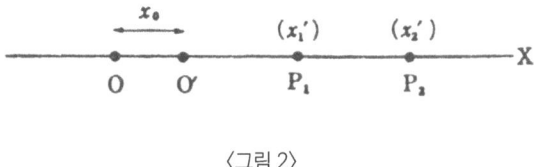

〈그림 2〉

의 위치 $P_2$는 좌표($x_2$)로 표시된다고 할 때 이 두 위치 간의 거리 $d_{12}$는

$$d_{12} = |x_2 - x_1| \qquad (1)$$

이란 값으로 주어진다.

그런데 좌표계의 원점은 달리 택할 수도 있다. 이제 만일 처음 좌표계에서 볼 때 ($x_0$)라는 좌표상에 위치 O를 새로운 좌표계의 원점으로 택했다고 하면, 〈그림 2〉에 보인 바와 같이 이 새 좌표계에서 $P_1$ 점과 $P_2$ 점의 좌표($x_1'$)과 ($x_2'$)은 각각

$$\begin{aligned} x_1' &= x_1 - x_0 \\ x_2' &= x_2 - x_0 \end{aligned} \qquad (2)$$

에 의하여 처음 좌표들과 관계될 것이다. 즉 공간 내의 위치는 좌표계를 바꿈에 따라 그 좌표가 일정한 관계식에 의하여 달라지는데 이때 이 관계식을 좌표의 변환식이라고 한다.

그리고 우리가 생각하는 공간이 1차원이라고 하는 사실의 수학적 표현은 이 공간 내의 모든 위치를 하나의 변수($x$)로 나타낼 수 있다는 것이다. 이것은 우리가 생각하는 공간이 오직 한 개의 축 위에 있는 위치들로만 구성되었다고 생각하기 때문에 가능하다. 들판 위에 나 있는 좁은 길이나 기차의 철로가 여기에 가까운 예가 된다.

다음에 공간의 상대성에 대한 구체적 표현을 살펴보자. 앞서 이야기한 바와 같이, 공간의 상대성이란 공간 내의 어느 위치에서나 동일한 물리 법칙들이 성립한다는 것이다. 그러나 여기서 모든 물리 법칙들을 다 고려할 수는 없다. 물리 법칙 중 가장 대표적인 뉴턴의 운동 법칙만을 생각해 보기로 하자. 이제 질량이 $m$인 하나의 물리적 대상에 힘 $F$가 작용한다면 이때 이 물체가 얻게 되는 가속도, 즉 단위 시간 당의 속도 변화 $\Delta v/\Delta t$는

$$m\frac{\Delta v}{\Delta t} = F \qquad (3)$$

의 관계를 만족시킨다는 것이 뉴턴의 운동 법칙의 내용이다. 그런데 이 뉴턴의 운동 법칙이 공간 내의 어느 위치에서나 동일한 형태로 성립한다는 사실을 수학적으로 표현한다면 좌표계의 원점을 어디에 택하여 이 관계식을 표시하더라도 이 식의 "형태"가 동일하게 나타난다는 이야기가 된다(이 점에 관하여 독자들 스스로가 깊이 음미해 주기를 바란다). 이제 (3)식으로 표시된 물리 법칙을 생각하자. 어느 물체의 속도 $v$는 물체가 단위 시간에 이동한 변위 즉

$$v = \frac{\Delta x}{\Delta t} \qquad (4)$$

로 나타나며 좌표 변환식 (2)에서 곧 알 수 있는 바와 같이 변위 $\Delta x$는 원점의 이동에 의한 좌표계 변환에 무관하다. 그러므로 속도 및 속도의 변화율, 즉 가속도는 좌표계 변환에 무관하며 또한 힘 $F$도 좌표계의 원점 이동에 무관하다. 따라서 (3)식으로 표시되는 물리 법칙은 좌표계의 원점을 어디에 택하든지 항상 동일한 형태로 표시된다. 이처럼 좌표계의 변환에 대하여 물리 법칙의 형태가 변하지 않는다는 것이 공간의 상대성에 대한 수학적 표현이다. 만일 좌표계의 변환에 따라 물리 법칙의 형태가 변한다면 어떤 특정된 형태의 물리 법칙을 만족하는 좌표계가 하나 발견될 수 있을 것이며 이 좌표계의 원점은 어떤 특정된 성격을 가지는 위치라고 보아 다른 위치들과 구분될 수 있을 것이다. 이렇게 되면 공간 내의 모든 위치가 서로 대등하다는 입장, 즉 공간의 상대성은 성립하지 못하는 것이다.

앞서 언급한 바와 같이, 공간의 상대성은 공간 개념 자체와 매우 밀접한 관련이 있다. 만일 공간의 상대성이 성립하지 않는다면, 위치에 따라 물리 법칙이 달라질 것이며, 이러한 세계에서는 인간의 행동에 큰 제약이 따르게 된다. 결국, 공간이라는 개념 자체도 별다른 의의를 가지지 못하게 될 것이다. 따라서 이러한 세계에서는 물리학을 공간의 상대성이 성립되도록 재구성하거나, 공간 개념 자체를 그러한 상대성을 만족하도록 새롭게 정의해야 한다. 이러한 관점이 바로 상대성 이론이 탄생하게 된 근본 바탕이 된 것이다.

## III. 2차원 및 3차원 공간

다음에는 논의를 2차원 공간 개념으로 확장해 보자.

앞에서 언급했던 들판을 다시 떠올려 보자. 다만 이번에는, 우리가 들 위에 나 있는 좁은 길로만 움직일 수 있는 것이 아니라, 들판 위의 어느 위치로든 자유롭게 이동할 수 있다고 가정하자. 이 경우, 우리의 위치를 나타내기 위해서는 하나의 기준축만으로는 부족하다. 예를 들어, 기준축을 동서 방향으로 설정하더라도, 이 기준축에 수직인 남북

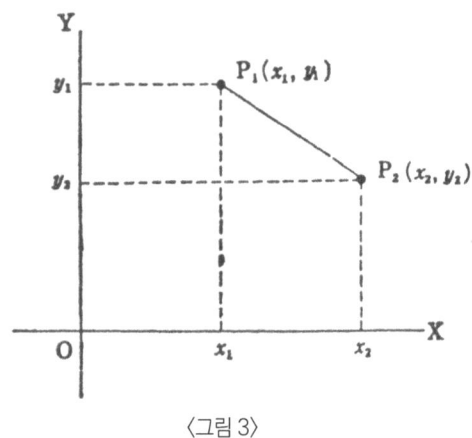

〈그림 3〉

방향으로 떨어진 서로 다른 위치들을 구분할 수 없기 때문이다. 따라서 들판 위의 한 점을 정확히 나타내기 위해서는 서로 수직인 두 개의 기준축을 설정하는 것이 편리하다. 그리고 일단 두 개의 수직 기준축이 마련되면, 한 점의 위치는 각 기준축과 수직으로 만나는 두 점까지의 거리로 표현할 수 있다. 이와 같이, 공간 내의 한 위치를 나타내기 위해 두 개의 기준축이 필요한 경우를 2차원 공간이라고 한다.

이제 하나의 2차원 공간을 생각하고 하나의 원점 O 및 여기서 수직으로 만나는 두 개의 기준축 X, Y로 구성된 좌표계를 생각하자. 이때 이 공간 내의 임의의 한 점 $P_1$의 위치는 〈그림 3〉에 표시된 바와 같이 두 개의 수치 $(x_1, y_1)$으로 표시된다. 이 두 개의 수치 $(x_1, y_1)$을 $P_1$ 점의 좌표라고 하며 공간 내의 한 위치의 좌표가 두 개의 수치로 표시되는 것이 2차원 공간의 특성이다. 또한 2차원 공간 내의 임의의 두 점 $P_1$, $P_2$ 사이의 거리 $d_{12}$는 잘 알려진 피타고라스의 정리에 의하여

$$d_{12} = \sqrt{(x_2-x_1)^2 + (y_2-y_1)^2} \qquad (5)$$

로 주어진다.

2차원 공간에서는 원점의 위치만을 임의로 택할 수 있는 것이 아니고 좌표축의 방향도 임의로 택할 수 있다.*

그러므로 한 점의 위치를 다른 좌표계의 값으로 표시하려면 좌표계

---

* 1차원 공간에서도 좌표축의 방향을 반대로 택할 수 있다. 즉 동쪽을 +방향으로 잡을 수도 있고 서쪽을 +방향으로 잡을 수도 있다.

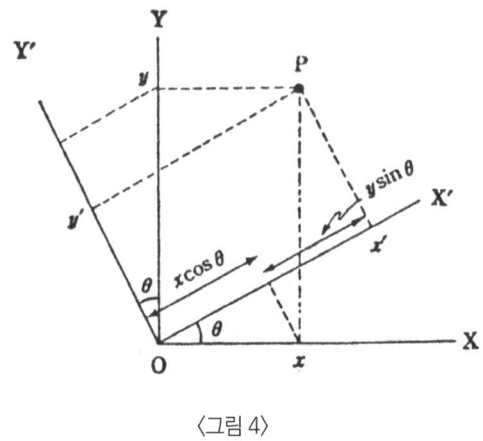

〈그림 4〉

원점 위치의 이동 및 좌표축의 방향 변화를 함께 고려하여야 한다. 우리는 여기서 원점의 위치를 고정시키고 좌표축의 방향만을 달리 잡는 두 개의 좌표계를 생각하자.

〈그림 4〉에 표시한 것은 서로 간의 좌표축의 방향이 각(角) $\theta$만큼 다른 좌표계 X-Y 및 X′-Y′이다. 이때 공간상의 한 위치 P의 좌표는 X-Y 좌표계에서 $(x, y)$로 표시되며 X′-Y′ 좌표계에서 $(x_1', y_1')$으로 표시된다. 〈그림 4〉에서 간단한 기하학적 고찰을 통하여 알 수 있는 바와 같이 이들 좌표 간의 변환식은

$$x' = x\cos\theta + y\sin\theta$$
$$y' = y\cos\theta - x\sin\theta$$

(6)

로 주어진다. 한편 두 위치 간의 거리, 가령 $P_1$, $P_2$ 간의 거리 $d_{12}$의 값은

$$d_{12} = \sqrt{(x_2-x_1)^2 + (y_2-y_1)^2} \atop \sqrt{(x_2'-x_1')^2 + (y_2'-y_1')^2} \qquad (7)$$

에 의하여 좌표계의 변환에 무관함을 곧 알 수 있다. 이처럼 좌표계의 변환에 따라 변하지 않는 양을 불변량(invariant) 또는 스칼라(scalar)라고 한다. 그러나 2차원 공간에서의 위치는 〈그림 4〉에 표시된 좌표계 변환에 대하여 그 좌표가 변환식 (6)에 의하여 변환되는 양이며, 이와 같이 좌표계의 변환에 따라 일정한 방법으로 변하는 양을 공변량(Covariant) 또는 벡터(vector)라고 한다.

다음으로 2차원 공간의 상대성을 고찰해 보자. 2차원 공간은 공간의 상대성을 "공간 내의 모든 위치와 방향이 물리적으로 대등하다"라는 표현으로 나타내야 한다. 왜냐하면 2차원 및 그 이상의 고차원 공간에서는 방향이라는 개념이 서로 도입되기 때문이다. 이를 다시 수학적으로 표시하자면 "모든 물리 법칙은 2차원 공간에서의 좌표계 변환에 따라 그 형태가 변하지 않는다"라고 말할 수 있다. 특히 그림 4에 나타난 경우처럼, 좌표축의 방향만 달라지는 좌표 변환에 대해 물리 법칙이 동일한 형태를 유지한다는 것은, 2차원 공간 내의 모든 방향이 물리적으로 동등하다는 뜻이다. 여기서도 뉴턴의 운동 법칙을 대표적인 물리 법칙으로 보고, 이것이 좌표계 변환에 따라 어떻게 영향을 받는지를 살펴보자. 2차원 공간에서의 뉴턴의 운동 법칙은

$$m\frac{\Delta v_x}{\Delta t} = F_x, \qquad m\frac{\Delta v_y}{\Delta t} = F_y \qquad (8)$$

로 주어진다. 여기서 $v_x$와 $v_y$는 각각 속도의 X 및 Y 방향의 성분이며 이들은 다시

$$v_x = \frac{\Delta x}{\Delta t}, \qquad v_y = \frac{\Delta y}{\Delta t} \qquad (9)$$

로 정의된다. 그런데 좌표 변수 $x$와 $y$가 각각 변환식 (6)에 따라 변환을 하므로 $\Delta x$와 $\Delta y$ 또한

$$\Delta x' = \Delta x \cos\theta + \Delta y \sin\theta$$
$$\Delta y' = \Delta y \cos\theta - \Delta x \sin\theta \qquad (10)$$

에 따라 변환하게 되고, 따라서 $v_x$, $v_y$도 이와 같은 형태의 변환식을 만족한다. 그러므로 (9)식으로 정의된 속도도 또한 공변량 즉 벡터이며, 같은 논리를 적용시키면 속도의 변화율 즉 (8)식의 좌변에 들어 있는 가속도도 또한 벡터이다. 이제 (8)식으로 표시된 뉴턴의 운동 방정식이 좌표 변환에 따라 그 형태가 변하지 않기 위해서는 우변에 나타난 힘의 성분 $F_x$, $F_y$ 역시

$$F_x' = F_x \cos\theta + F_y \sin\theta$$
$$F_y' = F_y \cos\theta - F_x \sin\theta \qquad (11)$$

에 따라 변환하는 공변량 즉 벡터여야 한다. 그런데 사실상 뉴턴의 운

동 법칙에서는 힘이 벡터라는 것을 전제로 하고 있으므로 이 법칙은 좌표 변환에 따라 그 형태가 변하지 않는다. 다시 말하면 공간의 상대성은 2차원 공간에도 성립하는 것이다.

이제 다시 우리의 논의를 3차원으로 확장시켜 보자. 우리가 2차원의 예로서 들판 위의 위치를 두 개의 좌표로 나타낸다고 하였지만 만일 들판 위로 날아가는 새의 위치를 나타내려면 이 두 개 좌표로는 부족하다. 왜냐하면 같은 좌표 상의 새가 얼마나 높이 떠 있는지를 표시할 수 없기 때문이다. 그리하여 우리는 다시 이 평면상에 수직한 또 하나의 좌표축 $z$를 세우고 공간 내의 위치를 ($x, y, z$) 세 개의 수치로 표시하게 된다. 이와 같이 공간 내의 한 위치가 세 개의 수치로 표시된 좌표로 나타나게 될 때 이를 3차원이라고 한다. 특히 3차원 공간에서의 두 위치 $P_1(x_1, y_1, z_1)$ $P_2(x_2, y_2, z_2)$ 간의 거리 $d_{12}$는

$$d_{12} = \sqrt{(x_2-x_1)^2 + (y_2-y_1)^2 + (z_2-z_1)^2} \qquad (12)$$

으로 주어진다.

3차원 공간에서의 좌표계를 설정하는 데 있어서는 원점의 위치 및 두 좌표축의 방향을 임의로 조정할 수 있다. 가령 원점을 정한 후 X축을 어느 한 방향으로 설정하고 나더라도 3차원 공간 내에서는 여기에 수직한 방향이 수없이 많으므로 Y축을 다시 이 중의 어느 한 방향으로 설정해야만 좌표계가 완전히 고정되는 것이다(X축과 Y축이 정해지면 여기에 수직한 Z축은 3차원 공간에서 일의적으로 결정된다). 그러므로 3차원 공간

에서는 좌표계의 변환 방법이 훨씬 다양하다. 그러나 일단 원점 및 어느 한 축 가령 Z축의 방향을 고정하고 나면 좌표 변환은 (6)식으로 표시된 바와 비슷하게

$$x' = x\cos\theta + y\sin\theta$$
$$y' = y\cos\theta - x\sin\theta \qquad (13)$$
$$z' = z$$

로 주어진다. 또한 3차원의 좌표 변환에서 (12)식으로 주어진 거리는 불변량이 된다는 것도 쉽게 보일 수 있다. 그리고 3차원에서의 공간의 상대성도 2차원의 경우와 똑같은 방법으로 논의할 수 있으므로 여기서는 생략하기로 한다.

## IV. 4차원 공간-시간

이제까지 우리는 1차원·2차원 및 3차원 공간의 개념 및 성질을 논의하였다. 그런데 이러한 공간의 개념들은 우리의 경험에 의하여 추상된 것들이기는 하지만 엄격히 논리적으로 생각한다면 어디까지나 정의된 개념이며 현실 자체는 아니다. 그렇다면 현실적인 공간은 어떤 것이겠는가? 우리의 일상적인 경험 및 19세기까지의 물리적 실험 결과에 의하면 물리적 공간은 3차원 공간이며 시간과는 완전히 독립된 별개의

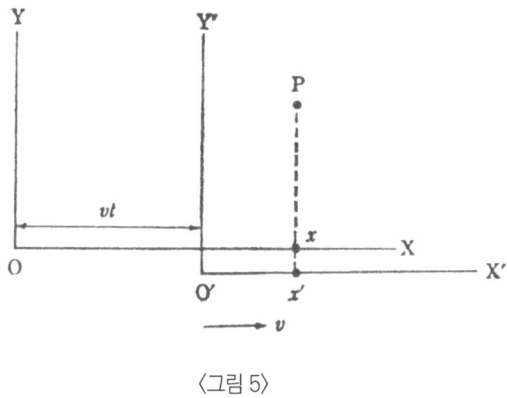

〈그림 5〉

것이라고 생각하는 것이 타당하다. 그러나 19세기 말에 수행된 마이컬슨-몰리 실험을 위시하여 금세기에 수행된 많은 다른 실험 결과들은 공간이 시간과 독립된 단순한 3차원이라는 관념으로는 도저히 설명될 수 없는 현상들이다. 가령 마이컬슨-몰리 실험이 말해 주는 바로는, 빛의 속도는 관측자의 속도 여하에 관계없이 그 크기가 항상 일정하다고 본다. 이것은 공간이 시간과 따로 독립되었다는 종래의 관념으로는 도저히 이해할 수 없는 사실이다. 종래의 관념에 따르면, 예를 들어 어떤 관측자가 빛의 진행 방향으로 빛의 속도의 절반에 해당하는 속도로 이동하면서 빛을 관측할 경우, 빛의 속도는 정지한 관측자가 측정한 값의 절반으로 나타나야 한다. 반대로, 빛의 진행 방향과 반대 방향으로 이동하면서 관측하면, 빛의 속도는 정지한 관측자가 측정한 값보다 더 크게 나타나야 한다. 이 사실을 좀 더 구체적으로 고찰하기 위하여 원점 O

로 표시된 하나의 고정된 좌표계와 원점 $O'$로 표시된 일정한 속도 $v$로 움직이는 좌표계를 생각하고 이 두 좌표계 사이의 좌표 변환을 살펴보자.

〈그림 5〉에 표시한 바와 같이 좌표계 $O'$가 X축 방향으로 움직인다고 할 때 한 점 P의 $x$좌표의 변환식은 (2)식에 표시된 바와 같이

$$x' = x - vt \qquad (14)$$

로 주어진다. 이때 종래의 관념에 따라 시간이 좌표 변환에 무관하다고 보면

$$\frac{\Delta x'}{\Delta t} = \frac{\Delta x}{\Delta t} - v \qquad (15)$$

의 관계가 성립하며 만일 고정된 좌표계에서 본 속도 $\Delta x/\Delta t$가 광속 $c$라면 움직이는 좌표계에서 본 속도 $\Delta x'/\Delta t$는

$$c' = c - v \qquad (16)$$

로서 $v$의 방향에 따라 $c$보다 크기도 하고 작기도 하다. 그러나 실험에 의하면 $c'$은 $v$의 값에 무관하게 항상 $c$와 같아야 한다. 또한 이러한 광속 불변 현상뿐만 아니라, 빛의 속도에 가까운 빠른 속도로 움직이는 대상들에 대한 모든 실험적 사실들은, 공간과 시간을 독립된 물리량으로 보는 기존의 개념만으로는 설명할 수 없다. 이러한 현상들은 오직 공간과 시간이 결합되어 하나의 4차원 공변량, 즉 4차원 벡터를 이룬다는 관념 아래에서만 설명이 가능하다. 그러므로 우선 공간-시간 4차원 공변량

이 무엇인가 하는 것부터 살펴보기로 하자.

3차원 공간에서는 공간 내의 한 점 P의 좌표를 $(x, y, z)$로 나타내었다. 그런데 4차원 공간-시간에서는 공간-시간 내의 한 점 P의 좌표를 $(x, y, z, \tau)$로 나타내기로 하자. 여기서 네 번째 좌표 $\tau$는 시간 $t$와 관계되는 양으로서

$$\tau = ict \qquad (17)$$

에 의하여 정의된다. $c$는 빛의 속력을 나타내는 상수이며, 따라서 $ct$는 시간×속도 즉 거리의 단위를 가지게 되어 공간 좌표와 같은 단위를 가지는 양이 된다. 그리고 $i$는 수학적으로 $i^2=-1$의 관계를 만족시켜 주는 값으로 정의된 허수로서 실수와는 다른 차원의 수다. 하지만 실제로는 수학적인 편의를 위하여 도입되었을 뿐 4차원 공간-시간의 물리적 해석에는 직접 기여하지 않는다. 이렇게 정의된 네 번째 좌표 $\tau$는 다른 세 공간 좌표 $x, y, z$와 완전히 대등한 역할을 하게 되며 오직 이것의 물리적 해석을 하기 위해서만 물리적 시간 $t$와 (17)식에 의해서 관련된 것으로 보면 된다. 또한 이 네 번째 좌표를 나타내기 위한 네 번째 좌표축 T를 어떻게 설정할 것인가가 걱정될 수 있으나, 이는 실제 공간 속에 설정하는 것이 아니라, 기존의 세 개의 공간 축에 직교하는 수학적인 축으로 이해하면 된다. 수학적 기술에 있어서는 네 개의 축뿐만 아니라 서로 직교하는 임의의 개수의 축을 생각하는 데 아무런 지장이 없다. 그리고 4차원 공간-시간 내에서 좌표 $(x, y, z, \tau)$로 표시되는 위치는

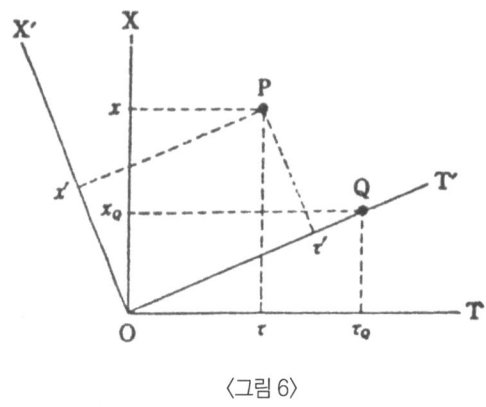

〈그림 6〉

순수한 공간적 위치가 아니고 시간까지 포함하고 있는 것이므로 이를 보통 "위치"라고 말하지 않고 "사건"(event)이라고 말한다. 4차원이라고 하는 것은 이 공간 및 시간 좌표를 나타내는 사건이 4차원의 좌표 변환에 대한 공변량 즉 4차원 벡터가 된다는 것을 의미한다.

이제 하나의 대표적인 좌표 변환으로서 원점 및 Y축, Z축을 고정시키고 $(x, \tau)$ 평면상에서 T축 및 X축, Z축을 각 $\theta$만큼 회전시킨 좌표 변환을 생각하자. 이것은 그 형식에 있어서 2차원 공간 내에서의 좌표 변환과 조금도 다를 것이 없다. 〈그림 6〉에 표시된 바와 같이 $(x, \tau)$ 평면 위에 놓여 있는 한 사건 P의 좌표를 X-T 좌표계에서 $(x, \tau)$로 X′-Y′ 좌표계에서 $(x', \tau')$으로 나타내면 이들 좌표 간에는 (6)식에 주어진 바와 같이

$$x' = x \cos\theta - \tau \sin\theta$$
$$\tau' = \tau \cos\theta + x \sin\theta \quad (18)$$

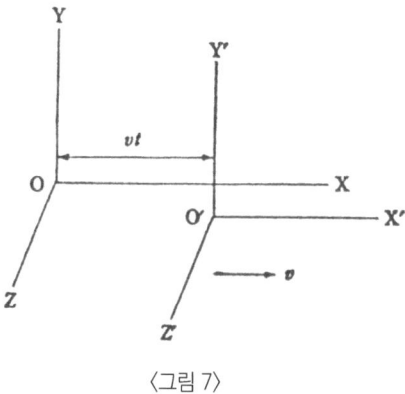

〈그림 7〉

의 관계가 성립한다. 이 관계식이 물리적 의미를 고찰하기 위하여 〈그림 6〉에 표시된 T′축의 상의 두 개의 사건 O와 Q를 생각해 보자. T′축 상의 모든 점은 X′-Y′ 좌표계의 공간 원점 $x'=0$을 만족하는 점을 각각 다른 시간에 관측하는 사건들이라고 볼 수 있다. 이제 원점 O라는 사건을 X-Y 좌표계에서 보면 X′-T′ 좌표계의 공간 원점이 시간 $\tau=0$ 때 위치 $x=0$에 있었다는 것으로 해석되며 또한 T′축 상에 놓인 사건 Q를 X-T 좌표계에서 보면 X′-Y′의 공간 원점이 시간 $\tau_Q$ 때 위치 $x_Q$에 놓여 있는 사건으로 해석된다. 즉 X-Y 좌표계에서 사건 O와 Q를 연결하여 관찰할 때 $x'-\tau'$ 좌표계의 공간 원점은 시간 $\tau_Q$ 동안 거리 $x'_Q$만큼 이동하였다는 의미가 된다. 이제 $\tau$에 대응하는 물리적 시간을 $t$라고 할 때 〈그림 6〉에 표시된 두 좌표계의 관계는 X′-Y′ 좌표계가 X-T 좌표계에 대하여 속도 $v=x/t$를 가지고 이동하고 있는 것

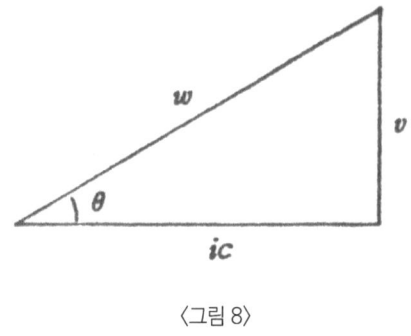

〈그림 8〉

임을 말해 준다.

　이 상황을 3차원 공간 좌표계의 관계로 표시하면 〈그림 7〉과 같다. 이러한 물리적 해석을 한 후 〈그림 6〉에 표시된 사건 P를 다시 생각하면 $((x, \tau)$와 $((x\pm, \tau')$은 X축 위에서 일어나는 한 개의 사건 P를 상대적으로 운동하는 두 좌표계에서 관측한 결과라고 할 수 있다. 여기서 4차원 변환식 (18)을 음미하기 전에 고전적인 관점에서 이들의 관계를 기술하여 보자. 위치의 변환식은 이미 식(14)에 표시된 바와 같으며 시간에 대해서는 이러한 변환에 관여하지 않는 독립된 것이라고 보이므로 고전적인 관점에서 본 변환식은 결국

$$x' = x - vt$$
$$t' = t$$
(19)

로 주어진다. 이 관계식들은 흔히 갈릴레이 변환식이라고 불린다. 그러

면 이제 4차원 변환식을 음미해 보자. 〈그림 6〉으로 돌아가서 X-T 좌표계에 대한 Q점의 좌표를 $(x_Q, \tau_Q)$로 표시한다면 $\tau_Q = ict_Q$, $v = x_Q/t_Q$의 관계에 의하여

$$\tan\theta = \frac{x_Q}{\tau_Q} = \frac{vt_Q}{ict_Q} = \frac{v}{ic} \qquad (20)$$

가 얻어진다. 이제 〈그림 8〉의 삼각형에 피타고라스 정리를 적용하면

$$w^2 = (ic)^2 + v^2 = -c^2\left[1 - \frac{v^2}{c^2}\right] \qquad (21)$$

즉

$$w = ic\sqrt{1 - \frac{v^2}{c^2}} \qquad (22)$$

에 의하여

$$\cos\theta = \frac{ic}{w} = \frac{1}{\sqrt{1 - \frac{v^2}{c^2}}}$$

$$\sin\theta = \frac{v}{w} = \frac{v}{ic\sqrt{1 - \frac{v^2}{c^2}}} \qquad (23)$$

이 관계들을 $\tau = ict$, $\tau' = ict'$과 함께 4차원 변환식 (18)에 넣으면

$$x' = \frac{1}{\sqrt{1-\frac{v^2}{c^2}}}[x-vt]$$

$$t' = \frac{1}{\sqrt{1-\frac{v^2}{c^2}}}\left[t-\frac{v}{c^2}x\right]$$

(24)

의 관계를 얻게 되는데 이것이 유명한 로런츠의 변환식이다. 이 식은 사실상 (18)식으로 표시된 4차원 좌표 변환식을 물리적으로 해석한 결과에 지나지 않는다.* 이것이 고전적 변환식 (19)와 다른 중요한 차이는 로런츠 변환식에서는 두 좌표계에서의 시간 $t$와 $t'$가 서로 일치하지 않으며 이들도 공간의 성분들과 마찬가지로 4차원 공간-시간벡터의 한 성분으로서 공변량이 되어 있다는 사실이다. 이 점은 공간과 시간을 각각 3차원과 1차원의 독립된 양으로 보는 관점과, 이들이 결합되어 하나의 4차원 벡터를 이루며 그 중 세 개의 성분이 공간 좌표, 나머지 한 개의 성분이 시간 좌표를 나타낸다고 보는 관점 사이의 중요한 차이점이다.

그러면 어째서 이러한 관계를 좀 더 일찍이 찾아내지 못했던가? 그 이유는 다음과 같다. 대부분의 경우 관측계들 간의 상대 속도 $v$는 광속

---

* 로런츠의 변환식 자체만을 보아서는 이것이 4차원 공간-시간 성분들 간 변환식이라는 것을 쉽게 알아내기 어렵다. 사실상 이 식들은 로런츠가 전혀 다른 이유들 때문에 도출하였고 아인슈타인조차도 4차원벡터의 성격을 미처 이해하지 못하고 단지 광속이 일정하다는 조건과 물리법칙이 등속 운동하는 두 관측계에서 동일해야 한다는 조건에 따라 얻어내었다. 오직 민코프스키가 여기서 4차원 구조를 인식하여 오늘날의 4차원 공간-시간 개념을 확립시켰다.

$c$에 비하여 대단히 작으므로

$$v^2 / c^2 \ll 1$$

의 관계가 성립하며 이렇게 되면 로런츠 변환식 (24)는 즉시로 고전적 변환식 (19)로 환원되고 만다. 즉 공간과 시간에 대한 우리의 관념은 좀 더 단순한 (19)식에 의하여 형성되었으며 이 식은 또한 공간과 시간이 독립적인 양들이라는 것을 암시해 주고 있었기 때문이다.


## V. 로런츠 변환의 몇 가지 결과

공간과 시간이 4차원 공간-시간 벡터를 이룬다는 사실, 특히 상호 등속 운동을 하는 두 좌표계에 대한 이 벡터의 성분들이 로런츠 변환에 의하여 서로 관계된다는 사실로부터 즉각 매우 흥미로운 몇 가지 결과들이 얻어진다. 여기서는 특히 광속이 어느 좌표계에서나 같은 크기로 관측된다는 사실, 그리고 움직이는 물체의 움직이는 방향으로의 길이가 짧아진다는 사실 및 움직이는 물체에 대해서는 시간이 더 서서히 흐르는 것으로 관측된다는 사실들을 설명해 보기로 한다.

(1) 속도 변환식

이미 언급한 바와 같이 공간과 시간이 서로 독립된 별개의 것이라면 상대 속도 $v$를 가진 두 좌표계에 대한 공간 및 시간 좌표는 갈릴레이 변환식인 (19)식에 따라 관계 될 것이고 이로 인하여 이 두 좌표계에 대한 한 물체의 속도 $u$ 및 $u'$는 (15)식에 나타난 바와 같이

$$u' = u - v \tag{25}$$

에 의하여 관계될 것이다.

그러나 이제 로런츠 변환식(24)에 의하면

$$\Delta x' = \frac{1}{\sqrt{1-\frac{v^2}{c^2}}} [\Delta x - v \Delta t]$$

$$\Delta t' = \frac{1}{\sqrt{1-\frac{v^2}{c^2}}} \left[ \Delta t - \frac{v}{c^2} \Delta x \right] \tag{26}$$

의 관계가 얻어지며 여기서

$$\frac{\Delta x'}{\Delta t'} = \frac{\frac{\Delta x}{\Delta t} - v}{1 - \frac{v}{c^2} \cdot \frac{\Delta x}{\Delta t}}$$

즉

$$u' = \frac{u - v}{1 - \frac{v}{c^2} u} \tag{27}$$

의 관계가 얻어진다. 여기서도 만일 $v$와 $u$가 광속 $c$에 비하여 매우 작다면 이 식은 곧 (25)식으로 환원된다. 그러나 만일 $v$와 $u$가 광속 c와 비교될 만한 크기인 경우에는 이 두 관계식 간에 커다란 차이가 생긴다. 특히 물체의 속도가 한 좌표계에서 광속 $c$로 움직이는 경우 즉 $u=c$인 경우에는

$$u' = \frac{c-v}{1-\frac{v}{c^2}c} = c$$

즉 이 좌표계에 대하여 속도 $v$를 가지고 움직이는 좌표계에서도 역시 이 속도는 광속 $c$로 관측된다. 이때 $u'$의 값은 좌표계의 상대 속도 $v$에 무관하게 항상 $c$가 됨을 주목하여야 하며 이것이 바로 광속이 관측자의 속도에 무관하게 일정하다는 사실을 설명해 주고 있는 것이다.

또 한 가지 재미있는 예를 생각하자. 부산발 서울행 열차가 광속의 90% 되는 속력으로 달려오고 있다고 할 때 역시 같은 속력을 가진 서울발 부산행 열차를 타고 보면 어떻게 보일 것인가? 우리의 고전적 관념 또는 (25)식으로 주어진 고전적 관계식에 의하면 이 열차는 광속의 1.8배의 속력을 가진 것으로 관측되리라고 생각되나 (27)식에 $u=-0.9c$, $v=0.9c$를 각각 넣어 보면

$$u' = \frac{180}{181}c = -0.9945c$$

즉 이 열차는 대량 광속의 99.45%의 속력으로 달려오는 것으로 관측된다.

(2) 길이의 수축

이제 〈그림 9〉에서 표시한 바와 같이 하나의 좌표계 X-T를 땅 위에 설치하고 여기에 대하여 일정한 속도 $v$로 움직이는 트럭 위에 또 하나의 좌표계 X′-T′를 설치했다고 생각할 때 트럭에 실려 가는 한 물체의 길이가 이 두 좌표계에서 각각 어떻게 관측되는가를 고찰해 보자. X′-Y′ 좌표계, 즉 트럭 위에서 본 물체의 길이 $l_0$는 분명히 이 좌표계에서 본 물체의 앞부분의 위치 $x_2′$에서 뒷부분의 위치 $x_1′$을 뺀 차이, 즉 $l_0 = x_2′ - x_1′$으로 주어지며 이 값은 물론 시간에 관계없이 일정하다. 그런데 로런츠 변환식 (24)를 적용하면 이 값은

$$x_2′ - x_1′ = \frac{1}{\sqrt{1 - \frac{v^2}{c^2}}} \left[ (x_2 - x_1) - v(t_2 - t_1) \right] \quad (28)$$

에 의하여 땅 위의 좌표계 X-T에서 본 좌표들과 관계된다. 한편 땅 위에서 물체를 관측할 때에는 물체의 앞부분의 위치 $x_2$와 뒷부분의 위치 $x_1$이 각각 어느 순간에 관측되느냐에 따라 그 값이 달라질 것이므로 이 물체의 길이 $l$은 동일한 시각 즉 $t_2 = t_1$이 성립할 때 관측된 이 두 위치 간의 차이 $x_2 - x_1$으로 정의되어야 한다. 그러므로 (28)식에 $t_2 = t_1$을 넣고 $x_2 - x_1 = l$로 놓으면

$$l = \sqrt{1 - \frac{v^2}{c^2}}\, l_0 \quad (29)$$

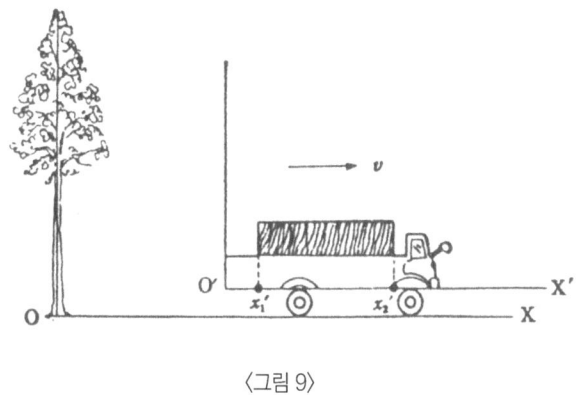

〈그림 9〉

의 관계를 얻게 된다. 즉 트럭 위에서 관측한 길이 $l_0$에 비하여 땅 위에서 관측한 길이 $l$은 $l_0$에 $\sqrt{1-v^2/c^2}$ 을 곱한 만큼 짧아진다. 트럭의 속력이 광속에 비하여 매우 작을 때는 이 효과가 무시되겠으나 가령 트럭의 속력이 광속의 90%가 된다고 하면 땅에서 본 길이는 본래 길이의 약 44%로 수축되어 보인다. 이것이 흔히 로런츠-피츠제럴드 수축이라고 불리는 효과이다.

(3) 시간의 지연

다음에는 〈그림 10〉에 보이는 바와 같이, 나무 위에 하나의 물체를 매달아 진동시키고, 이 물체의 진동 주기를 땅 위에 고정된 좌표계 X-T에서 관측한 결과와, 이에 대해 속도 $v$로 움직이는 좌표계 X′-T′에서 관측한 결과를 비교하여 보자. 이제 X-T 좌표계에서 $(x_1, t_1)$으로 표시되

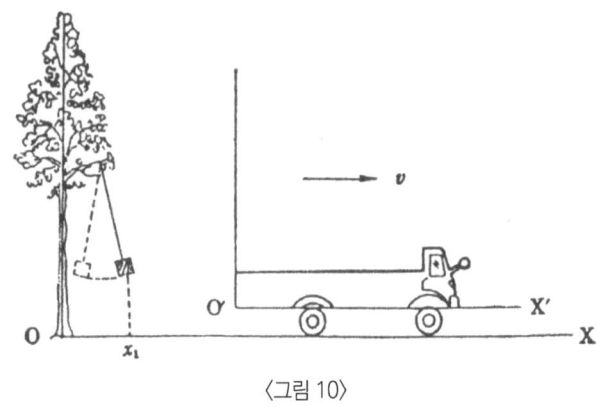

〈그림 10〉

는 한 사건 $P_1$을 X'-Y' 좌표계에서 관측한 시간을 $t_1'$이라 하고 X-Y 좌표계에서 $(x_2, t_2)$로 표시되는 또 하나의 사건을 $P_2$를 X'-T' 좌표계에서 관측한 시각을 $t_2'$이라고 한다면 로런츠 변환식에 의하여 이들 간에

$$t_2' - t_1' = \frac{1}{\sqrt{1-\frac{v^2}{c^2}}}\left[(t_2 - t_1) - \frac{v}{c^2}(x_2 - x_1)\right] \quad (30)$$

의 관계가 성립한다. 그런데 이 두 사건 $P_1$과 $P_2$가 주기 운동의 반복적인 사건들이라면 땅 위에 설치된 좌표계 X-T에서 관측한 두 위치 $x_1$과 $x_2$가 동일한 위치가 되어야 하고, 이때의 시간 간격 $t_2-t_1$이 X-T 좌표계에서 관측한 주기 T이며 $t_2'-t_1'$이 X'-T' 좌표계에서 관측한 주기 T'가 된다. 그러므로 (30)식에 $x_2=x_1$의 관계를 넣으면

$$T' = \frac{1}{\sqrt{1-\frac{v^2}{c^2}}} T \qquad (31)$$

결과를 얻는다. 이는 어떤 물리적 대상의 주기 운동을 관찰할 때, 그 대상에 대해 정지한 좌표계에서 측정한 주기보다, 대상에 대해 움직이는 좌표계에서 측정한 주기가 $1/\sqrt{1-v^2/c^2}$ 배만큼 더 길어진다는 것을 의미한다. 만약 이 물리적 대상이 시계였다면, 시계가 그만큼 더 느리게 간다는 뜻이 된다. 그런데 이처럼 주기가 길어진다는 사실은 모든 물리적 대상에 대해 동일하게 적용되므로, 상대적으로 움직이는 좌표계에서 관측할 경우에는 시간 자체가 더 느리게 흐르는 것으로 보이게 된다. 그리하여 이와 같은 상대론적 효과를 흔히 시간의 지연(time dilation)이라고 한다.

여기에 관한 구체적인 예로서는 $\mu$중간자의 경우가 있다. $\mu$중간자는 정지된 상태에서 관측할 때 이것의 평균 수명(mean lifetime)이 대략 $2.2 \times 10^{-6}$초라고 알려져 있으나 보통 지구상에서는 대략 $3 \times 10^{-5}$초 동안 존재하는 것으로 관측된다. 이와 같이 이것의 수명이 길게 관측되는 이유는 지구상에서 이것이 대략 광속의 98%에 해당하는 속도로 움직이고 있기 때문이다.

## VI. 상대론적 역학

우리는 앞에서 공간의 상대성이란 관념 즉 공간 내의 모든 물리 법칙들의 형태가 달라지지 않아야 한다는 관념을 소개하였으며 이것이 공간 개념 자체와 밀접히 관련된 것임을 강조하였다. 이제 4차원 공간-시간 내에서도 이러한 상대성이 마땅히 성립되어야 할 것이 기대되며, 그러하기 위해서는 이미 알려진 물리 법칙들이 수정되어야 할 것이 또한 기대된다. 고전 물리학에서는 3차원 공간만을 고려했기 때문에, 속도, 가속도, 힘 등 대부분의 주요 물리량들도 3차원 좌표 변환에 대해 공변하는 3차원 벡터로 정의되었다. 그러나 이렇게 정의된 3차원 공변량들은 4차원 좌표 변환에서는 더 이상 공변량이 될 수 없으므로, 이제 물리량들을 4차원 공변량의 형태로 새롭게 정의하고, 물리 법칙 또한 이들 사이의 관계를 나타내는 형태로 표현해야 한다.

여기서 물리 법칙을 대표하는 것으로서 뉴턴의 운동 방정식만을 생각해 보자. 이 방정식이 로런츠 변환에 따라 그 형태가 바뀌지 않게 표현하려면 이 방정식을 구성하는 물리량들인 가속도와 힘을 우선 4차원 공변량의 형태로 정의해야 한다. 그렇게 하기 위하여 먼저 4차원 속도의 개념을 정의한다. 3차원 속도는 위치 변화량을 시간 변화량으로 나눈 값으로 정의되며, 위치 변화량이 3차원 공변량이고 시간 변화량은 불변량이었기 때문에, 속도 또한 3차원 공변량이 될 수 있었다. 그러나 4차원 시공간에서는 시간 자체가 더 이상 불변량이 아니라 공변량의 한 성분이므로, 이러한 방식으로 정의된 속도는 더 이상 공변량이 될 수 없다. 그러므로 4차원 속도를 정의하기 위하여 시간에 대응하는 새로운 불변량인 고유 시간(proper time)의 개념을 도입하게 된다. 이제 어느 물체가 주어진 좌표계에 대하여 v라는 속력으로 움직이고 있다 하고, 이 물체에서 일어나는 어떤 두 사건들에 대해 이 좌표에서 관측한 시간 간격을 $\Delta t$라고 할 때 이 사건 간의 고유 시간 $\Delta t_p$를

$$\Delta t_p = \Delta t \sqrt{1 - \frac{v^2}{c^2}} \tag{32}$$

로 정의하자. 앞에서 논의한 시간 지연의 (31)식과 관련하여 고찰해 보면, 이렇게 정의된 고유 시간 간격은 물체와 함께 움직이는 관측자가 측정한 시간 간격과 같다는 것을 알 수 있다. 따라서 이 값은 좌표계에 관계없이 일정한 불변량이 된다. 즉, 좌표계를 다르게 설정하면 $\Delta t$와 속도 $v$의 값은 각각 달라질 수 있지만, $\Delta t \sqrt{1 - \frac{v^2}{c^2}}$ 의 값은 변하지 않는다.

일단 고유 시간 간격 $\Delta t_p$를 정의하고 나면 4차원 속도는

$$u_x = \frac{\Delta x}{\Delta t_p}, \quad u_y = \frac{\Delta y}{\Delta t_p},$$
$$u_z = \frac{\Delta z}{\Delta t_p}, \quad u_t = \frac{\Delta \tau}{\Delta t_p} \tag{33}$$

의 네 개의 성분을 가지는 물리량으로 정의할 수 있다. 이렇게 정의된 4차원 속도는 좌표 변환에 따라 로런츠 변환식을 만족하는 4차원 공변

량 즉 4차원 벡터가 된다. 다음에 4차원 가속도는 다시 4차원 속도 변화를 고유 시간 간격으로 나눈 물리량, 즉

$$\frac{\Delta u_x}{\Delta t_p}, \frac{\Delta u_y}{\Delta t_p}, \frac{\Delta u_z}{\Delta t_p}, \frac{\Delta u_t}{\Delta t_p} \qquad (34)$$

의 네 성분을 가지는 물리량으로 정의되며, 이것 역시 4차원 공변량이다.

그리고 운동 방정식의 우변에 들어갈 힘도 역시 4차원 공변량으로 정의되어야 한다. 4차원의 힘의 표현은 원칙적으로 힘을 나타내 주는 물리 법칙들—가령 전자기력을 나타내 주는 전기 자기 법칙들—을 4차원 형태로 표시함으로써 얻을 수 있으나, 우리는 여기서 이것까지 자세히 논의할 지면이 없다. 그러므로 단지 이러한 논의에 의하여 얻어지는 결과만을 이용하기로 한다. 전기 자기력에 관한 논의에 의하면 4차원 힘의 네 성분 $F_x, F_y, F_z, F_t$는 3차원 힘의 세 성분 $f_x, f_y, f_z$와 다음과 같은 관계를 가져야 함을 알 수 있다.

$$F_x = \frac{F_x}{\sqrt{1-\frac{v^2}{c^2}}} \qquad F_y = \frac{F_y}{\sqrt{1-\frac{v^2}{c^2}}}$$

$$(35)$$

$$F_z = \frac{F_z}{\sqrt{1-\frac{v^2}{c^2}}} \qquad F_t = \frac{i(F_x v_x + F_y v_y + F_z v_z)}{c\sqrt{1-\frac{v^2}{c^2}}}$$

이제 편의상 물체는 X축 방향으로만 운동한다고 보고 Y축 및 Z축 방향으로의 힘과 가속도가 모두 0이라고 생각하자. 그러면 X축 및 T축에 대한 뉴턴의 운동 방정식은 각각

$$m \frac{\Delta u_x}{\Delta t_p} = F_x \quad m \frac{\Delta u_t}{\Delta t_p} = F_t \quad (36)$$

의 형태로 주어지며 이 식들은 분명히 로런츠 변환에 의하여 그 형태가 변하지 않는다. 우선 공간 성분 즉 X축 방향의 방정식을 고찰해 보자. (32)식 및 (35)식으로 주어진 $\Delta t_p$와 $F_x$의 표현을 넣으면 이 식은

$$m \frac{\Delta u_x}{\Delta t} = F_x \quad (37)$$

으로 적어진다. 만일 질량에 4차원 속도를 곱한 물리량을 4차원 운동량이라 한다면 이것의 X축 방향 성분은

$$P_x = mu_x = \frac{m}{\sqrt{1 - \frac{v^2}{c^2}}} v_x \quad (38)$$

로 표시되며 (37)식은

$$\frac{\Delta p_x}{\Delta t} = F_x \quad (39)$$

의 형태를 가진다. 이 방정식은 고전적인 뉴턴 방정식과 그 형태가 동일하나 오직 운동량의 정의 속에 포함된 질량만이 상대론적 질량

$$m_r = \frac{m}{\sqrt{1 - \frac{v^2}{c^2}}} \qquad (40)$$

으로 바뀌었다고 해석할 수 있다. 즉 수정된 운동 방정식에서는 고전적인 뉴턴 역학에서와는 달리 관성 질량이 그 물체의 속력에 따라 증가하게 된다. 특히 속력이 광속에 접근하는 극한에 이르면 상대론적 관성 질량 $m_r$은 무한히 커져서 더 이상의 가속이 불가능해지며, 따라서 물체의 속력은 절대로 광속을 능가할 수 없게 된다. 속도에 따라 관성 질량이 증가한다는 사실은 실제로 고(高)에너지 가속 장치들에 의하여 입자들을 가속시킬 때 현저하게 나타나고 있다.

다음에 T축 방향의 운동 방정식 즉 운동 방정식의 시간 성분은 무엇을 의미하는지 고찰해 보자. 이것은 3차원 운동 방정식에서는 전혀 없었던 새로운 관계식이다. 앞에서 정의했던 $\varDelta t_\mathrm{p}$, $u_\mathrm{t}$ 및 $\tau$의 표현들을 이용하면 $u_\mathrm{t}$는

$$u_t = \frac{\varDelta \tau}{\varDelta t_\mathrm{p}} = \frac{ic}{\sqrt{1 - \frac{v^2}{c^2}}} \qquad (41)$$

로 표시되며 이와 함께 (35)식으로 주어진 $F_t$의 표현을 (36)식의 둘째 방정식에 넣으면

$$c^2 \frac{\Delta m_r}{\Delta t} = F_x \frac{\Delta x}{\Delta t} \qquad (42)$$

의 관계를 얻는다. 여기서 $m_r$는 (40)식으로 주어진 상대론적 질량이다. (42)식을 가만히 고찰해 보면 우변은 힘 $F_x$에 의해서 단위 시간에 물체에 가해진 일의 양이다. 그러므로 좌변의 표현은 이 물체의 단위 시간당 에너지 증가량이라고 해석되어야 한다. 따라서 이 물체가 가진 에너지를 $E$라고 한다면

$$\frac{\Delta E}{\Delta t} = \frac{\Delta(m_r c^2)}{\Delta t} \qquad (43)$$

의 관계를 만족시키는 결과가 되며, 에너지 $E$는

$$E = m_r c^2 \qquad (44)$$

로 표시된다고 해석할 수 있다. 이것은 상대론적 질량 $m_r$에 광속 $c$의 제곱을 곱한 것이 물체가 가진 에너지가 된다는 것을 의미하며 특히 속도 $v$가 $c$보다 충분히 작은 경우에는

$$m_r = \frac{m}{\sqrt{1 - \frac{v^2}{c^2}}} = m\left(1 + \frac{1}{2}\frac{v^2}{c^2}\right) \qquad (45)$$

로 근사되어

$$E = mc^2 + \frac{1}{2}mv^2 \qquad (46)$$

의 관계를 얻는다. 즉 입자가 가지는 에너지는 고전적인 운동 에너지 외에 질량에 비례하는 "질량 에너지"가 존재한다는 결과가 된다. 특히 외력에 의한 에너지 변화 $\Delta E$의 값이 무시되는 경우 가령 원자핵 반응에 의하여 질량변화 $\Delta m$이 생겼다면 이때 발생한 운동 에너지 변화 $\Delta T$는

$$\Delta E = (\Delta m) c^2 + \Delta T = 0 \qquad (47)$$

의 관계에 의하여

$$\Delta T = (-\Delta m) c^2 \qquad (48)$$

로 주어진다. 즉 질량 결손 $-\Delta m$이 생기면 이 값에 $c^2$을 곱한 양에 해당하는 운동 에너지 즉 열량이 발생한다는 것이다. 이 관계는 특히 원자핵 반응에 의하여 발생되는 에너지양을 계산하는 경우에 매우 유용하게 쓰이고 있다.

우리는 지금까지 공간-시간이 4차원 구조를 가졌다는 것이 무엇을 의미하는지, 그리고 이 4차원 공간-시간의 좌표 변환 즉 로런츠 변환에 대하여 물리 법칙의 형태가 변하지 않아야 한다는 성질을 만족시키기 위하여 뉴턴의 운동 법칙이 어떻게 수정되어야 하는지를 보아 왔다. 그리고 이러한 고찰에 의해서 예측되는 새로운 여러 가지 결과들은 모두 실험에 의하여 정확히 확인되었을 뿐 아니라 실용적으로도 대단히 유용하게 쓰이게 되었다. 이리하여 비록 우리의 일상적인 경험과는 다소 어긋나 보일지라도, 4차원 시공간 개념이 기존의 공간과 시간에 대한

관념보다 물리적 실재에 더 가까운 것이라는 결론에 이르게 된다. 그리고 이러한 시공간 개념을 바탕으로 새롭게 수정된 물리 법칙들이 자연 현상을 더욱 정확하게 설명해 준다는 사실을 우리는 받아들이게 된다. 이렇게 하여 우리는 지구가 둥글다는 사실 이외에 또 하나의 놀라운 사실 즉 공간과 시간이 4차원 구조를 가졌다는 사실을 인식하게 되는 지성의 새로운 영역에 들어섰다.

**역자의 말**

 역자의 희망과는 달리 이 책을 읽으려는 사람은 그리 많지 않을 것 같다. 그 이유는 아마도 다음 두 가지 오해 때문일 것이다. 첫째는, 아인슈타인이란 인물이 우리와는 너무도 다른 차원의 사람이어서 그의 생애나 사상이 우리에게 별 공감을 일으키지 않으리라는 생각이다. 그러나 이것은 잘못된 생각이다. 그는 귀족 출신도 아니고 부유한 집안에서 자라지도 않았다. 그는 주위의 사람들을 압도하는 천재 소년도 아니었고 일류 대학의 우등생도 아니었다. 고등학교를 중퇴하고 대학 입시에 실패하고 실업자의 설움까지 맛본 사람이었다. 학대받는 민족의 한 사람으로서 함께 어려움을 겪었고 부인과의 불화로 고독하게 살기도 하였다. 그는 누구하고나 함께 웃고 즐겼으며 청소부에게나 대학 총장에게나 똑같은 말투와 태도로 대하는 휴머니스트였다. 그는 누구하고나 호흡할 수 있으며 누구에게나 사랑받는 만인의 친구이자, 사랑스러운 천재였다.
 둘째로, 독자가 이 책을 기피할 이유는 물리학이란 장벽일 것이다. 극소수의 사람들을 제외하고는 물리학이란 접근할 수 없는 딴 세계의 이야기라고 느껴질 것이다. 이것은 매우 안타까운 일이다. 우리 시대에는 물리학이 과학 문명 전체의 기반을 이루고 있을 뿐 아니라 인문 및 사회 분야에도 그 개념과 방법이 원용되고 있으며 특히 우리의 새 세계관을 형성하는 기초를 이루고 있다. 그럼에도 물리학을 비전문가들에게 이해시키기는 사실상 쉽지 않다. 그런데 이것을 가능하게 해 줄 몇 가지 방법이 있다면 그중의 하나가 바로 이 책을 읽는 것이라고 생각한다. 이 책에서는 아인슈타인이란 주인공의 사고 과정을 빌려서 고전 물리학에서 현대 물리학에 이르기까지를 알기 쉽게 그러면서도 정확히 기술하였고, 특히 중간중간 재미난 일화들을 삽입하여 흥미를 계속 유발시키고 있다.

그러면 이 책을 읽음으로써 독자는 무엇을 얻을 수 있겠는가? 가장 크게 감명을 주는 점은 그의 독특한 "태도"이다. 학문을 하는 태도, 사람을 대하는 태도, 사회를 대하는 태도, 어느 것 하나 독특하지 않은 것이 없다. 한마디로 그는 "세상의 흐름"에는 무관하게 자기의 신념과 주관에 끝까지 충실한 사람이었다. 이것이 바로 그를 천재뿐 아니라 위인의 계층으로 올려주는 요소라고 할 수 있다. 그러면서도 그는 지극히 서민적이었고 인간적이었다. 신념과 주관을 잃고 자신마저 잃은 우리는 그의 "태도"를 통하여 감격과 용기를 되찾을 수 있으며 하나의 사랑스러운 친구를 발견하게 된다. 특히 진리 탐구에 큰 뜻을 가진 젊은이들은 위인을 통하여 위대한 발견이 어떻게 이루어지는지 살펴볼 하나의 계기가 될 것이다.

이 책을 읽은 독자라면 누구나 4차원 시공간과 특수 상대성 이론에 대해 좀 더 정확히 이해하고 싶다는 충동을 느끼게 될 것이다. 그러나 상대론에 관한 전공 서적들은 물리학을 모르는 사람들은 접하기도 어렵거니와 읽어서 이해하기도 매우 어렵다. 그렇기에 역자는 여기에 대하여 기초적 해설을 마련하여 부록에 실었다. 이것은 고등학교 수준의 수학과 물리학 지식만을 사용하여 4차원 공간-시간의 핵심적인 개념을 소개하려 한 것이다. 많은 기초 지식이 없더라도 깊은 사고력만 수반하여 읽으면 이해할 수 있으리라고 생각한다.

이 책은 1, 2, 3부로 나누어져 있으며 1, 2부에는 주로 상대성 이론, 3부에는 양자론에 관련된 내용을 수록하고 있다. 제1장부터 제9장까지는 주로 특수 상대성 이론에 관련된 내용을 수록하고 있으며, 제10장부터는 일반 상대성 이론과 양자론에 관한 부분 및 역자가 마련한 부록을 수록하고 있다.

끝으로 이 책을 번역하는 데 도와주신 분들께 감사를 드린다. 특히 이 책의 번역을 권해 주시고 끝까지 많은 관심과 조언을 아끼지 않으신 송상용 교수께 감사하며 체제와 교정에 세심한 노력을 기울여 주신 한명주 주간님을 비롯한 전파과학사 편집부 여러분께 감사를 드린다.

또한 이 책의 번역 과정을 도와준 백홍렬, 신성철, 장창익 제군께 감사하며, 원고 정리를 도와준 서울대학교 S17반 학생들께 감사를 드린다.

장회익